普通高等教育机械类专业“十三五”规划教材

测试技术层次化实验教程

(第2版)

主　编　刘吉轩　张小栋
副主编　张西宁　张　庆　王　晶　王保建

内容提要

全书分为三个层次，共 17 章。第一层次为测试基本实验，包括信号分析、测量装置特性仿真、传感器、信号调理、测试虚拟仪器设计几方面的实验；第二层次为测试综合实验，共包括 7 个实验项目，其中两个实验是作为范例，其余是作为学生选做的测试综合实验项目；第三层次为测试创新实验，包括 5 个结合工程实际或科研项目所编写的测试技术创新实验案例，为学生提高测试技术创新能力学习之用。

本书可作为高等院校机械类、测控类、能源动力类、航天航空类、车辆工程类等专业的实验教材，也可供相关专业师生和工程技术人员参考。

图书在版编目(CIP)数据

测试技术层次化实验教程/刘吉轩，张小栋主编. —2 版.
—西安：西安交通大学出版社，2017.12
ISBN 978-7-5693-0345-2

Ⅰ. ①测… Ⅱ. ①刘… ②张… Ⅲ. ①测试技术-实验-高等学校-教材 Ⅳ. ①TB4-33

中国版本图书馆 CIP 数据核字(2017)第 310763 号

书　　名 测试技术层次化实验教程(第 2 版)
主　　编 刘吉轩　张小栋
责任编辑 雷萧屹

出版发行 西安交通大学出版社
(西安市兴庆南路 10 号　邮政编码 710049)
网　　址 http://www.xjtupress.com
电　　话 (029)82668357　82667874(发行中心)
(029)82668315(总编办)
传　　真 (029)82668280
印　　刷 虎彩印艺股份有限公司

开　　本 787mm×1092mm　1/16　**印张** 11.75　**字数** 271 千字
版次印次 2017 年 12 月第 2 版　2017 年 12 月第 1 次印刷
书　　号 ISBN 978-7-5693-0345-2
定　　价 33.00 元

读者购书、书店添货、如发现印装质量问题，请与本社发行中心联系、调换。
订购热线：(029)82665248　(029)82665249
投稿信箱：850905347@qq.com

Proface 序

教育部《关于全面提高高等教育质量的若干意见》(教高〔2012〕4 号)第八条“强化实践育人环节”指出,要制定加强高校实践育人工作的办法。《意见》要求高校分类制订实践教学标准;增加实践教学比重,确保各类专业实践教学必要的学分(学时);组织编写一批优秀实验教材;重点建设一批国家级实验教学示范中心、国家大学生校外实践教育基地……。这一被我们习惯称之为“质量 30 条”的文件,“实践育人”被专门列了一条,意义深远。

目前,我国正处在努力建设人才资源强国的关键时期,高等学校更需具备战略性眼光,从造就强国之才的长远观点出发,重新审视实验教学的定位。事实上,经精心设计的实验教学更适合承担起培养多学科综合素质人才的重任,为培养复合型创新人才服务。

早在 1995 年,西安交通大学就率先提出创建基础教学实验中心的构想,通过实验中心的建立和完善,将基本知识、基本技能、实验能力训练融为一炉,实现教师资源、设备资源和管理人员一体化管理,突破以课程或专业设置实验室的传统管理模式,向根据学科群组建基础实验和跨学科专业基础实验大平台的模式转变。以此为起点,学校以高素质创新人才培养为核心,相继建成 8 个国家级、6 个省级实验教学示范中心和 16 个校级实验教学中心,形成了重点学科有布局的国家、省、校三级实验教学中心体系。2012 年 7 月,学校从“985 工程”三期重点建设经费中专门划拨经费资助立项系列实验教材,并纳入到“西安交通大学本科‘十二五’规划教材”系列,反映了学校对实验教学的重视。从教材的立项到建设,教师们热情相当高,经过近一年的努力,这批教材已见端倪。

我很高兴地看到这次立项教材有几个优点:一是覆盖面较宽,能确实解决实验教学中的一些问题,系列实验教材涉及全校 12 个学院和一批重要的课程;二是质量有保证,90%的教材都是在多年使用的讲义的基础上编写而成的,教材的作者大多是具有丰富教学经验的一线教师,新教材贴近教学实际;三是按西安交大《2010 版本科培养方案》编写,紧密结合学校当前教学方案,符合西安交大人才培养规格和学科特色。

最后，我要向这些作者表示感谢，对他们的奉献表示敬意，并期望这些书能受到学生欢迎，同时希望作者不断改版，形成精品，为中国的高等教育做出贡献。

西安交通大学教授
国家级教学名师

2013 年 6 月 1 日

Foreword 前言

课程实验教学是培养学生实践动手能力和创新意识的重要途径。测试技术实验教学是测试技术课程教学的重要组成部分，它不仅是学生获取测试技术知识的重要手段，而且对培养学生在测试技术方面的实践能力、工程意识、科研能力和创新能力至关重要。

本实验教程是与陈花玲等主编的《机械工程测试技术》教材相配套，主要内容包含三个层次的实验。第一层次：测试技术基本实验，包括信号虚拟分析实验、测量装置的动态特性仿真实验、传感器及其性能标定实验、动态测量信号调理实验、测试技术虚拟仪器设计实验等；第二层次：测试技术综合实验，包括气缸位移和压力检测及其伺服控制综合实验、转子不对中检测和定量分析综合实验、转子实验台振动和噪声测试综合实验、机械结构振动模态测试与分析综合实验、距离（大位移）测量与分析综合实验、模拟自动生产线检测综合实验等；第三层次：测试技术创新实验，包括气缸运动摩擦力测试与自动补偿实验、基于光纤位移传感器的滑动轴承油膜厚度测量实验、脑电信号测量实验、基于彩色视觉信息的柴油机状态监测诊断实验、基于LXI的网络化远程测控实验等。

参加本实验教程编写的作者有：刘吉轩、张小栋（绪论、第1章、第2章），刘吉轩（第3章、第4章、第5章、第6章、第8章、第9章、第10章、第11章、第13章），王保建（第12章、附件Ⅰ），张小栋（第14章），张西宁（第7章、第16章），王晶（第15章），张庆（第17章）。刘吉轩、张小栋两位共同担任主编，负责全书的统稿、审定工作。

在本教程编写过程中得到陈花玲教授、徐光华教授、张周锁教授、景敏卿教授的关心；同时得到西安交通大学教务处、机械工程学院的大力支持。

由于时间仓促，书中存在不足在所难免，恳请读者批评指正。

编　者

2017年11月

Contents 目录

第二层次:测试技术综合实验

第三层次:测试技术创新实验

第0章　绪　论

0.1　测试技术实验教学的重要性

测试不仅是人类认识客观世界的手段之一，是科学研究的基本方法，而且是工程技术领域中一个重要的技术，工程研究、产品开发、生产监督、质量控制和性能试验等都离不开测试技术。为此，普通高校，特别是工科院校自上世纪80年代起先后为本科生、研究生开设了相应的测试技术课程，其主要讲授工程技术人员所应具备的测试理论、方法和技术等。该门课程的主要特点包括以下几个方面。

(1)课程涉及的知识面广　综合运用了多学科原理和技术，涉及到的知识面相当广泛，与力学、电磁学、光学、声学、材料学、微电子、工程数学、数据处理理论与方法、控制工程和计算机技术密切相关。

(2)课程的内容更新快　随着传感器技术、信息技术、材料技术、先进制造技术、计算机技术、微电子技术等学科的不断发展，这些新的技术也不断渗透到工程测试技术当中，迫使测试技术课程的相应内容也在不断更新。

(3)课程的实践性很强　测试技术课程讲授的内容中，测试信号分析与测试系统特性部分的理论抽象，传感器及其信号调理电路的类型众多且不断发展，计算机测试系统软硬件结合的形式多样且不断更新，诸如此类就决定了这门课程的实践性很强。

因此，如何针对测试技术课程所具有的上述特点，有效提高本课程的教学效果，是需要认真研究的问题。正因为“测试技术”是一门实践性很强的课程，在理论教学方面学生首先接触到的是：测试信号分析理论抽象，不易理解；测试装置的特性优劣对测量结果影响很大，但却没有体会；讲授的传感器种类繁多，结构不同，功能不一，但不如眼见为实，缺乏感性认识；相似的原理介绍让学生觉得抽象、枯燥，很难引起学生的学习兴趣，也难以达到较好的教学效果。为了提高测试技术课程教学效果，必须将抽象的测试理论具体化，将测试传感器教学实物化，将计算机测试教学系统化，将各种测试技术实用化，培养学生兴趣，激发学习热情。

爱因斯坦说：“兴趣是最好的老师。”兴趣属于一种行为动机，是学习的内驱力，是创造才能的催化剂。学生的学习兴趣是构成学习动机中最现实的成分，它能促进学生去探索知识、开拓视野，激发学生用心去学习、钻研，从而提高学习效果。可见，兴趣的力量是巨大的。只有对学习产生了兴趣，才能激发学生的学习热情，激发学习的内驱力。

如何激发学生的学习兴趣是测试技术课程教学首先要回答的问题！长期的教学实践证明，“重视基础，强化实践，分层教学，学以致用”是激发学生学习兴趣、提高测试技术课程教学质量应遵循的教学方针。下面举两个简单例子说明这个问题。

(1)学生在学习信号分析部分的内容时，往往感觉到理论抽象，不易理解。这方面内容要求学生对信号分析的理论掌握扎实，并且能够通过实验来验证相关的理论，从而达到深刻理解、熟练掌握的目的。例如要求学生运用简谐波合成一个周期性方波信号，首先要求学生熟悉周期性方波信号的傅里叶级数展开式的理论表达形式——理论；然后通过实际操作实验软件一步一步完成周期性方波信号的合成——实践；并且清楚在工程上需要合成周期性方波信号时，就可以采用此种方法设计虚拟的方波信号发生器——应用。这样就容易激发学生的学习兴趣，提高了测试技术课程中这部分内容的教学效果。

(2)学生在学习机械振动信号测量与分析的内容时，往往对应该采用什么测量方法，应该选用什么传感器和信号调理装置等，感到十分茫然。这方面的内容就要求学生首先清楚需要测量振动的对象特征是什么？是要测量振动位移、振动速度、还是振动加速度？需要测量的振动频率范围是多少？等等。这些问题如果仅仅依靠课堂理论教学，会让学生感到枯燥、乏味，也很难让学生非常熟练地掌握这些内容！例如要求学生测量振动台的振动位移量，首先学生应当根据自己学到的测试基础理论知识，通过实际接触各种可测量振动的传感器及信号调理器，选择合适的测量方法和手段。这些传感器包括：压电加速度传感器、磁电式速度传感器、电涡流位移传感器等都可以测量振动信号，但是这几种传感器所具有的特点不同。其中压电加速度传感器安装上属于接触式安装方式，它是采用电荷放大器做信号调理的发电式传感器，可直接测量振动加速度信号；磁电式传感器安装上也属于接触式安装方式，它是采用电压放大器做信号调理的发电式传感器，可直接测量振动速度信号；电涡流位移传感器安装方式上属于非接触式安装方式，它是采用电压放大器做信号调理的参数式传感器，可直接测量振动位移信号。若选择电涡流位移传感器测量振动，直接就可得到振动位移量，但是若采用磁电式速度传感器或者压电加速度传感器测量振动，就需要对测量信号进行一次积分或者二次积分才可得到振动位移信号。通过实验过程可以使学生比较容易地掌握这些知识。

0.2 测试技术层次化实验

根据测试技术实验教学不同层面的要求，并且真正达到“重视基础，强化实践，分层教学，学以致用”的目的，本教程将测试技术实验划分为三个层次，即测试技术基础实验、测试技术综合实验和测试技术创新实验。

(1)测试技术层次化实验的内涵　机械工程测试技术课程的层次化实验是指根据课程的教学要求、实验的教学定位、学生的能力和兴趣，将测试技术教学实验划分为测试技术基本实验、综合实验和创新实验三个层次。其中测试技术基本实验注重培养学生对测试技术课程基本概念和基本知识的理解，并且培养学生的测试基本技能；测试技术综合实验注重培养学生综合运用测试技术知识分析和解决测试问题的能力；测试技术创新实验注重培养学生开展与测试技术有关的研发、设计及应用的创新意识、探索精神和实践能力。

(2)测试技术层次化实验教学的必要性　《机械工程测试技术》是一门实践性非常强的专业基础课程，课程内容涵盖了信号分析、测量装置特性、传感器、信号调理、计算机测试系统、测试虚拟仪器设计、典型测量系统设计等诸多方面，学生在学习测试技术课程过程中，普遍存在对测试基本概念和物理含义理解不透彻，对测试基本方法和手段掌握不熟练，对测试系统构成和测试技术的运用不自如的问题。因此，通过不同层次的测试技术实验和实践过程，有助于学生更好地理解所学测试技术基本知识和概念，较熟练掌握测试的方法和手段，有效提高测试技能，能够培养学生分析和解决测试问题的能力，提高开展与测试技术有关的研发、设计及应用的创新意识和能力。

(3)测试技术层次化实验教学的目标　测试技术基本实验为必做实验，要求学习测试技术课程的学生都必须完成这一层次的实验，而且必须达到规定的实验要求。实验目标是：通过完成测试基本实验，能够加深对信号分析基本概念的理解和对基本方法的掌握；能够掌握测量装置静态、动态特性实质，能够充分理解测量装置不失真条件，并且能够对测量误差进行分析；能够较深入了解机械工程中常用传感器的实际结构特点和使用方法，掌握几种典型传感器的静态、动态性能标定方法；能够较好地掌握机械动态信号测量中信号调理方法和手段；能够进行基本测试虚拟仪器设计。

测试技术综合实验为选做实验，要求学习测试技术课程的学生根据情况选做其中的部分实验。实验方法是结合具体对象和测试目标，要求学生能够正确设计实验方案、合理选用传感器和信号调理仪器、搭建测试实验系统、进行信号采集和数据处理以及实验结果分析等；实验的目标是：通过选做其中的综合实验项目，能够系统掌握机械工程领域常遇到的位移与转速、力与压力、振动与噪声等工程量的综合测试技术，为测试技术工程应用打下坚实基础。

测试技术创新实验为开放实验，从实验的内容到形式上都是以开放的方式进行。实验的目标是：学生根据自己的能力和兴趣，结合工程实际、科研训练或创新实践项目中有关的测试技术问题，提出具有创新意义的测试方案或测试方法，开发部分测试实验装置或测试实验软件，完成测试技术创新实验内容，得出对解决工程实际问题或完成科研训练项目具有应用或参考价值的实验结果，并且能够对实验结果进行分析和研究。

(4)测试技术层次化实验教学内容体系　测试技术层次化实验教学内容体系是由测试基

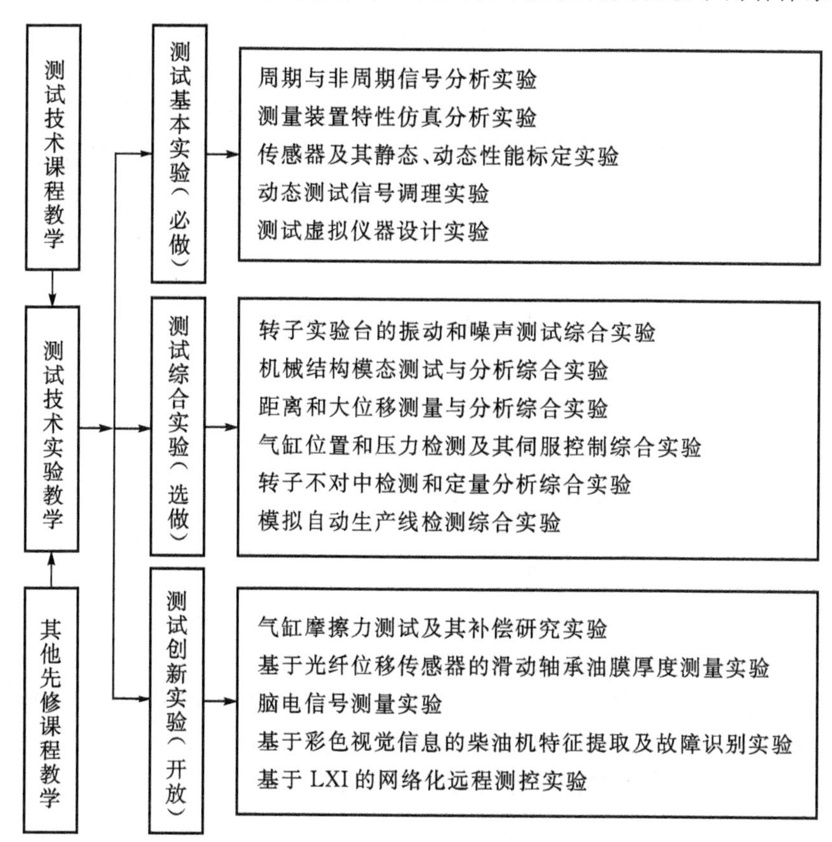

图 0-1　测试技术层次化实验教学内容体系

础实验、测试综合实验和测试创新实验组成,如图0-1所示。其中,测试基础实验内容主要涉及到周期与非周期信号分析、测量装置特性仿真、传感器及其性能标定、动态测量信号调理以及测试技术虚拟仪器设计等几方面的实验;测试综合实验内容主要涉及到机械结构、机电系统以及其他实验对象的振动、噪声、位移、速度、转速、力、压力等常见机械量的综合测试和综合分析实验;测试创新实验内容主要是结合工程实际问题或科研训练项目,开放式地开展创新性、研究性、探索性的测试实验活动,实验内容涉及到机械对象的动态性能测试和分析研究、新的测试方法和测试技术在机械工程中的应用、测试实验装置设计和制作、测试虚拟仪器和实验软件的开发、计算机辅助测试技术的应用、网络化测试技术等。

0.3 本实验教程的主要内容及特色

(1)主要内容　本实验教程是与《机械工程测试技术》教材相配套,主要内容包括:

①测试技术基本实验。包括周期信号的合成,周期信号的分解,非周期信号的时域和频域分析,测量装置的动态特性仿真,测量系统的误差分析,典型传感器的静态性能标定,典型传感器的动态性能标定,动态测量信号的调理(放大、滤波等),测试虚拟仪器设计等实验;阐明了实验目的、实验内容、实验原理和方法、实验手段和步骤、实验报告要求等。

②测试技术综合实验。包括气缸位移检测与伺服控制综合实验,转子不对中检测和定量分析综合实验,转子实验台的振动与噪声测试及分析综合实验,机械结构的模态测试与分析综合实验,距离和大位移测量与分析综合实验,模拟自动生产线检测综合实验等。首先以气缸位移检测与伺服控制综合实验和转子不对中检测与定量分析综合实验为例,在介绍实验目的、实验总体要求、实验条件的基础上,详细论述实验原理与方法、实验方案设计、实验系统搭建、实验数据采集与处理、实验结果分析等,为学生提供测试综合实验范例。针对其他几个综合实验着重阐述实验目的、实验的总体要求、提供的实验条件、实验方案设计要求、实验系统组成(搭建)要求、信号采集与数据处理要求、实验结果分析要求、测试综合实验报告撰写要求等,为学生自主完成测试综合实验提供指导。

③测试技术创新实验。以案例形式介绍了测试创新实验,包括气缸运动摩擦力测试与补偿研究创新实验,基于光纤位移传感器的滑动轴承油膜厚度测量创新实验,脑电信号测量创新实验,基于彩色视觉信息的柴油机特征提取方法及故障识别创新实验,基于LXI的网络化远程测控创新实验等。针对每个测试创新实验,重点阐述测试创新实验的测试问题,创新实验的目标,针对创新测试问题介绍测试方法,提出创新测试实验的思路、实验方案及系统(硬件或软件)设计与构建,实验及其预期结果分析等,为学生开展测试创新实验提供参考。

(2)主要特色　本教程是《机械工程测试技术》教材的配套实验教材,结合了测试技术课程教学改革和发展趋势,围绕测试技术基础理论知识的学习、测试系统器件的灵活选用、测试技术的工程应用案例、测试系统软硬件设计及方法的创新等问题,系统介绍了与测试技术课程理论教学相呼应、列入测试技术实验教学大纲的测试基本实验和综合实验项目,也介绍了在测试系统的软硬件设计及测试方法上有所创新的测试技术创新实验项目,体现了测试技术层次化实验的特点,能够满足不同层次的测试技术教学要求和具有不同学习能力学生学习的要求。

第一层次：测试技术基本实验

本层次的实验是列入测试技术课程实验教学大纲的基本实验，主要介绍测试信号分析、测量装置特性分析、传感器及其性能标定、动态测量信号调理的基本方法和技术，机械工程领域常见工程量的测量方法和测试技术，以及测试虚拟仪器设计的基本方法。通过本层次实验的学习和实践，能够使学生加深对测试技术课程有关知识的理解，培养学生实际动手能力。

第1章 周期信号与非周期信号分析实验

1.1 实验目的

(1)理解周期信号可以分解成简谐信号，反之简谐信号也可以合成周期性信号；

(2)加深理解几种典型周期信号频谱特点；

(3)通过对几种典型的非周期信号的频谱分析加深理解非周期信号频谱特点。

1.2 实验原理

信号按其随时间变化的特点不同可分为确定性信号与非确定性信号。确定性信号又可分为周期信号和非周期信号。本实验是针对确定性周期信号和非周期信号进行的。

1.2.1 周期性信号的描述及其频谱的特点

任何周期信号如果满足狄义赫利条件，即：在一个周期 T 内如果有间断点，其数目应为有限个；极大值和极小值的数目应为有限个；在一个周期内 $f(t)$ 绝对可积，即：

$$\int_{t_0}^{t_0+T_1} |f(t)| \mathrm{d}t \text{ 等于有限值}$$

则 $f(t)$ 可以展开为傅里叶级数的形式，用下式表示：

$$f(t) = a_0 + \sum_{k=1}^{\infty}(a_k \cos\omega_0 t + b_k \sin k\omega_0 t)$$

式中：

$$a_0 = \frac{1}{T}\int_{-T/2}^{T/2} f(t)\,\mathrm{d}t$$

是此函数在一个周期内的平均值,又叫直流分量。

$$a_k = \frac{2}{T}\int_{-T/2}^{T/2} f(t)\cos k\omega_0 t \mathrm{d}t$$

它是傅氏级数中余弦项的幅值。

$$b_k = \frac{2}{T}\int_{-T/2}^{T/2} f(t)\sin k\omega_0 t \mathrm{d}t$$

它是傅氏级数中正弦项的幅值。

式中:$\omega_0 = \frac{2\pi}{T}$ 是基波的圆频率。

在数学上同样可以证明,周期性信号可以展开成一组正交复指数函数集形式,即:

$$f(t) = \sum_{-\infty}^{\infty} c_m \mathrm{e}^{\mathrm{j}m\omega_0 t}$$

$$c_m = \frac{1}{T_1}\int_{-T/2}^{T/2} f(t)\exp(-\mathrm{j}m\omega_0 t)\mathrm{d}t$$

式中,c_m 为周期性信号的复数谱,其中 m 就为三角级数中的 k,以下都以 k 来说明。由于三角级数集和指数函数集存在以下关系:

$$\cos k\omega_0 t = \frac{1}{2}(\mathrm{e}^{\mathrm{j}k\omega_0 t} + \mathrm{e}^{-\mathrm{j}k\omega_0 t})$$

$$\sin k\omega_0 t = \frac{1}{2\mathrm{j}}(\mathrm{e}^{\mathrm{j}k\omega_0 t} - \mathrm{e}^{-\mathrm{j}k\omega_0 t})$$

所以,两种形式的频谱存在如下关系。即:

复数谱 $c_k = \frac{a_k - \mathrm{j}b_k}{2}$

共轭幅频谱 $\hat{c}_k = \frac{a_k + \mathrm{j}b_k}{2}$

幅频谱 $|A_k| = \frac{1}{2}\sqrt{a_k^2 + b_k^2}$

相频谱 $\phi_k = -\mathrm{arctg}\left(\frac{b_k}{a_k}\right)$

其中,$a_k(\omega)$ 和 $b_k(\omega)$ 分别称为实频谱和虚频谱 。工程上习惯将计算结果用图形方式表示,以 f_k 为横坐标,以 a_k 和 b_k 为纵坐标画图,则称为实频-虚频谱图;以 f_k 为横坐标,A_k、Φ_k 为纵坐标画图,则称为幅值-相位谱;以 f_k 为横坐标,A_k^2 为纵坐标画图,则称为功率谱,如图 1-1 所示。

由此可见,一个复杂的周期性信号是由有限多个或无限多个简谐信号叠加而成。反之复杂的周期性信号也就可以分解为若干个简谐信号。这一结论对工程测试极为重要,因为当一个复杂的周期信号输入到线性测量装置时,它的输出信号就相当于其输入信号所包含的各次简谐波分量分别输入到此装置而引起的输出信号的叠加。

周期性信号的频谱具有三个突出特点:①周期性信号的频谱是离散的;②每条谱线只出现在基波频率的整倍数上,不存在非整倍数的频率分量;③各频率分量的谱线高度与对应谐波的振幅成正比。

本实验中信号的合成与分解时输入信号包含有正弦波、余弦波,以及周期性的方波、三角波、锯齿波和矩形波。

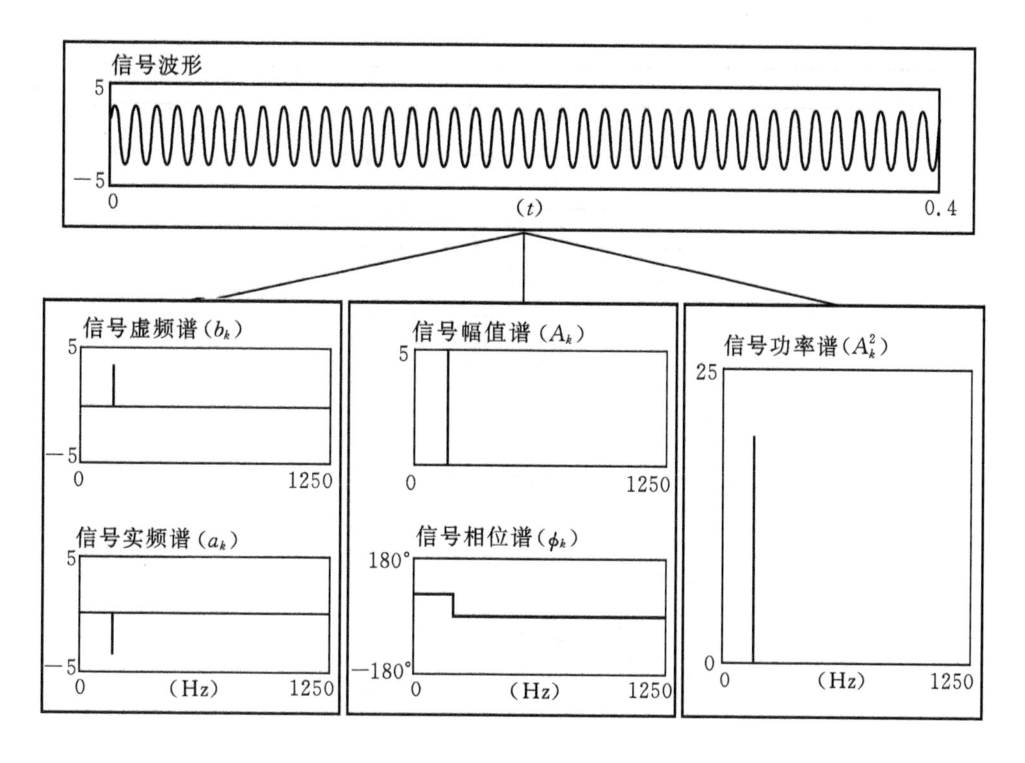

图 1-1　周期信号的频谱表示方法

1.2.2　非周期信号的描述及其频谱特点

设有非周期信号 $f(t)$，由它可构造出一个周期信号 $f_T(t)$，它是由 $f(t)$ 每隔 T 秒重复一次而形成(周期 T 应选得足够大，使得 $f(t)$ 形状的脉冲信号之间没有重叠现象)。$f_T(t)$ 是周期信号，故可以展开为指数函数的傅里叶级数，如果使周期 $T \to \infty$，则周期信号 $f_T(t)$ 就转变成非周期信号 。即：

$f_T(t)$ 的复指数傅氏级数可表示为：

$$f_T(t) = \sum_{k=-\infty}^{\infty} c_k e^{jk\omega_0 t}$$

$k\omega_0$ 的分量的振幅 c_k 则趋近于零，但频谱曲线的形状不会改变。

式中，T 为周期，$\omega_0 = 2\pi/T$ 代表相邻两根谱线之间的最小间隔或增量，故可以写成 $\Delta\omega = \omega_0 = \frac{2\pi}{T}$，当 $T \to \infty$，$\Delta\omega \to 0$ 即非周期信号相邻两根谱线之间的距离将趋近于 0，间断谱就变成了连续谱，而 $f(t)$ 中频率是 $k\omega_0$ 的分量的振幅 c_k 则趋近于零，但频谱形状不会改变。

利用上面的理论对几种典型的非周期函数进行频谱分析，如闸门函数、冲击函数、正弦扫频函数等(请参阅教材)。非周期信号的频谱特点是连续的。非周期信号的频谱分析是通过傅里叶变换实现的，实际应用中一般采用快速傅里叶变换(FFT)实现。

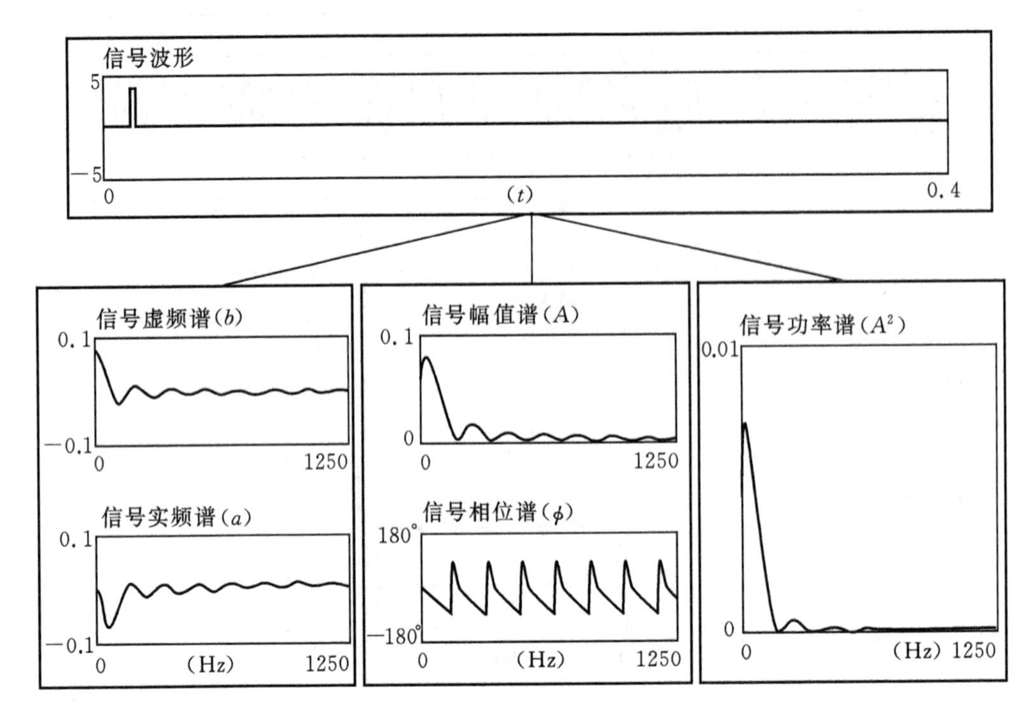

图 1-2 非周期信号的频谱表示方法

1.3 实验内容

在计算机上使用信号分析虚拟实验教学软件对几种典型的周期性信号进行分解与合成，并对非周期性信号进行频谱分析。

1.3.1 周期信号分解

分别对方波、三角波、锯齿波等几种典型的复杂周期性信号进行分解，在确定频率、幅值和初相位的情况下，观察和分析各自的频谱特点及其谐波构成特点，并验证理论正确性。

1.3.2 周期信号合成

分别对两个以上同频率或不同频率的正弦信号(幅值和初相位可以是相同或不同)进行合成，观察和分析合成后的波形及其频谱。根据周期性信号描述的理论知识，恰当地选取几个正弦信号(或余弦信号)试合成三角波和方波，观察和分析合成后波形及其频谱变化情况。

1.3.3 非周期性信号频率分析

对闸门函数、冲击函数、正弦扫频函数、单边指数函数等非周期性信号进行频谱分析，也可对自定义函数进行频谱分析。

1.4 实验装置

测试技术教学实验系统软件 1 套，计算机多台。

1.5 实验步骤

《测试技术教学实验系统》软件是在 Windows XP 以上操作系统环境下，由 LabVIEW 运行库支持运行。执行该软件后先进入主菜单，主菜单中有两个选择项，可以通过鼠标左键进行选择"信号分析虚拟实验"。当点击了信号分解或信号合成按钮并确定之后，就进入下一级菜单。

双击"测试技术教学实验软件"图标，启动教学实验软件，进入到图 1-3 选择界面。

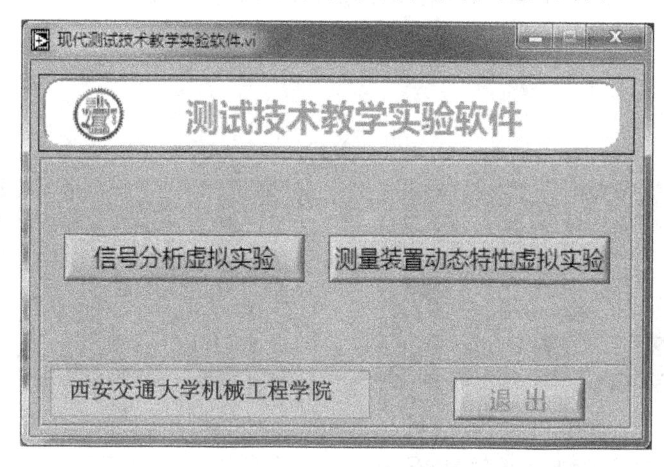

图 1-3 测试技术教学实验系统界面

点击"信号分析虚拟实验"按钮，进入信号分析虚拟实验，可选择的实验内容有：信号的分解、信号的合成、相关分析、非周期信号的分析、功率谱分析(如图1-4所示)。

图 1-4 信号分析虚拟实验界面

1.5.1 周期信号的分解

进入“信号的分解”以后，在图 1-5 所示位置，选择信号类型、幅值、频率、相位。

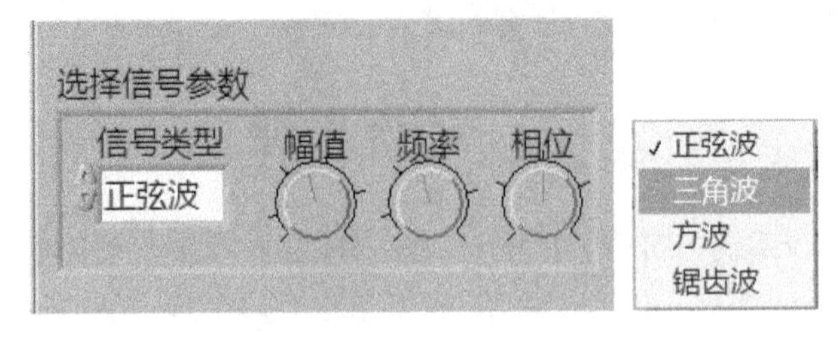

图 1-5 信号参数设置

点击联合查看，如图 1-6 所示，查看多个阶次谐波；点击选择查看，如图 1-7 所示，选择谐波阶次，进行自由查看。

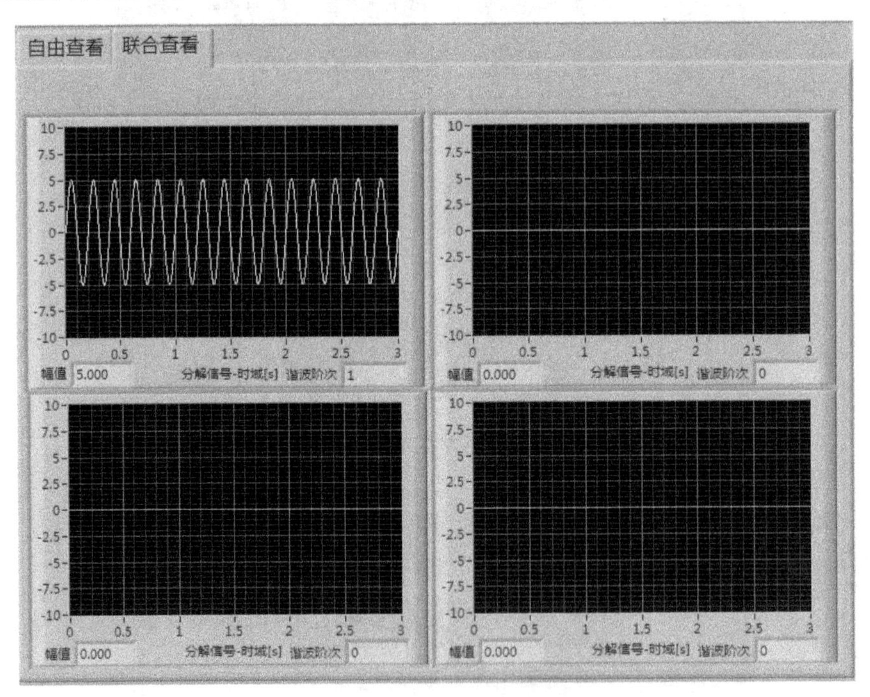

图 1-6 联合查看

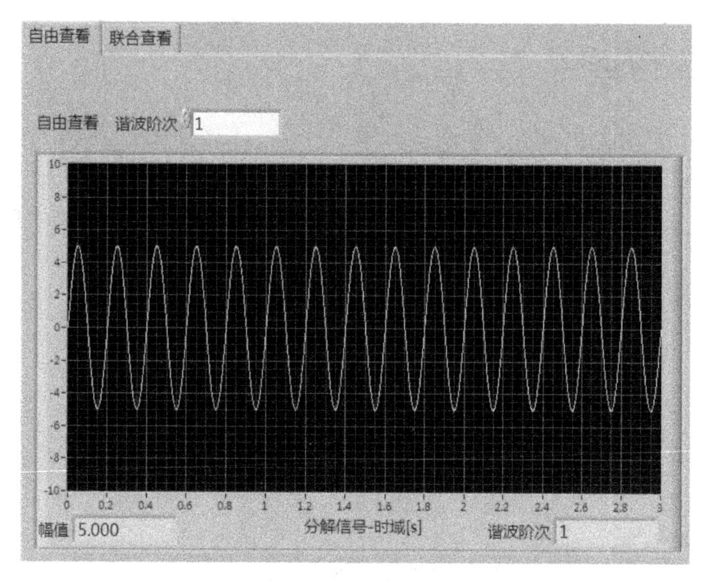

图 1-7　选择查看

1.5.2　周期信号的合成

进入“信号的合成”以后，在图 1-8 所示位置选择正弦信号的输入通道、频率、幅值；点击“确定”进行输入，输入的信号将显示到左边的窗口，通过最左边的下拉滑块可查看其他窗口的信号波形，有 1 到 10 总共 10 个输入通道可选择；点击“清除”按钮，清空所有通道的信号。

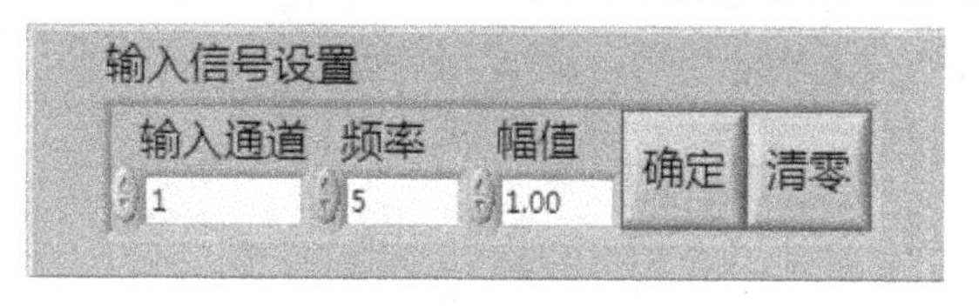

图 1-8　信号参数设置

1.5.3　周期信号相关分析

进入“相关分析”以后，分别选择信号 1 和信号 2 的信号类型、幅值、频率、相位；在“相关分析图”中显示相关波形，若两个信号相同分析自相关，若两个信号不同则分析互相关。如图 1-9所示。

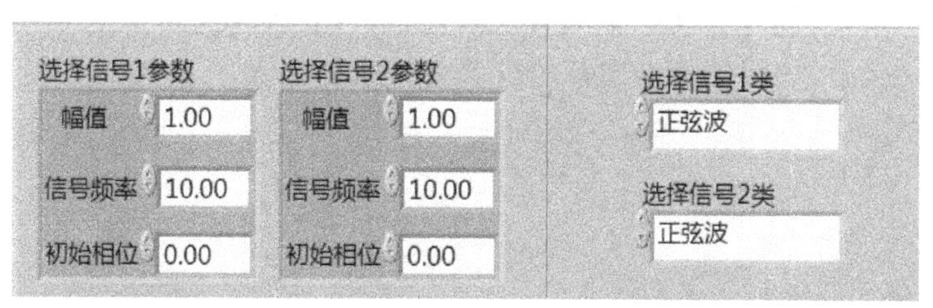

图 1-9　信号参数设置

1.5.4 非周期信号的分析

进入“非周期信号的分析”以后，如图 1－10(a)所示，在对应的选项卡中设置对应的信号参数；在图 1－10(b)中点亮指示开关以输入对应的信号，可同时输入多个信号，输入的信号以叠加的形式出现。在显示界面的右上图中显示原始信号图，在右下图中显示信号频谱图。

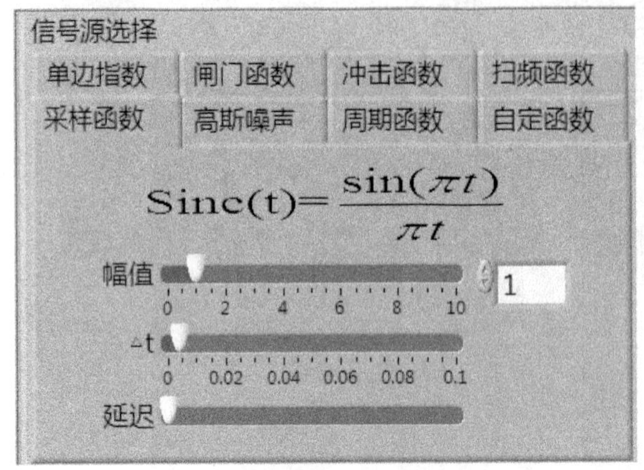

(a)非周期信号的选择

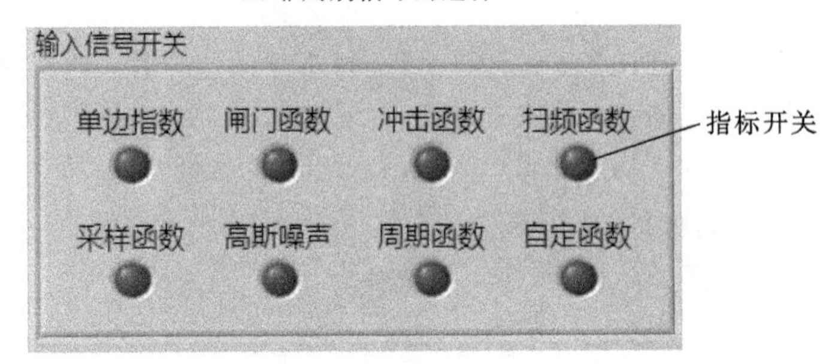

(b)输入信号开关

图 1－10 非周期信号设置

1.5.5 非周期信号功率谱分析

进入“功率谱分析”以后，点击“信号源设置”按钮，进行信号输入的设置；如图 1－11(a)所示，选择所需要输入的信号通道，信号源 1 或信号源 2；在对应的选项卡中设置对应的信号参数；在图 1－11(b)中点亮指示开关以输入对应的信号，可同时输入多个信号，输入的信号以叠加的形式出现；点击“确定”按钮退出信号的设置。显示界面如图 1－11(c)所示，图中右下图显示的是功率谱图。

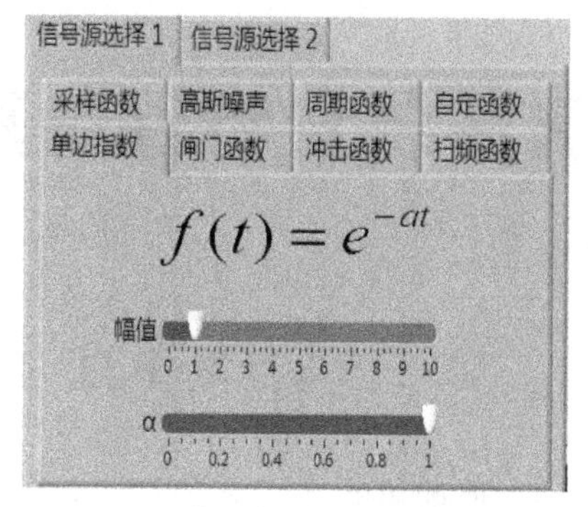

(a)非周期信号的选择

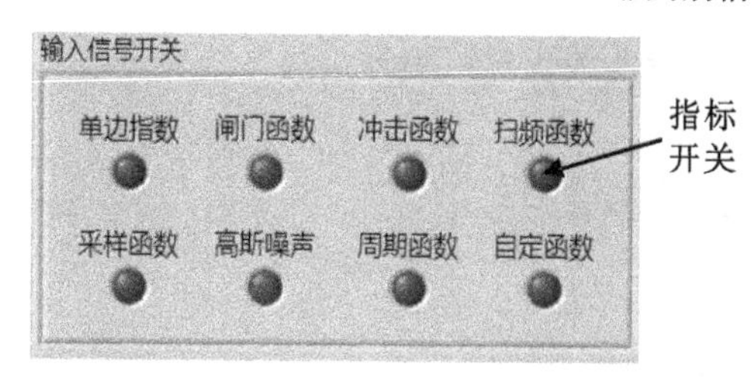

(b)输入信号开关

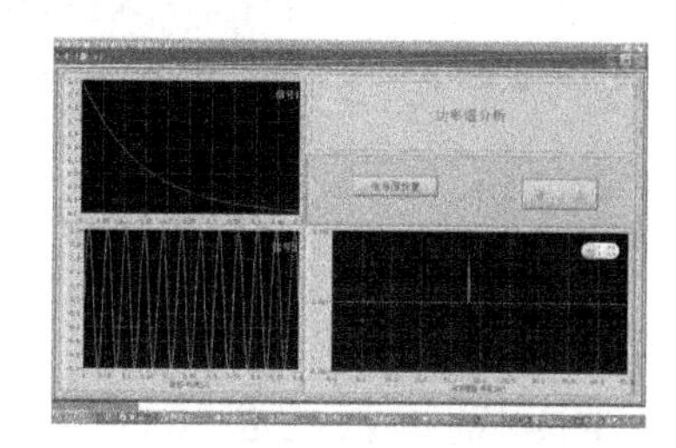

(c)显示界面

图 1-11　非周期信号功率谱分析设置

1.6　实验报告要求

(1)总结周期性信号的频谱特性以及对称性对周期信号频谱的影响。

(2)总结非周期性信号的频谱特性。

(3)写出本次实验的体会。

1.7　思考题

(1)怎样才能得到一个精确的方波波形?

(2)相位对波形的叠加合成有何影响?

(3)设计一个三角波和拍波合成实验,并写出其实验步骤。

第 2 章　测量装置特性仿真分析实验

2.1　实验目的

(1)加深对一阶测量装置和二阶测量装置的幅频特性与相频特性的理解；

(2)加深理解时间常数变化对一阶系统动态特性影响；

(3)加深理解频率比和阻尼比变化对二阶系统动态特性影响。

2.2　实验原理

2.2.1　一阶测量装置动态特性

一阶测量装置是它的输入和输出关系可用一阶微分方程描述。一阶测量装置的频率响应函数为：

$$H(\mathrm{j}\omega)=S_{\mathrm{S}}\frac{1}{1+\mathrm{j}\omega\tau}=S_{\mathrm{S}}\left[\frac{1}{1+(\omega\tau)^2}-\mathrm{j}\frac{\omega\tau}{1+(\omega\tau)^2}\right]$$

式中：S_{S}——测量装置的静态灵敏度；

τ ——测量装置的时间常数。

一阶测量装置的幅频特性和相频特性分别为：

$$A(\omega)=\frac{1}{\sqrt{1+(\omega\tau)^2}}$$

$$\phi(\omega)=-\arctan\omega\tau$$

可知，在规定 $S_{\mathrm{S}}=1$ 的条件下，$A(\omega)$就是测量装置的动态灵敏度。

当给定一个一阶测量装置，若时间常数 τ 确定，如果规定一个允许的幅值误差 ε，则允许测量的信号最高频率 ω_{H} 也相应地确定。

为了恰当的选择一阶测量装置，必须首先对被测信号的幅值变化范围和频率成分有个初步了解，有根据地选择测量装置的时间常数 τ，以保证 $A(\omega)\geqslant 1-\varepsilon$ 能够满足。

2.2.2　二阶测量装置动态特性

二阶测量装置的幅频特性与相频特性如下：

幅频特性　$A(\omega)=1/\sqrt{(1-(\omega/\omega_0)^2)^2-4\xi^2(\omega/\omega_0)^2}$

相频特性　$\phi(\omega)=-\mathrm{arctg}(2\xi(\omega/\omega_0)/(1-(\omega/\omega_0)^2)$

$A(\omega)$是 ξ 和 ω/ω_0 的函数，即具有不同的阻尼比 ξ 的测试装置，当输入信号频率相同时，应具有不同的幅值响应。反之，当不同频率的简谐信号送入同一测试装置时它们的幅值响应也不相同;同理具有不同阻尼比 ξ 的测试装置,当输入信号频率相同时,应有不同的相位差。

①当 $\omega=0$ 时,$A(\omega)=1$;②当 $\omega\to\infty$,$A(\omega)=0$;③当 $\xi\geqslant0.707$ 时随着输入信号频率的加大,$A(\omega)$单调下降,$\xi<0.707$ 时 $A(\omega)$的特性曲线上出现峰值点;④如果 $\xi=0$,$A(\omega)=1/\sqrt{(1-(\omega/\omega_0)^2)^2}=1/(1-\omega/\omega_0)^2$,显然,其峰值点出现在 $\omega=\omega_0$ 处,其值为"∞"。当 ξ 从 0 向 0.707 变化过程中随着阻尼加大,其峰值点逐渐左移,并不断减小。

对以上二阶环节的幅频特性的结论论证如下:

(1) 当 $\omega=0$ 时,$A(\omega)=1$

(2) 当 $\omega\to\infty$时,$A(\omega)=0$

(3) 要想得到 $A(\omega)$ 的峰值就要使 $A(\omega)=1/\sqrt{(1-(\omega/\omega_0)^2)^2-4\xi^2(\omega/\omega_0)^2}$ 中的 $\sqrt{(1-(\omega/\omega_0)^2)^2-4\xi^2(\omega/\omega_0)^2}$取最小值。令:$t=(\omega/\omega_0)^2$

$$f(t)=(1-t)^2+4\xi^2t$$

对其求导可得 $t=1-2\xi^2$ 时,$f(t)$取最小值。由于 $t=(\omega/\omega_0)^2\geqslant0$,所以 $1-2\xi^2\geqslant0$,ξ^2 必须小于 1/2 时,$f(t)$才有最小值,即 $\xi>\sqrt{2}/2$ 时,$A(\omega)$不出现峰值点;当 $\xi<\sqrt{2}/2$ 时 $f(t)=4\xi^2-4\xi^4$,$f(t)$对 ξ 求导得 $f'(t)=8\xi(1-2\xi^2)$,可以看出 $f(t)$:

ξ 属于$[0,\sqrt{2}/2]$时单调递增,于是得 $A(\omega)$的峰值点 A 为 $1/\sqrt{f(t)}=1/\sqrt{4\xi^2-4\xi^4}$;在 ξ 属于$[0,\sqrt{2}/2]$递减。

(4) 当 $\xi=0$ 时,$A=\infty$,$t=(\omega/\omega_0)^2$,$\omega/\omega_0=1$,即 $\xi=0$ 时 $A(\omega)$的峰值为∞,且必出现在 $\omega/\omega_0=1$ 时,当 $\xi=\sqrt{2}/2$ 时,$t=0\to\omega=0$,$A(\omega)=1$。还可以看出,在 ξ 属于$[0,\sqrt{2}/2]$增大时 $t=1-2\xi^2$ 就减小,即 $f(t)$的峰值左平移。

阻尼比的优化:在测量系统中,无论是一阶还是二阶系统的幅频特性都不能满足将信号中的所有频率都按比例放大。于是希望测量装置的幅频特性在一段尽可能宽的范围内最接近于 1。根据给定的测量误差,来选择最优的阻尼比。

首先设允许的测量误差,可知存在一个 ξ 使得 $A(\omega)$峰值接近于 $1+\Delta A$,即直线 $A=1+\Delta A$ 与 $A(\omega)$相切,并且相切与 $A(\omega)$的峰值点。设这个峰值点为 ξ_0。

(1)当 $0<\xi<\xi_0$ 时 ,$A(\omega)$与直线 $A=1+\Delta A$ 有两个交点为 A,B。

(2)当 $\xi>\xi_0$ 时无交点。

(3)无论取何值,$A(\omega)$与 $A=1-\Delta A$ 只有一个交点。

可以看出,$0<\xi<\xi_0$ 时,环节的通频带为$(0,\omega_A/\omega_0)$;$\xi>\xi_0$ 时,通频带为$(0,\omega_D/\omega_0)$,此时找出两种情况下的最宽的通频带,进一步比较两个通频带,其中宽的就是误差为 ΔA 时的最宽的通频带。

由于 $\xi=\xi_0$ 时,$A(\omega)$与直线 $A=1+\Delta A$ 相切,于是可解得:

$$\xi_0=\sqrt{[1-\sqrt{1-1/(1+\Delta A)^2})]/2}$$

令$(\omega_A/\omega_0)^2=X(\xi)$,$(\omega_D/\omega_0)^2=Y(\xi)$,于是:

$$X(\xi)=\frac{2-4\xi^2-\sqrt{(4\xi^2-2)^2-4[1-(1/(1+\Delta A)^2)]}}{2}$$

$$Y(\xi)=\frac{2-4\xi^2+\sqrt{(4\xi^2-2)^2-4[1-(1/(1+\Delta A)^2)]}}{2}$$

分别以 $X(\xi)$ 和 $Y(\xi)$ 为目标函数，以 $0<\xi<\xi_0$ 和 $\xi\geqslant\xi_0$ 为约束条件，用0.618法求 $X(\xi)$ 和 $Y(\xi)$ 的最大值。由于求目标函数的极大化就等于求函数 $-f(t)$ 的极小化，于是求 $X(\xi)$ 和 $Y(\xi)$ 的极大化就等于求函数 $-X(\xi)$ 和 $-Y(\xi)$ 的极小化。它们可以分别写成：

$$\min[-X(\xi)]=-\left(\frac{2-4\xi^2-\sqrt{(4\xi^2-2)^2-4[1-(1/(1/(1-\Delta A)^2)]}}{2}\right)$$

其中 $0<\xi<\xi_0$，$X(\xi)>0$。

$$\min[-Y(\xi)]=-\left(\frac{2-4\xi^2+\sqrt{(4\xi^2-2)^2-4[1-(1/(1-\Delta A)^2)]}}{2}\right)$$

其中 $\xi\geqslant\xi_0$，$Y(\xi)>0$。对以上两个数学模型用0.618法得到最优解分别为 (X_{max},ξ_1)，(Y_{max},ξ_2)。

2.3　实验仪器设备

《测试技术教学实验系统》软件一套，计算机若干台，打印机一台。

2.4　实验方法

2.4.1　一阶测量装置的动态特性仿真实验

选择虚拟的一阶测量装置，分别在不同的输入信号：周期性信号(正弦波、方波、三角波、锯齿波等)、冲击信号、正弦扫描信号及采样函数信号等情况下，改变时间常数，观察和分析一阶测量装置的动态特性变化情况。根据给定的幅值测量误差，选择最优的时间常数，确定有效的频率测量范围。

图2-1为采用一阶测量系统测量扫频信号时，出现了明显的失真现象，说明一阶测量系统不适合测量动态信号。

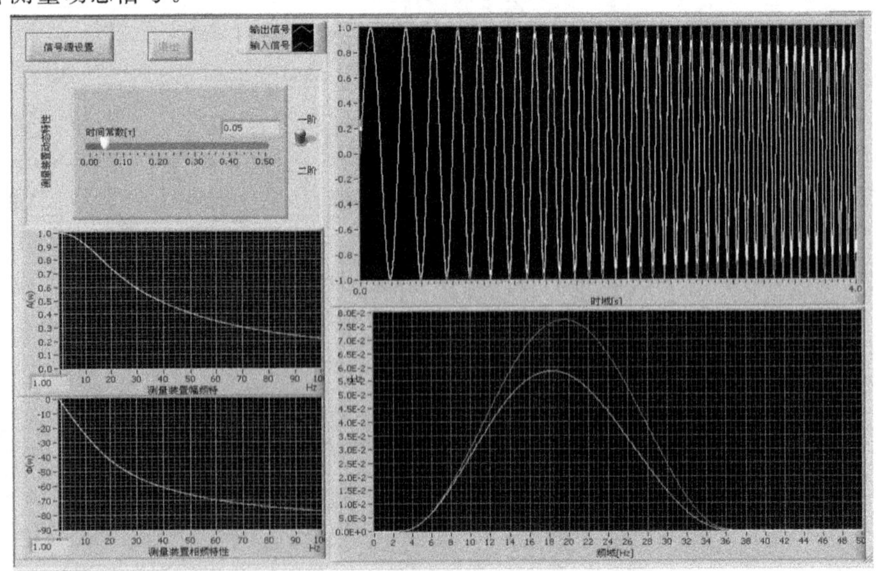

图2-1　采用一阶测量系统测量扫频信号的情况

2.4.2 二阶测量装置的动态特性仿真实验

选择虚拟的二阶测量装置，分别在不同的输入信号：周期性信号（正弦波、方波、三角波、锯齿波等）、冲击信号、正弦扫描信号及采样函数信号等情况下，改变频率比和阻尼比，观察和分析二阶测量装置的动态特性变化。根据给定的幅值测量误差，选择最优的频率比和阻尼比，确定有效的频率测量范围。图 2-2 为采用二阶测量系统测量扫频信号的情况，测量结果没有出现失真现象，说明二阶系统在取适当的固有频率和阻尼比时能够测量较高频率的信号。

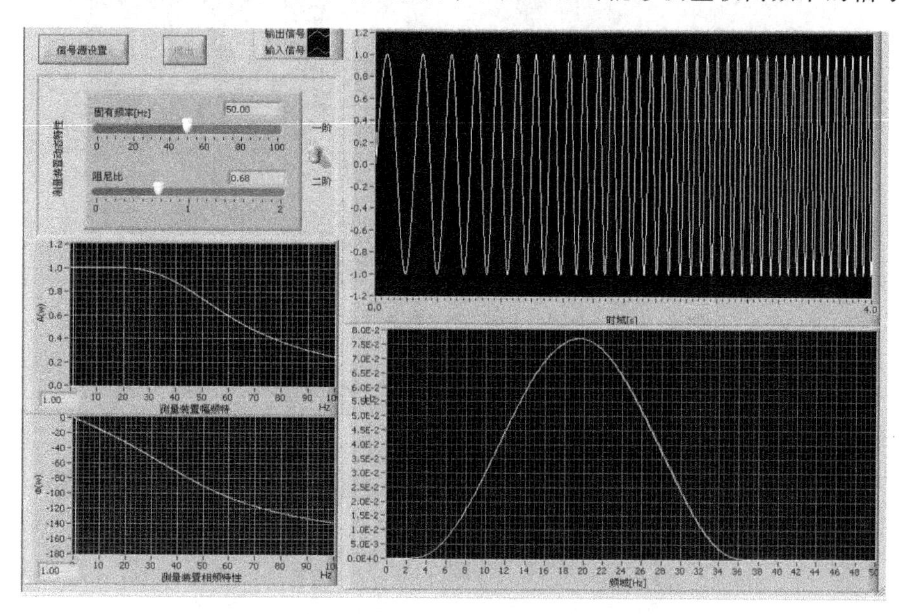

图 2-2 采用二阶测量系统测量扫频信号

2.4.3 动态测量误差分析实验

对于一阶测量系统而言，时间常数 τ 对其动态测量误差影响很大；对于二阶测量系统而言，固有频率 f 和阻尼比 ξ 对其动态测量误差影响显著。实验时选择一阶测量系统，通过改变时间常数 τ 来满足测量误差的要求；选择二阶测量系统，通过改变固有频率 f 和阻尼比 ξ 来满足测量误差的要求。

在进行动态测量时应当注意到两点：其一是测量系统的频响特性必须与被测信号的频率组成相适配，即要求被测信号的有用频率成分必须包含在测量系统的有效频率范围之内；其二是测量系统的有效频率范围是和规定的允许幅值误差相联系的。允许的幅值误差越小，则有用频率范围越窄；反之，允许的幅值误差越大，则有用频率范围越宽。实验分析举例如下。

图 2-3 为一阶测量系统的允许测量误差为 5%时，若时间常数 τ 取为 0.1，则有效的测量频率范围为 0～3.12 Hz。

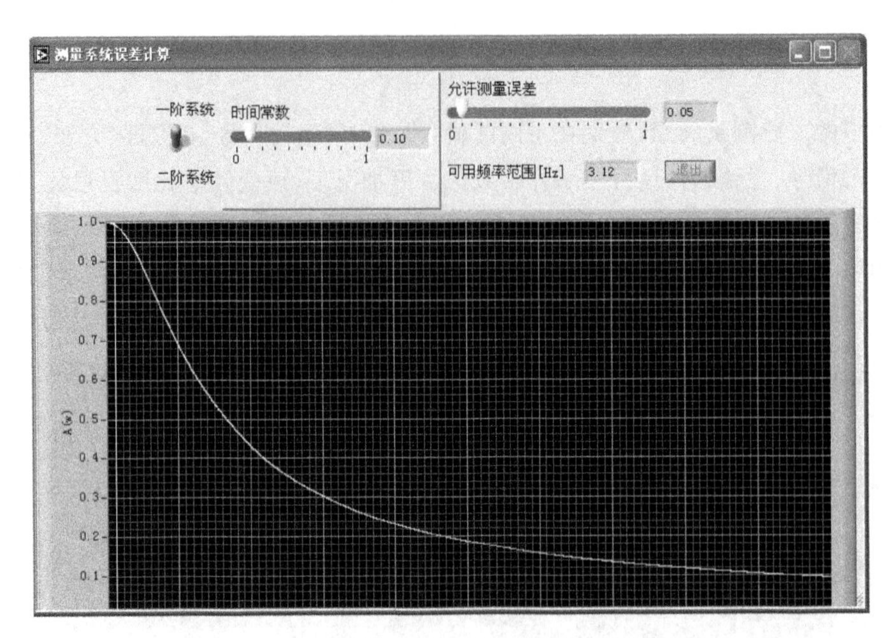

图 2-3　一阶测量系统的动态测量误差分析实验

图 2-4 为二阶测量系统的允许测量误差为 5%时,若固有频率 f 取为 40 Hz,阻尼比 ξ 取为 0.7,则有效的测量频率范围为 0～23.46 Hz。

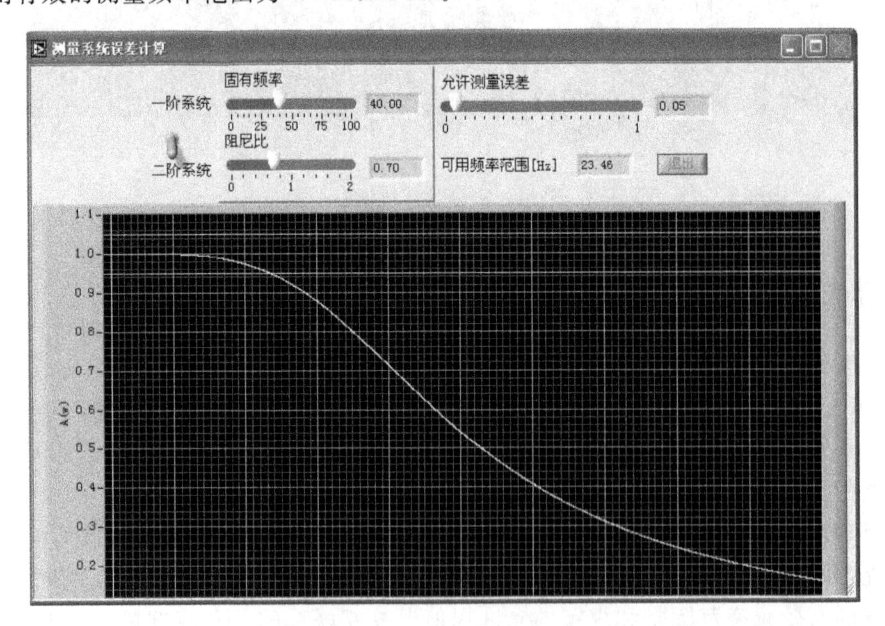

图 2-4　二阶测量系统的动态测量误差分析实验

二阶测量系统的阻尼比存在一个最佳阻尼比范围,通常二阶测量系统的最佳阻尼比取在 0.6～0.7 的范围。实验时应注意到阻尼比的取值范围,若阻尼比取在最佳阻尼比范围之外时,测量系统的动态测量特性就会变差。图 2-5 为阻尼比取为 0.4 时,与上图像比在同样的固有频率下有效的测量频率仅为 10.78 Hz,动态测量特性明显变差。

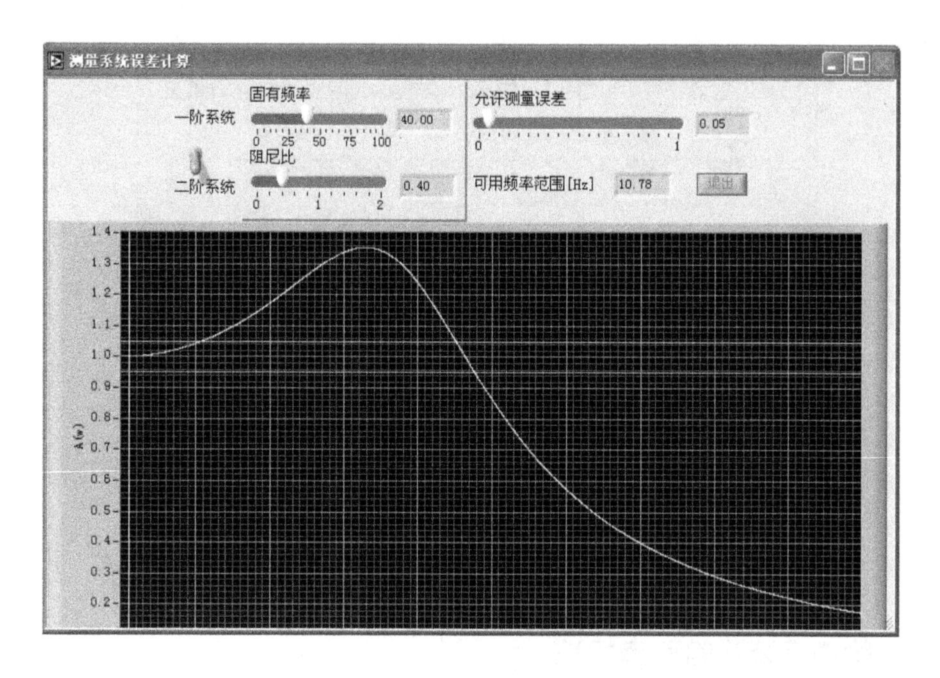

图 2-5　阻尼比的变化对动态测量特性的影响实验

2.5　实验软件简介

双击“现代测试技术教学实验软件”图标，启动教学实验软件，进入到图 2-6 选择界面：

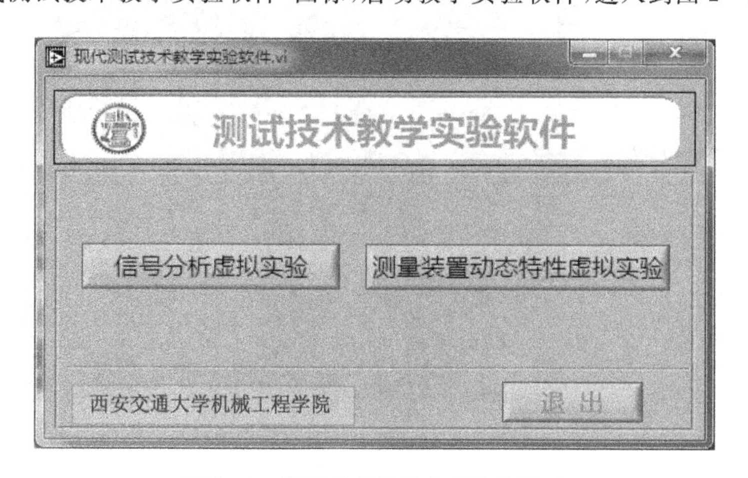

图 2-6　测试技术教学实验软件界面

点击“测量装置动态特性虚拟实验”按钮，进入信号分析虚拟实验，可选择的实验内容有：一阶测量装置的动态特性、一阶测量装置的参数设计、二阶测量装置的动态特性、二阶测量装置的参数设计(见图 2-7)。

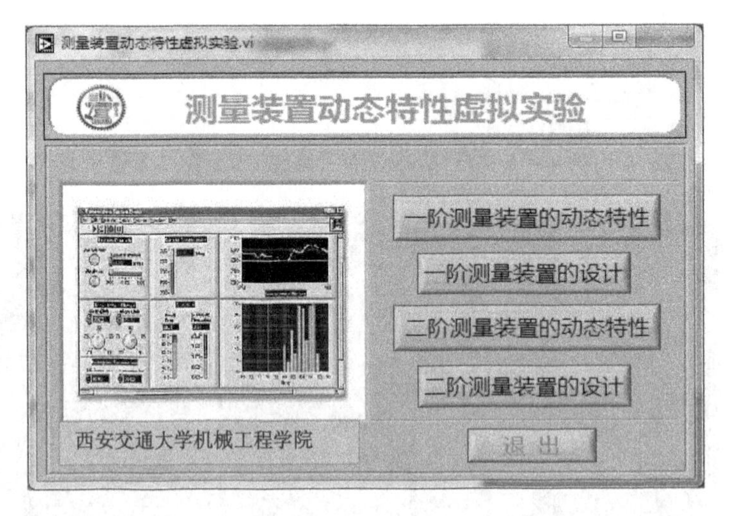

图 2-7　测量装置的动态特性仿真实验界面

2.5.1　一阶测量装置的动态特性

进入“一阶测量装置的动态特性”以后，在如图 2-8 所示位置进行参数设置；确定允许的误差范围，再确定一阶系统的时间常数 τ；所得到的可用频率将会显示出来。

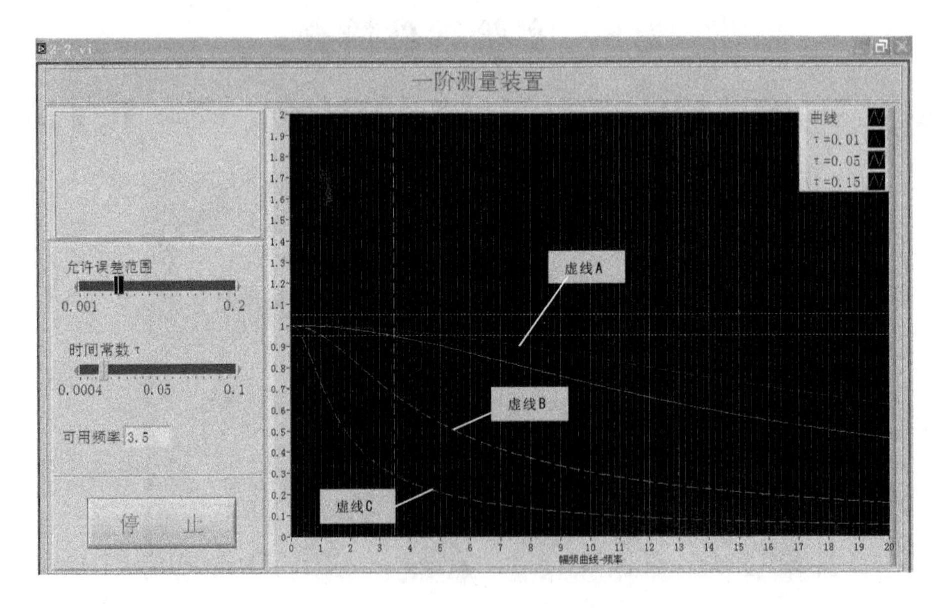

图 2-8　一阶系统特性曲线

虚线 A、虚线 B、虚线 C 分别对应时间常数 $\tau = 0.01、0.05、0.15$ 时的一阶测量装置动态特性图。

2.5.2 一阶测量装置的设计

进入“一阶测量装置的设计”以后点击“信号源设置”按钮，进行信号输入的设置；如图2-9(a)所示，在对应的选项卡中设置对应的信号参数；在图2-9(b)中点亮指示开关以输入对应的信号，可同时输入多个信号，输入的信号以叠加的形式出现；点击“确定”按钮退出信号的设置。

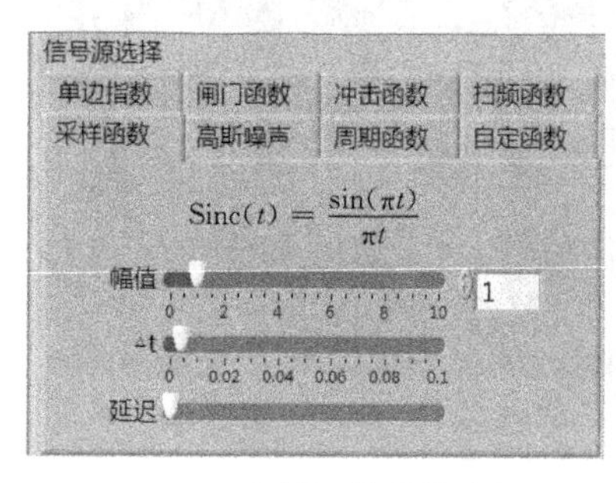

(a)非周期信号的选择

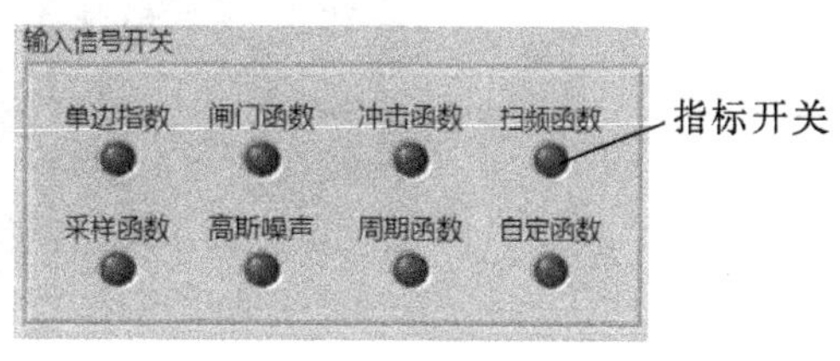

(b)输入信号开关

图2-9 非周期信号设置

在图2-10所示位置进行一阶系统参数设置；首先通过拖动滑块设置“给定误差”范围，再调节“可用频率”(默认值20)；“计算所得 τ ”为推荐的系统时间常数；通过拖动滑块调整“自定义 τ ”值，改变自定义的一阶系统。

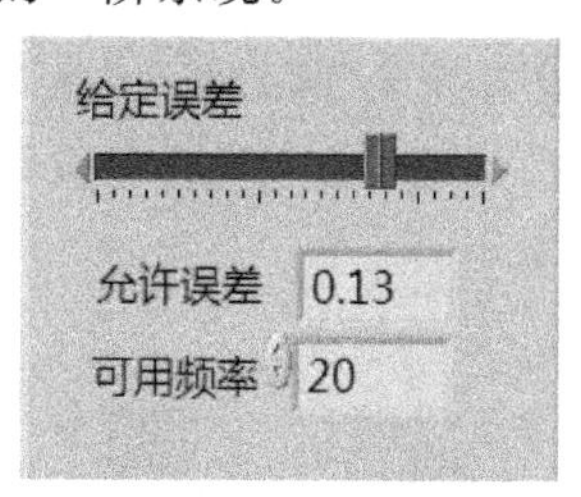

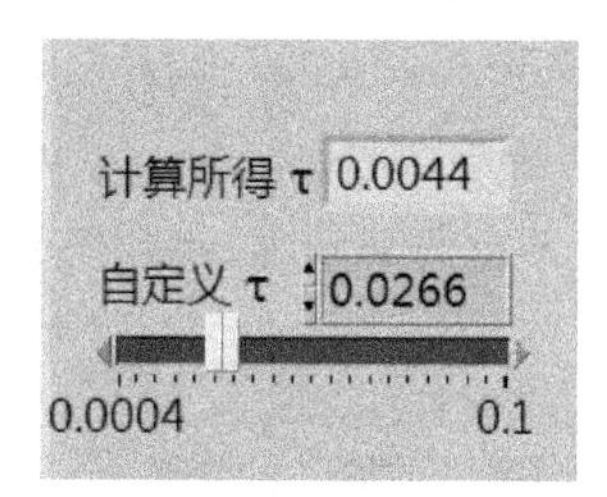

图2-10 一阶系统参数设置

2.5.3 二阶测量装置的动态特性

进入“二阶测量装置的动态特性”以后，在如图2-11所示位置进行参数设置；通过拖动滑块 A 设置“固有频率 f_0 ”的值，拖动滑块 B 设置“允许误差范围”的值；拖动滑块 C 设置“阻尼比 ξ ”的值；可用频率的值将显示在“可用频率”一栏中。虚线 A、虚线 B、虚线 C 分别对应阻尼比 $\xi=0.1$、0.5、1时的二阶测量装置动态特性图。

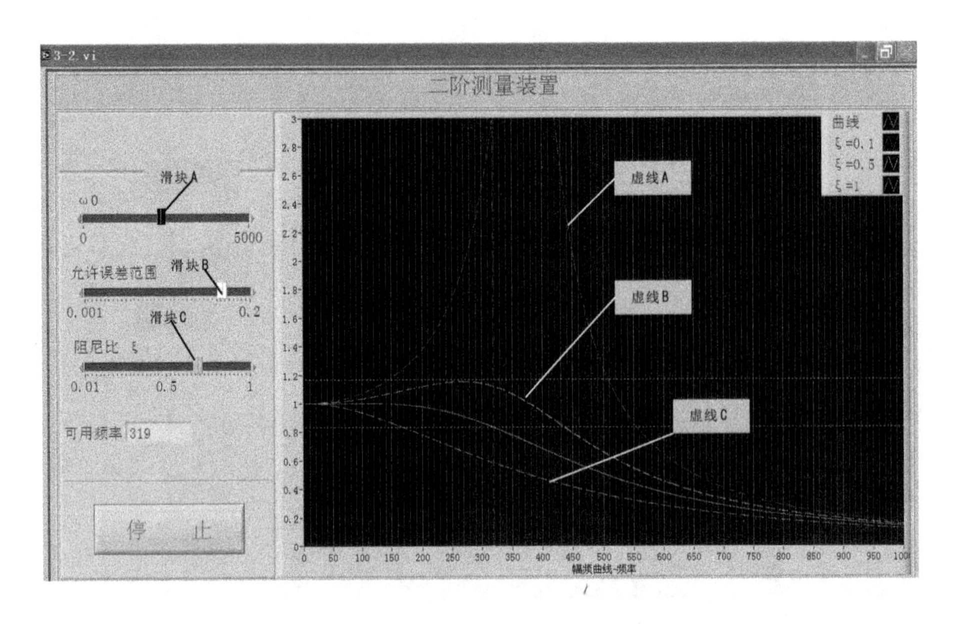

图 2-11 二阶系统特性曲线

2.5.4 二阶测量装置的设计

进入"二阶测量装置的设计"以后,点击"信号源设置"按钮,进行信号输入的设置;信号源设置的方法与一阶测量装置的设计相同。

在图 2-12 所示位置进行二阶系统参数设置;首先通过拖动滑块 A 设置"允许的误差范围",再拖动滑块 B 给定"可用频率 f",系统默认设置为最佳阻尼比系统($\xi=0.707$);在"自由设计"一栏中,通过拖动滑块 C 设计"固有频率 f_0"的值,拖动滑块 D 设计"阻尼比 ξ"的值;所设计的二阶系统可用频率将会显示在"可用频率"处。

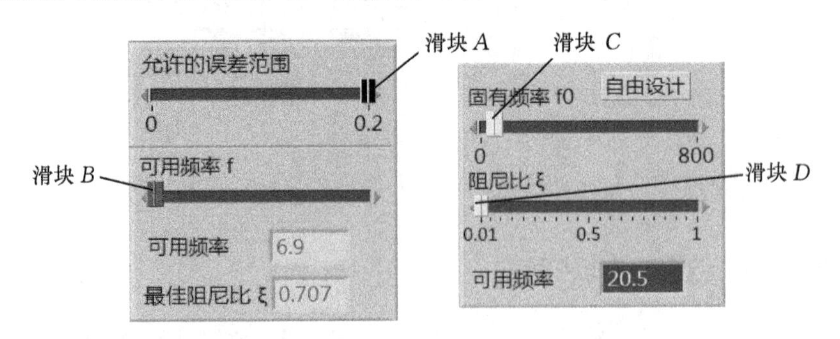

图 2-12 二阶系统参数设置

在 LabVIEW 运行程序支持下,执行《测试技术教学实验系统》软件,选择"测量装置动态特性仿真"项,进入测量装置动态特性仿真面板。在此面板上,左上角是输入波形设置,左边中部是测量装置类型选择和测量参数选择区。右边上半部是显示输入信号波形和输出波形,右边下半部是显示输入信号和输出信号的频谱。红色为输入,白色为输出(可从计算机屏幕上看到)。

当选择虚拟的一阶测量装置时，确定输入信号的情况下，改变时间常数，观察一阶测量装置动态特性的变化。在确定测量误差和频率范围的情况下，选择恰当的时间常数。

当选择虚拟的二阶测量装置时，确定输入信号的情况下，改变频率比和阻尼比，观察二阶测量装置动态特性的变化。在确定测量误差和频率范围的情况下，选择恰当的阻尼比。

2.6 实验报告要求

(1)总结一阶测量装置的幅频特性与时间常数 τ 之间的关系，与课本中的结论相比较，看是否正确；

(2)绘出一阶测量装置的三条幅频曲线，验证从计算机上所得最优时间常数 τ；

(3)总结二阶测量装置的幅频特性与阻尼比 ξ 之间的关系，与课本中的结论相比较，看是否正确；

(4)绘出二阶测量装置的三条幅频曲线，验证从计算机上所得的最优阻尼比；

(5)写出本次实验的体会。

2.7 思考题

(1)实验时一阶测量系统的时间常数取得越小，对动态信号测量的频率范围就越宽，实际设计一阶测量装置时，若将时间常数取得很小会造成什么问题?

(2)实验时二阶测量系统的阻尼比取在最佳阻尼比范围，固有频率取得越高，对动态信号测量的频率范围就会越宽；是否测量装置的固有频率取得越高越好?

第3章 传感器性能标定及工程量测量实验

传感器的标定是指利用较高等级的标准器具对传感器的性能进行定度的过程，从而确立传感器输出量和输入量之间的对应关系。传感器在投入使用之前应对其进行标定，以测定其各种性能指标。传感器在使用过程中定期进行检查，以判断其性能参数是否偏离初始标定的性能指标，是否需要重新标定或停止使用。传感器的标定分为静态性能标定和动态性能标定，不同的传感器标定方法不同，但其基本要求一致。

3.1 传感器性能标定的基本理论

3.1.1 传感器静态性能标定

传感器静态性能标定的目的是确定传感器的静态性能指标，如线性度、灵敏度、重复性、精度、迟滞性等。借助实验的方法确定传感器静态性能的过程称为静态标定。传感器静态性能标定的过程实际上是指传感器在稳态(静态或准静态)信号作用下，得到输入量与输出量之间的对应关系。

传感器静态性能标定的基本步骤是：

(1)将传感器全程标定输入量分成若干个离散点，取各点的值作为标准输入值。

(2)由小到大逐点输入标准值，并记录与各输入值相对应的输出值。

(3)由大到小逐点输入标准值，并记录与各输入值相对应的输出值。

(4)按照步骤(2)和(3)所述过程，对传感器进行正、反行程往复循环多次测试，将所得输入和输出数据用表格列出或绘制成曲线。

(5)对测试数据进行必要的分析和处理，以确定该传感器的静态性能指标。

3.1.2 传感器动态性能标定

(1)传感器动态性能的概念　传感器动态性能是指传感器对于时间变化的输入量的响应特性。在实际当中，传感器的动态性能常用它对某些标准输入信号的响应来表示，这是因为传感器对标准输入信号的响应容易用实验方法求得，并且它对标准输入信号的响应与它对任意输入信号的响应之间存在一定的关系，往往知道了前者就能推定后者。传感器主要的动态性能指标有时域单位阶跃响应性能指标和频域频率响应性能指标，所以其动态性能也常用阶跃响应和频率响应来表示。

(2)传感器动态性能指标

①动态灵敏度。指沿着传感器测量方向，在稳态振动激励下的动态输出变化量 $\mathrm{d}y$ 与引起此变化量的动态输入变化量 $\mathrm{d}x$ 的比值，即 $s = \mathrm{d}y/\mathrm{d}x$。为了测量出微小的动态信号变化量，传感器应有较高的灵敏度。

②频率测量范围：指在规定的频率响应幅值误差内（如：±5%、±10%、±3dB）传感器所能测量的频率范围。频率范围的下限和上限分别称为下限截止频率和上限截止频率。截止频率与误差直接相关，误差越大则频率测量范围越宽。传感器的高频响应取决于传感器的机械特性，而低频响应则由传感器及后继电路的综合电参数所决定。传感器的使用频率范围除了与传感器本身的频率响应特性有关外，还和传感器安装条件有关（主要影响频率范围上限）。

③动态范围。动态范围即可测量的量程，是指在规定的幅值误差内（±5%、±10% 、±3dB）传感器所能测量的幅值范围。在此范围内，输出量和输入量成正比，所以也称为线性范围。动态范围一般不用绝对量数值表示，而用分贝作单位，这是因为往往被测量的动态信号变化幅度过大的缘故，以分贝级表示使用起来会更方便。

④相移。指输入为简谐振动信号时，输出同频的信号相对输入信号的相位滞后量。相移的存在有可能使输出的合成波形畸变，为避免输出失真，要求相移值为零或 π，或者随频率成正比变化。

在传感器的频率域动态特性指标中最主要的是使用频率范围，即工作频带。

(3)传感器的动态性能标定方法　一些传感器除了静态特性必须满足要求外，其动态特性也需要满足要求。因此在进行静态校准和标定后还需要进行动态标定，以便确定它们的动态灵敏度、固有频率和频响范围等。

传感器进行动态标定时，需要采用标准信号对它激励，常用的标准信号有二类：一类是周期函数，如正弦波等；另一类是瞬变函数，如阶跃波等。用标准信号激励后得到传感器的输出信号，经分析计算和数据处理，便可决定其频率特性，即幅频特性、阻尼和动态灵敏度等。

3.2　电阻应变片静态标定及力(荷重)测量实验

3.2.1　实验目的

(1) 熟悉电阻应变片式传感器及其直流电桥的测量原理；

(2) 掌握直流单臂、直流双臂（半桥）、直流全桥的静态性能标定方法和技术；

(3) 掌握电阻应变片传感器测力（荷重）的方法和技术。

3.2.2　实验原理

电阻应变式传感器是在弹性元件上通过特定工艺粘贴电阻应变片来组成，是一种利用电阻材料的应变效应将工程结构件的内部变形转换为电阻变化的传感器。此类传感器主要是通过一定的机械装置将被测量转化成弹性元件的变形，然后由电阻应变片将弹性元件的变形转换成电阻的变化，再通过测量电路将电阻的变化转换成电压或电流变化信号输出。它可用于能转化成变形的各种非电物理量的检测，如力、压力、加速度、力矩、重量等，在机械工程、桥梁工程、建筑工程测量等行业应用十分广泛。

(1)应变片的电阻应变效应　所谓电阻应变效应是指具有规则外形的金属导体或半导体材料在外力作用下产生应变而其电阻值也会产生相应的改变，这一物理现象称为“电阻应变效应”。以圆柱形导体为例，设其长为 L、半径为 r、材料的电阻率为 ρ 时，根据电阻的定义式得：

$$R=\rho\frac{L}{A}=\rho\frac{L}{\pi\cdot r^2} \tag{3-1}$$

当导体因某种原因产生应变时，其长度 L、截面积 A 和电阻率 ρ 的变化为 $\mathrm{d}L$、$\mathrm{d}A$、$\mathrm{d}\rho$，相应的电阻变化为 $\mathrm{d}R$。对式(3-1)全微分得电阻变化率 $\mathrm{d}R/R$ 为：

$$\frac{\mathrm{d}R}{R}=\frac{\mathrm{d}L}{L}-2\frac{\mathrm{d}r}{r}+\frac{\mathrm{d}\rho}{\rho} \tag{3-2}$$

式中：$\mathrm{d}L/L$ ——导体的轴向应变量 ε_l；

$\mathrm{d}r/r$ ——导体的横向应变量 ε_r。

由材料力学得：

$$\varepsilon_r=-\mu\varepsilon_l \tag{3-3}$$

式中，μ 为材料的泊松比，大多数金属材料的泊松比为0.3～0.5左右；负号表示两者的变化方向相反。将式(3-3)代入式(3-2)得：

$$\frac{\mathrm{d}R}{R}=(1+2\mu)\varepsilon_l+\frac{\mathrm{d}\rho}{\rho} \tag{3-4}$$

式(3-4)说明电阻应变效应主要取决于它的几何应变(几何效应)和本身特有的导电性能(压阻效应)。

(2)应变灵敏度　应变灵敏度是指电阻应变片在单位应变作用下所产生的电阻的相对变化量。

①金属导体的应变灵敏度 K。主要取决于其几何效应。可取

$$\frac{\mathrm{d}R}{R}\approx(1+2\mu)\varepsilon_l \tag{3-5}$$

其灵敏度系数为：

$$K=\frac{\mathrm{d}R}{\varepsilon_l R}=(1+2\mu) \tag{3-6}$$

金属导体在受到应变作用时将产生电阻的变化，拉伸时电阻增大，压缩时电阻减小，且与其轴向应变成正比。金属导体的电阻应变灵敏度一般在2左右。

②半导体的应变灵敏度。主要取决于其压阻效应；$\mathrm{d}R/R<\approx\mathrm{d}\rho/\rho$。半导体材料之所以具有较大的电阻变化率，是因为它有远比金属导体显著得多的压阻效应。在半导体受力变形时会暂时改变晶体结构的对称性，因而改变了半导体的导电机理，使得它的电阻率发生变化，这种物理现象称之为半导体的压阻效应。不同材质的半导体材料在不同受力条件下产生的压阻效应不同，可以是正(使电阻增大)的或负(使电阻减小)的压阻效应。即，同样是拉伸变形，不同材质的半导体将得到完全相反的电阻变化效果。半导体材料的电阻应变效应主要体现为压阻效应，其灵敏度系数较大，一般在100到200左右。

(3)贴片式应变片应用　在贴片式工艺的传感器上多应用金属箔式应变片，贴片式半导体应变片(温漂、稳定性、线性度不好而且易损坏)很少应用。一般半导体应变采用N型单晶硅为传感器的弹性元件，在它上面直接蒸镀扩散出半导体电阻应变薄膜(扩散出敏感栅)，制成扩散型压阻式(压阻效应)传感器。

(4)箔式应变片的基本结构　金属箔式应变片是在用苯酚、环氧树脂等绝缘材料的基板上，粘贴直径为0.025 mm左右的金属丝或金属箔制成，如图3－1所示。

金属箔式应变片就是通过光刻、腐蚀等工艺制成的应变敏感元件，与丝式应变片工作原理相同。电阻丝在外力作用下发生机械变形时，其电阻值发生变化，即电阻应变效应，描述电阻应变效应的关系式为：$\Delta R/R=K\varepsilon_l$，(式中，$\Delta R/R$ 为电阻丝电阻相对变化，K 为应变灵敏系数，$\varepsilon_l=\Delta L/L$ 为电阻丝长度相对变化)。

(5)测量电路　为了将电阻应变式传感器的电阻变化转换成电压或电流信号，在应用中一般采用电桥电路作为其测量电路。电桥电路具有结构简单、灵敏度高、测量范围宽、线性度好且易实现温度补偿等优点。能较好地满足各种应变测量要求，因此在应变测量中得到了广泛的应用。

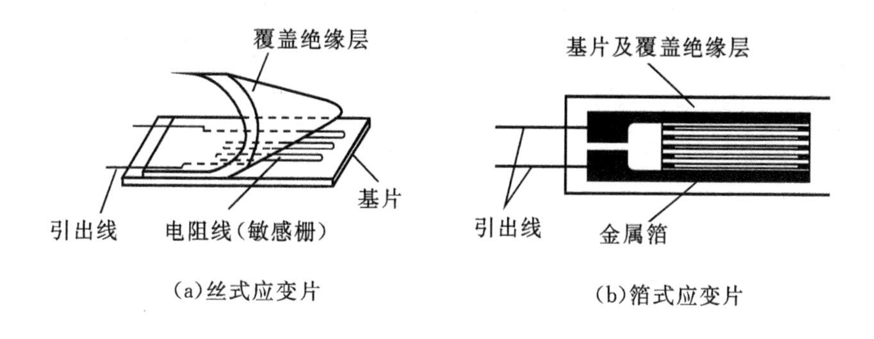

图3－1　应变片结构图

电桥电路按其工作方式分为单臂、双臂和全桥三种。单臂工作输出信号最小，线性和稳定性较差；双臂输出是单臂的两倍，性能比单臂有所改善；全桥工作时的输出是单臂时的四倍，性能最好。因此，为了得到较大的输出电压信号一般都采用双臂或全桥工作。基本电路如图3－2(a)、(b)、(c)所示。

①单臂。

$$
\begin{aligned}
U_o &= U_{①} - U_{③} \\
&= [(R_1+\Delta R_1)/(R_1+\Delta R_1+R_5) - R_7/(R_7+R_6)]E \\
&= \{[(R_7+R_6)(R_1+\Delta R_1) - R_7(R_5+R_1+\Delta R_1)]/ \\
&\quad [(R_5+R_1+\Delta R_1)(R_7+R_6)]\}E
\end{aligned}
$$

设 $R_1=R_5=R_6=R_7$，且 $\Delta R_1/R_1=\Delta R/R<<1$，$\Delta R/R=K\varepsilon$，$K$ 为灵敏度系数。

则 $U_o\approx(1/4)(\Delta R_1/R_1)E=(1/4)(\Delta R/R)E=(1/4)K\varepsilon E$

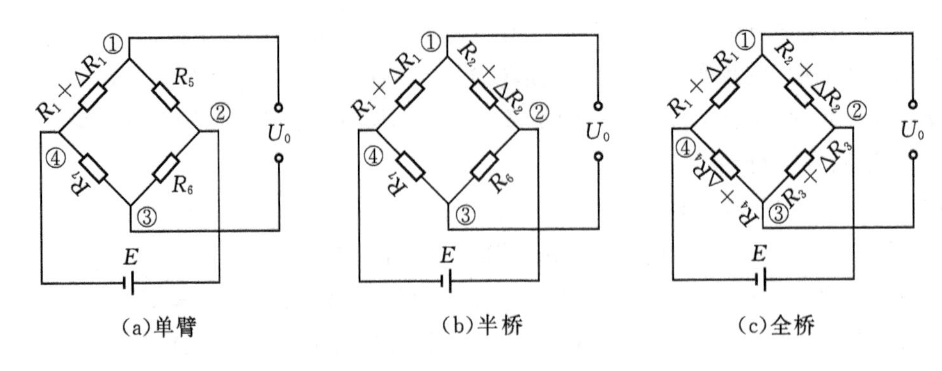

图 3-2 应变片测量电路

②双臂(半桥)。

同理:$U_o \approx (1/2)(\Delta R/R)E = (1/2)K\varepsilon E$

③全桥

同理:$U_o \approx (\Delta R/R)E = K\varepsilon E$

(6)箔式应变片单臂电桥实验原理图　应变片单臂电桥性能实验原理图如图 3-3 所示。图中 R_5、R_6、R_7 为 350Ω 固定电阻,R_1 为应变片；R_{W1} 和 R_8 组成电桥调平衡网络,E 为供桥电源 ±4V。桥路输出电压 $U_o \approx (1/4)(\Delta R_4/R_4)E = (1/4)(\Delta R/R)E = (1/4)K\varepsilon E$ 。差动放大器输出为 V_o。

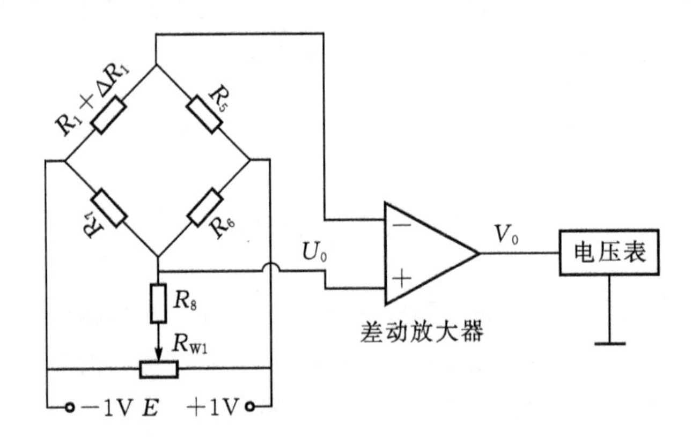

图 3-3 应变片单臂电桥性能实验原理图

3.2.3　实验仪器设备

传感器实验台主机箱中的±2V～±10V(步进可调)直流稳压电源、±15V 直流稳压电源、电压表;应变式传感器实验模板、托盘、砝码;计算机。

3.2.4 实验步骤

应变传感器实验模板说明：应变传感器实验模板由应变式双孔悬臂梁载荷传感器（称重传感器）、加热器+5V电源输入口、多芯插头、应变片测量电路、差动放大器组成。实验模板中的R_1（传感器的左下）、R_2（传感器的右下）、R_3（传感器的右上）、R_4（传感器的左上）为称重传感器上的应变片输出口；没有文字标记的5个电阻符号是空的无实体，其中4个电阻符号组成电桥模型是为电路初学者组成电桥接线方便而设；R_5、R_6、R_7是350Ω固定电阻，是为应变片组成单臂电桥、双臂电桥（半桥）而设的其他桥臂电阻。加热器+5V是传感器上的加热器的电源输入口，做应变片温度影响实验时用。多芯插头是振动源的振动梁上的应变片输入口，做应变片测量振动实验时用。

（1）将托盘安装到传感器上，如图3-4所示。

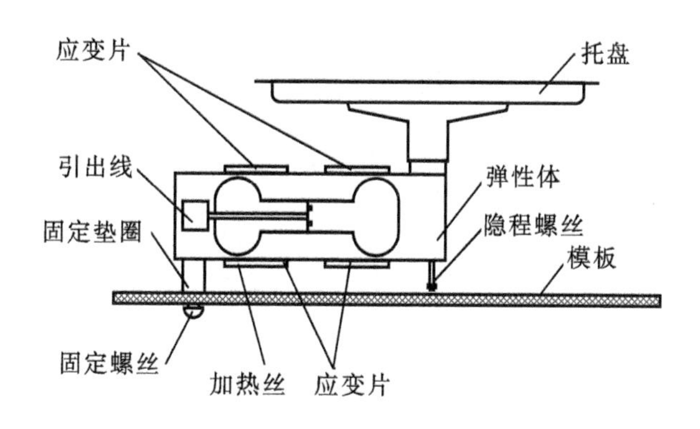

图3-4 传感器托盘安装示意图

（2）测量应变片的阻值　当传感器的托盘上无重物时，分别测量应变片R_1、R_2、R_3、R_4的阻值。在传感器的托盘上放置10只砝码后再分别测量R_1、R_2、R_3、R_4的阻值变化，分析应变片的受力情况（受拉的应变片：阻值变大；受压的应变片：阻值变小。），如图3-5。

（3）实验模板中的差动放大器调零：按图3-6示意接线，将主机箱上的电压表量程切换开关切换到2V档，检查接线无误后合上主机箱电源开关；调节放大器的增益电位器R_{W3}合适位置（先顺时针轻轻转到底，再逆时针回转1圈）后，再调节实验模板放大器的调零电位器R_{W4}，使电压表显示为零。

（4）应变片单臂电桥实验　关闭主机箱电源，按图3-7示意图接线，将±2～±10V可调电源调节到±4V档。检查接线无误后合上主机箱电源开关，调节实验模板上的桥路平衡电位器R_{W1}，使主机箱电压表显示为零；在传感器的托盘上依次增加放置一只20g砝码（尽量靠近托盘的中心点放置），读取相应的数显表电压值，记下实验数据填入表3-1。

表3-1 应变片单臂电桥性能实验数据

重量/g	0									
电压/mV	0									

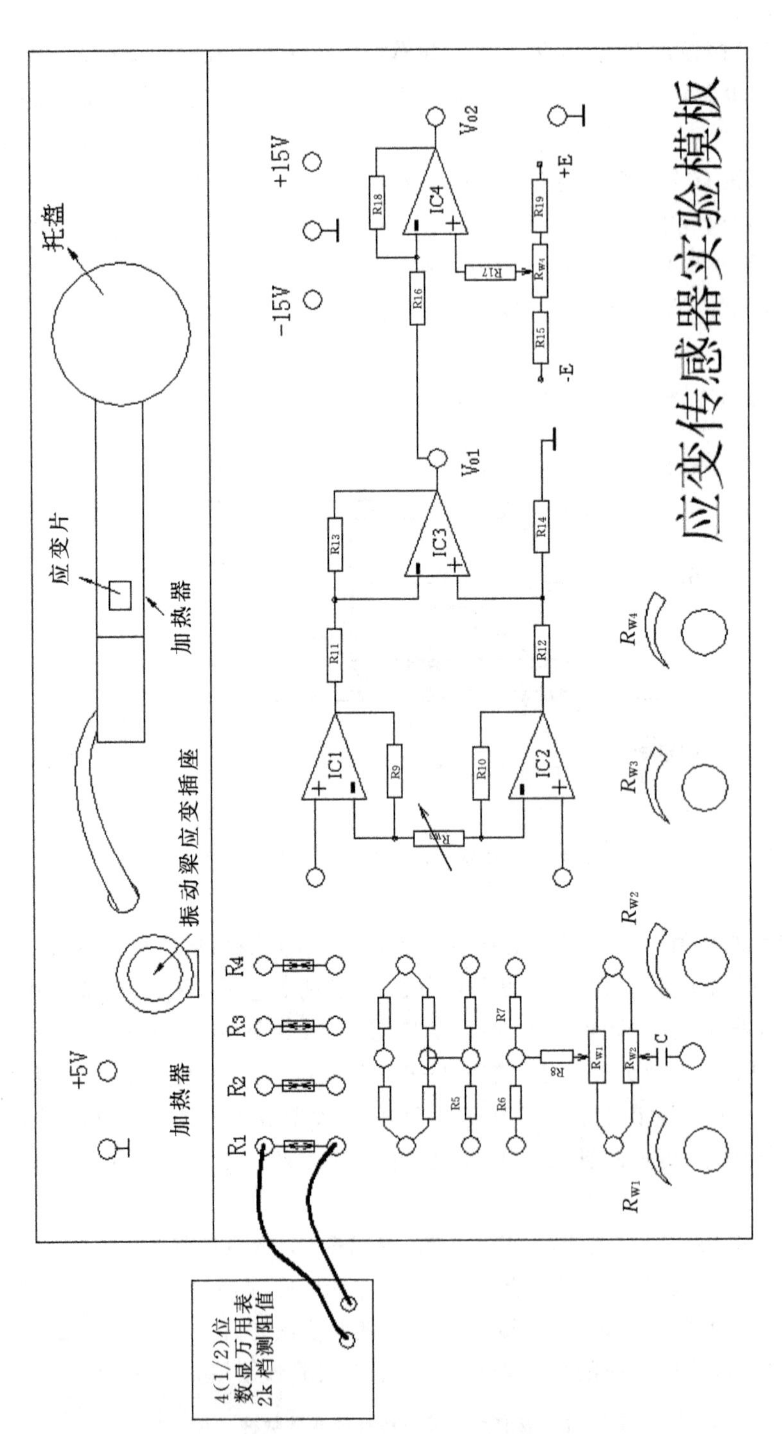

图 3－5　测量应变片的阻值示意图

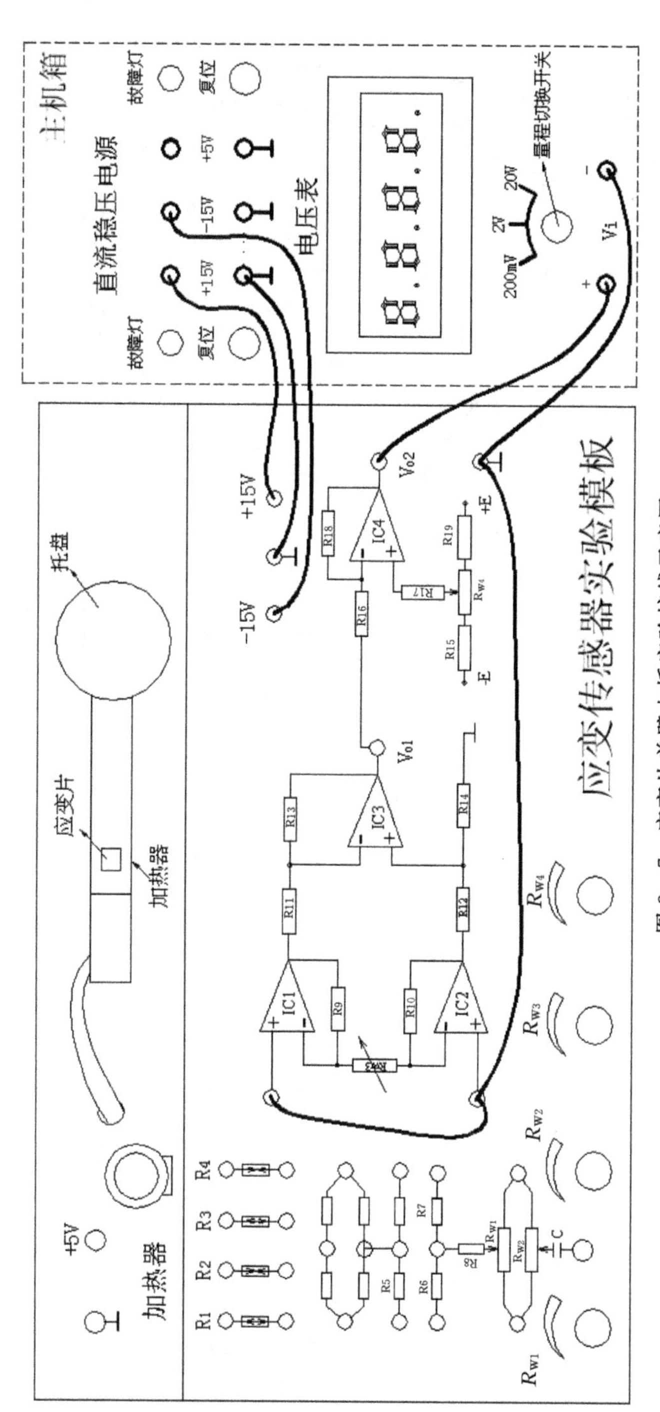

图 3－7　应变片单臂电桥实验接线示意图

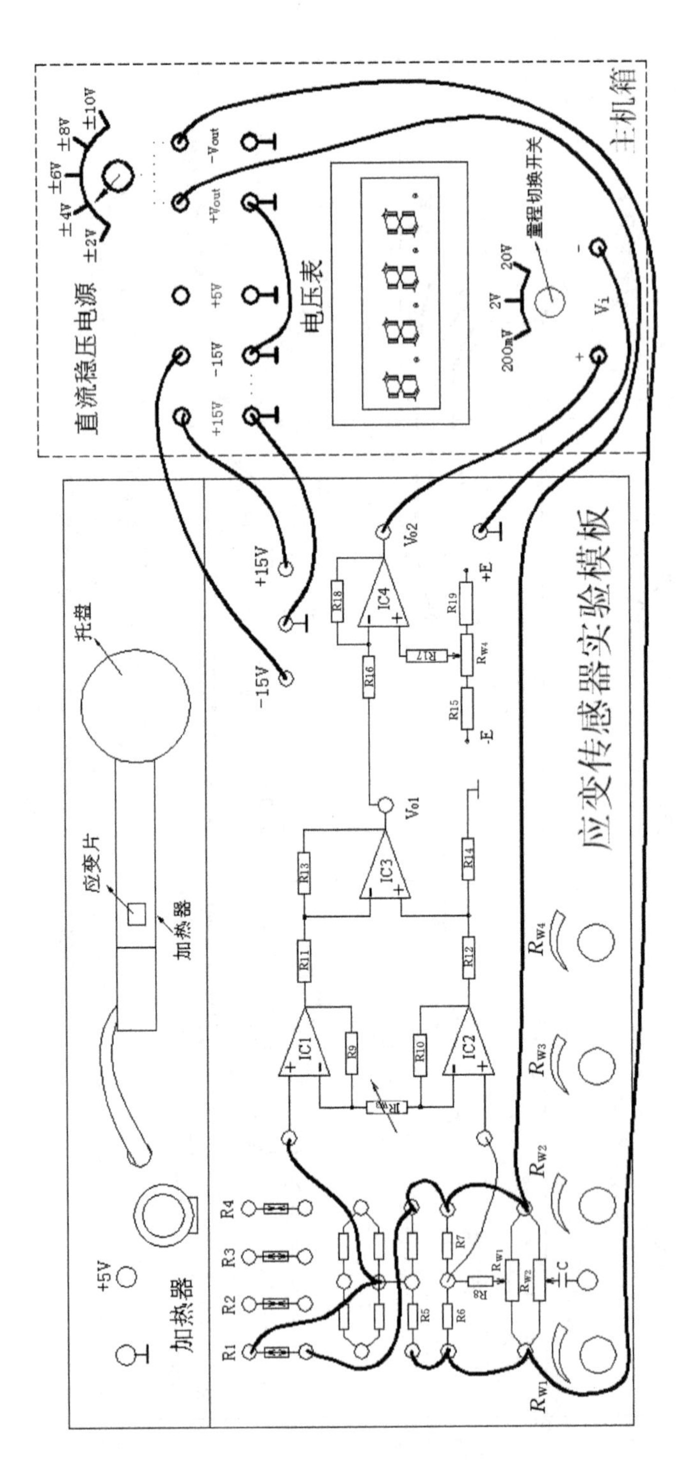

图 3-7 应变片单臂电桥实验接线示意图

(5)根据表 3-1 数据作出曲线并计算系统灵敏度 $S=\Delta V/\Delta W$(ΔV 输出电压变化量,ΔW 重量变化量)和非线性误差 δ,$\delta=\Delta m/yFS \times 100\%$,式中 Δm 为输出值(多次测量时为平均值)与拟合直线的最大偏差,yFS 为满量程输出平均值,此处为 200g。实验完毕,关闭电源。

3.2.5 思考题

对于单臂电桥,作为桥臂电阻应变片应选用:①正(受拉)应变片,②负(受压)应变片,③正、负应变片均可以?

3.3 电涡流传感器静态标定及位移测量实验

3.3.1 实验目的

(1)了解电涡流传感器测量位移的工作原理;

(2)掌握电涡流位移传感器的静态性能标定方法和技术;

(3)掌握电涡流传感器测量静态(准静态)位移的方法和技术。

3.3.2 实验原理

电涡流式传感器是一种建立在涡流效应原理上的传感器。电涡流式传感器由传感器线圈和被测物体(导电体-金属涡流片)组成,如图 3-8 所示。根据电磁感应原理,当传感器线圈(一个扁平线圈)通以交变电流(频率较高,一般为 1~2 MHz)I_1 时,线圈周围空间会产生交变磁场 H_1,当线圈平面靠近某一导体面时,由于线圈磁通链穿过导体,使导体的表面层感应出呈旋涡状自行闭合的电流 I_2,而 I_2 所形成的磁通链又穿过传感器线圈,这样线圈与涡流"线圈"形成了有一定耦合的互感,最终原线圈反馈一等效电感,从而导致传感器线圈的阻抗 Z 发生变化。我们可以把被测导体上形成的电涡等效成一个短路环,这样就可得到如图 3-9 的等效电路。图中 R_1、L_1 为传感器线圈的电阻和电感。短路环可以认为是一匝短路线圈,其电阻为 R_2、电感为 L_2。线圈与导体间存在一个互感 M,它随线圈与导体间距的减小而增大。

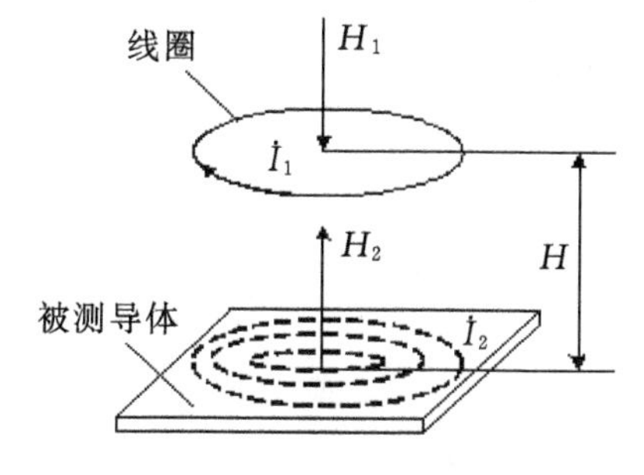

图 3-8 电涡流传感器原理图

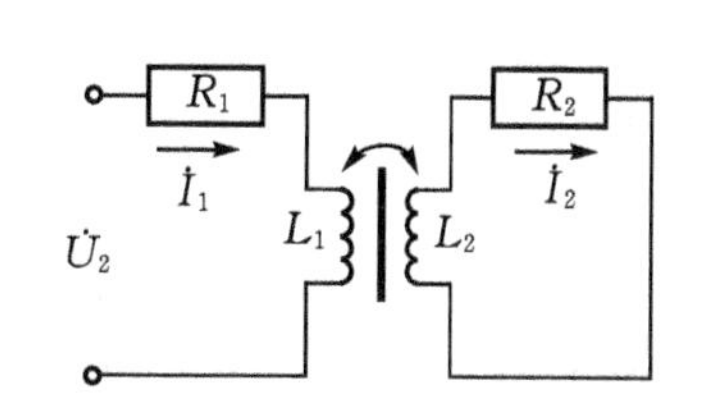

图 3-9 电涡流传感器等效电路图

根据等效电路可列出电路方程组:

$$\begin{cases} R_2\dot{I}_2 + j\omega L_2\dot{I}_2 - j\omega MI_1 = 0 \\ R_1\dot{I}_1 + j\omega L_1\dot{I}_1 - j\omega MI_2 = U_1 \end{cases}$$

通过解方程组，可得 I_1、I_2。因此传感器线圈的复阻抗为：

$$Z=\frac{\dot{U}}{\dot{I}}=\left[R_1+\frac{\omega^2M^2}{R_2^2+(\omega L_2)^2}R_2\right]+\mathrm{j}\left[\omega L_1-\frac{\omega^2M^2}{R_2^2+(\omega L_2)^2}\omega L_2\right]$$

线圈的等效电感为：

$$L=L_1-L_2\frac{\omega^2M^2}{R_2^2+(\omega L_2)^2}$$

线圈的等效 Q 值为：

$$Q=Q_0\{[1-(L_2\omega^2M^2)/(L_1Z_2^{\ 2})]/[1+(R_2\omega^2M^2)/(R_1Z_2^{\ 2})]\}$$

式中：Q_0 ——无涡流影响下线圈的 Q 值，$Q_0=\omega L_1/R_1$；

$Z_2^{\ 2}$ ——金属导体中产生电涡流部分的阻抗，$Z_2^2=R_2^2+\omega^2L_2^2$。

由式 Z、L 和式 Q 可以看出，线圈与金属导体系统的阻抗 Z、电感 L 和品质因数 Q 值都是该系统互感系数平方的函数，而从麦克斯韦互感系数的基本公式出发，可得互感系数是线圈与金属导体间距离 $x(H)$的非线性函数。因此 Z、L、Q 均是 x 的非线性函数。虽然它整个函数是一非线性的，其函数特征为“S”型曲线，但可以选取它近似为线性的一段。其实 Z、L、Q 的变化与导体的电导率、磁导率、几何形状、线圈的几何参数、激励电流频率以及线圈到被测导体间的距离有关。如果控制上述参数中的一个参数改变，而其余参数不变，则阻抗就成为这个变化参数的单值函数。当电涡流线圈、金属涡流片以及激励源确定后，并保持环境温度不变，则只与距离 x 有关。于此，通过传感器的调理电路(前置器)处理，将线圈阻抗 Z、L、Q 的变化转化成电压或电流的变化输出。输出信号的大小随探头到被测体表面之间的间距而变化，电涡流传感器就是根据这一原理实现对金属物体的位移、振动等参数的测量。

为实现电涡流位移测量，必须有一个专用的测量电路。这一测量电路(称之为前置器，也称电涡流变换器)应包括具有一定频率的稳定的振荡器和一个检波电路等。电涡流传感器位移测量实验框图如图 3－10 所示：

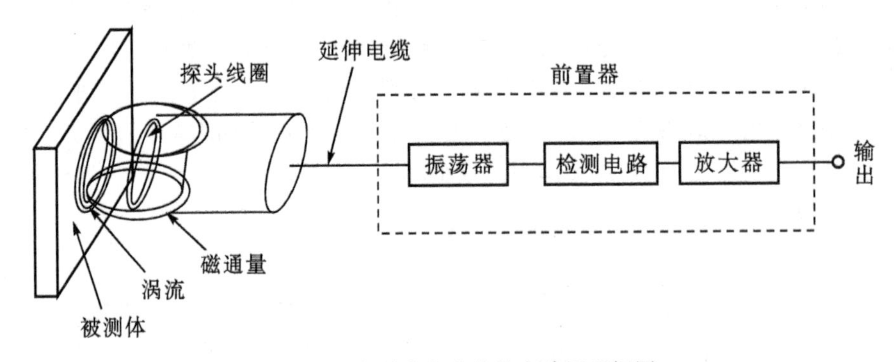

图 3－10　电涡流位移特性实验原理框图

根据电涡流传感器的基本原理，将传感器与被测体间的距离变换为传感器的 Q 值、等效阻抗 Z 和等效电感 L 三个参数，用相应的测量电路(前置器)来测量。

本实验的涡流变换器为变频调幅式测量电路，电路原理如图 3－11 所示。电路组成：① Q_1、C_1、C_2、C_3组成电容三点式振荡器，产生频率为 1 MHz 左右的正弦载波信号，电涡流传感器接在振荡回路中，传感器线圈是振荡回路的一个电感元件，振荡器作用是将位移变化引起的振荡回路的 Q 值变化转换成高频载波信号的幅值变化；② D_1、C_5、L_2、C_6组成了由二极管和 LC

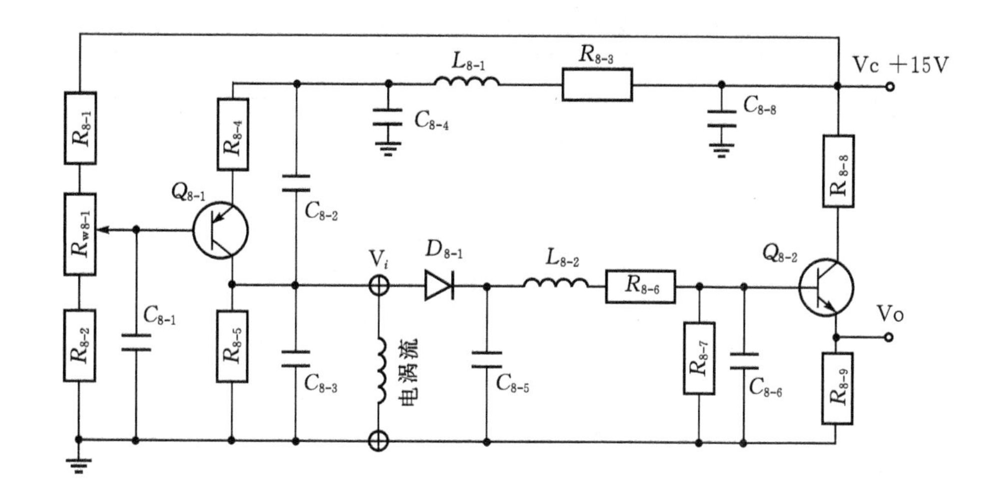

图 3-11　电涡流变换器原理图

形成的 π 形滤波的检波器，检波器的作用是将高频调幅信号中传感器检测到的低频信号取出来；③Q_2 组成射极跟随器，射极跟随器的作用是输入、输出匹配以获得尽可能大的不失真输出的幅度值。

电涡流传感器是通过传感器端部线圈与被测物体（导电体）间的间隙变化来测物体的振动相对位移量和静位移的，它与被测物之间没有直接的机械接触，具有很宽的使用频率范围（从 0～10 kHz）。当无被测导体时，振荡器回路谐振于 f_0，传感器端部线圈 Q_0 为定值且最高，对应的检波输出电压 V_o 最大。当被测导体接近传感器线圈时，线圈 Q 值发生变化，振荡器的谐振频率发生变化，谐振曲线变得平坦，检波出的幅值 V_o 变小。V_o 变化反映了位移 x 的变化。电涡流传感器在位移、振动、转速、探伤、厚度测量上得到应用。

3.3.3　实验仪器设备

主机箱中的±15V 直流稳压电源、电压表，电涡流传感器实验模板、电涡流传感器、测微头、被测体（铁圆片）、计算机及数据采集软件。

3.3.4　实验步骤

（1）观察传感器结构　这是一个平绕线圈调节测微头的微分筒，使微分筒的 0 刻度值与轴套上的 5mm 刻度值对准。装测微头、被测体铁圆片、电涡流传感器（注意安装顺序：首先将测微头的安装套插入安装架的安装孔内；再将被测体铁圆片套在测微头的测杆上；然后在支架上安装好电涡流传感器；最后平移测微头安装套使被测体与传感器端面相帖并拧紧测微头安装孔的紧固螺钉），再按图 3-12 示意接线。

（2）将电压表量程切换开关切换到 20V 档，检查接线无误后开启主机箱电源，记下电压表读数，然后逆时针调节测微头微分筒，每隔 0.2mm 读一个数，直到输出 V_o 变化很小为止并将数据列入表 3-2（实验模板的输入端可通过数据采集端口接入计算机采集各测点数据）。

表 3-2　电涡流传感器位移 X 与输出电压 V_o 数据

X(mm)					……					
V_o(V)										

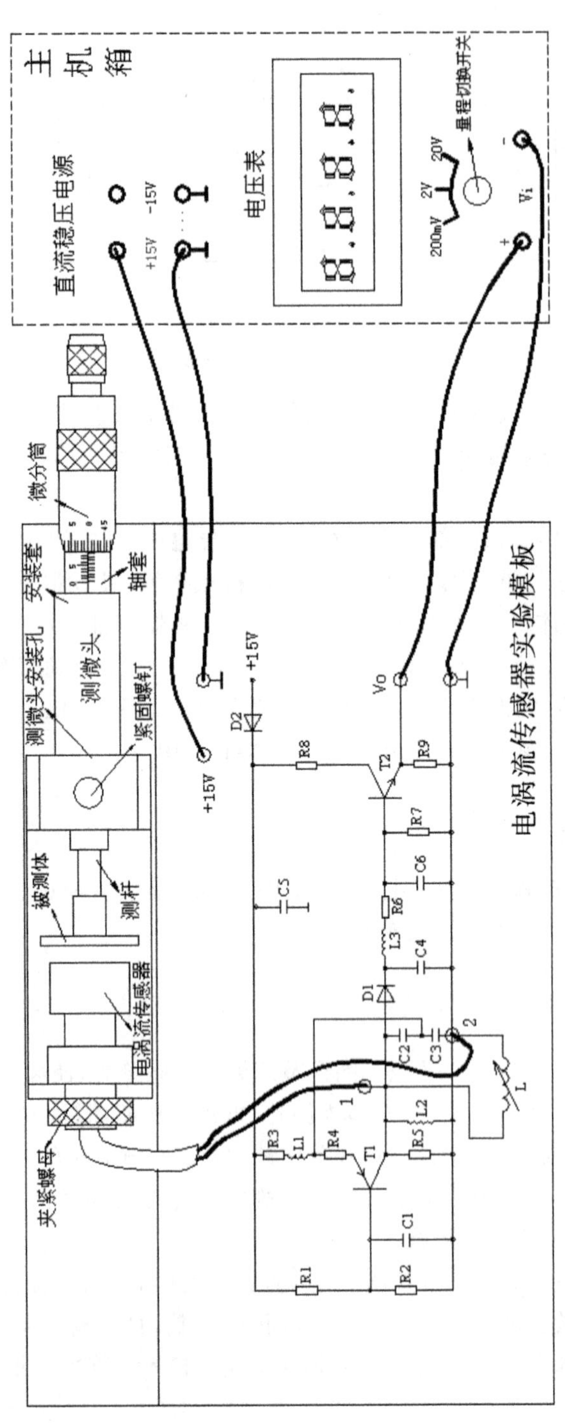

图 3-12　电涡流传感器安装接线示意图

(3)根据表3-1数据，画出$X-V_o$实验曲线，根据曲线找出线性区域比较好的范围计算灵敏度和线性度(可用最小二乘法或其他拟合直线)；也可在计算机上采用实验软件对实验数据进行曲线拟合，计算出灵敏度和线性度。实验完毕，关闭电源。

3.3.5 思考题

(1)电涡流传感器的量程与哪些因素有关，如果需要测量±5mm的量程应如何设计传感器？

(2)用电涡流传感器进行非接触位移测量时，如何根据量程选用传感器。

3.4 光纤传感器静态标定及位移测量实验

3.4.1 实验目的

(1)了解光纤位移传感器的工作原理；

(2)掌握光纤位移传感器的静态性能标定方法和技术；

(3)掌握光纤传感器测量位移的方法和技术。

3.4.2 实验原理

光纤传感器是利用光纤的特性研制而成的传感器。光纤具有很多优异的性能。例如：抗电磁干扰和原子辐射的性能；径细、质软、重量轻的机械性能；绝缘、无感应的电气性能；耐水、耐高温、耐腐蚀的化学性能等。它能够在人达不到的地方(如高温区)，或者对人有害的地区(如核辐射区)，起到人的耳目的作用，而且还能超越人的生理界限，接收人的感官所感受不到的外界信息。

光纤传感器主要分为两类：功能型光纤传感器及非功能型光纤传感器(也称为物性型和结构型)。功能型光纤传感器利用对外界信息具有敏感能力和检测功能的光纤，构成"传"和"感"合为一体的传感器，这种光纤不仅起传光的作用，而且还起传感作用。工作时利用检测量去改变描述光束的一些基本参数，如光的强度、相位、偏振、频率等，它们的改变反映了被测量的变化。由于对光信号的检测通常使用光电二极管等光电元件，所以光的那些参数的变化，最终都要被光接收器接收并被转换成光强度及相位的变化。这些变化经信号处理后，就可得到被测的物理量。应用光纤传感器的这种特性可以实现力、压力、温度等物理参数的测量。非功能型光纤传感器主要是利用光纤对光的传输作用，由其他敏感元件与光纤信息传输回路组成测试系统，光纤在此仅起传光作用。

本实验采用的是传光型光纤位移传感器，它由两束光纤混合后，组成Y形光纤，半圆分布即双D分布，一束光纤端部与光源相接发射光束，另一束端部与光电转换器相接接收光束。两光束混合后的端部是工作端亦称探头，它与被测体相距d，由光源发出的光传到光纤端部出射后再经被测体反射回来，另一束光纤接收反射回来的光信号并由光电转换器转换成电量，如图3-13所示。

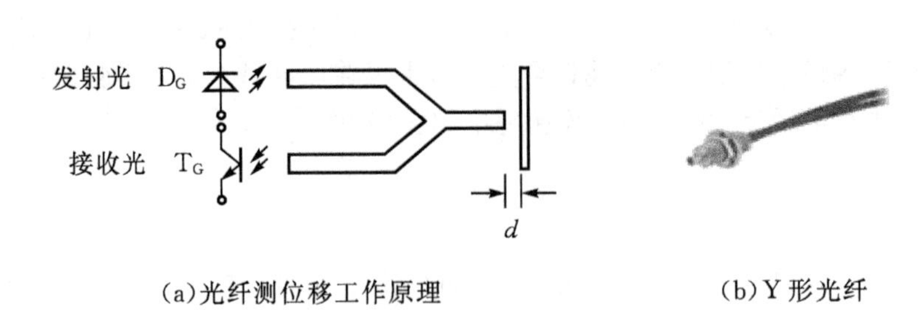

图 3-13　Y形光纤测位移工作原理图

传光型光纤传感器位移测量是根据传输光纤的光场与接收端光纤交叉地方视景做决定。当光纤探头与被测物接触或零间隙时($d=0$),则全部传输光量直接被反射至传输光纤。若没有提供光给接收端光纤,输出信号便为“零”。当探头与被测物之间距离增加时,接收端光纤接收的光量也增加,输出信号便增大,当探头与被测物之间距离增加到一定值时,接收端光纤全部被照明为止,此时也被称之为“光峰值”。达到光峰值之后,探针与被测物之距离继续增加时,将造成反射光扩散或超过接收端接收视野,使得输出信号与测量距离成反比例关系。如图3-14曲线所示,一般都选用线性范围较好的前坡为测试区域。

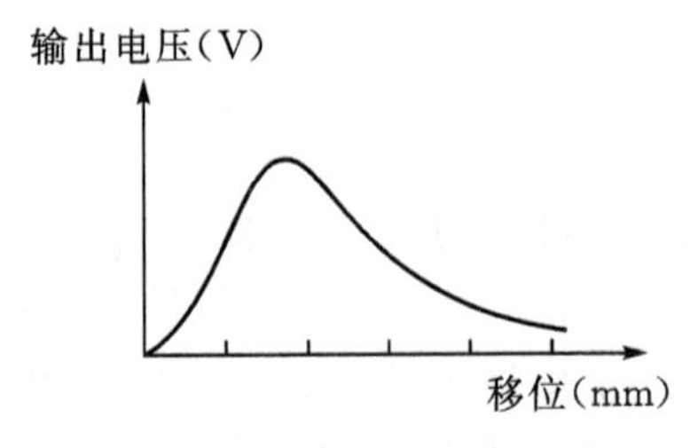

图 3-14　光纤位移特性曲线

3.4.3　实验仪器设备

主机箱中的±15V直流稳压电源、电压表;Y形光纤传感器、光纤传感器实验模板、测微头、反射面(抛光铁圆片),计算机、数据采集分析软件。

3.4.4　实验步骤

(1)选用光纤传感器实验模板,光纤传感器的安装及接线如图3-15所示。

①安装光纤:安装光纤时,要用手抓捏两根光纤尾部的包铁部分轻轻插入光电座中,绝对不能用手抓捏光纤的黑色包皮部分进行插拔,插入时不要过分用力,以免损坏光纤座组件中光电管。②测微头、被测体安装:调节测微头的微分筒到5mm处(测微头微分筒的0刻度与轴套5mm刻度对准),将测微头的安装套插入支架座安装孔内并在测微头的测杆上套上被测体(铁圆片抛光反射面),移动测微头安装套使被测体的反射面紧贴住光纤探头并拧紧安装孔的紧固螺钉。

(2)将主机箱电压表的量程切换开关切换到20V档,检查接线无误后合上主机箱电源开关。调节实验模板上的R_W、使主机箱中的电压表显示为0V。

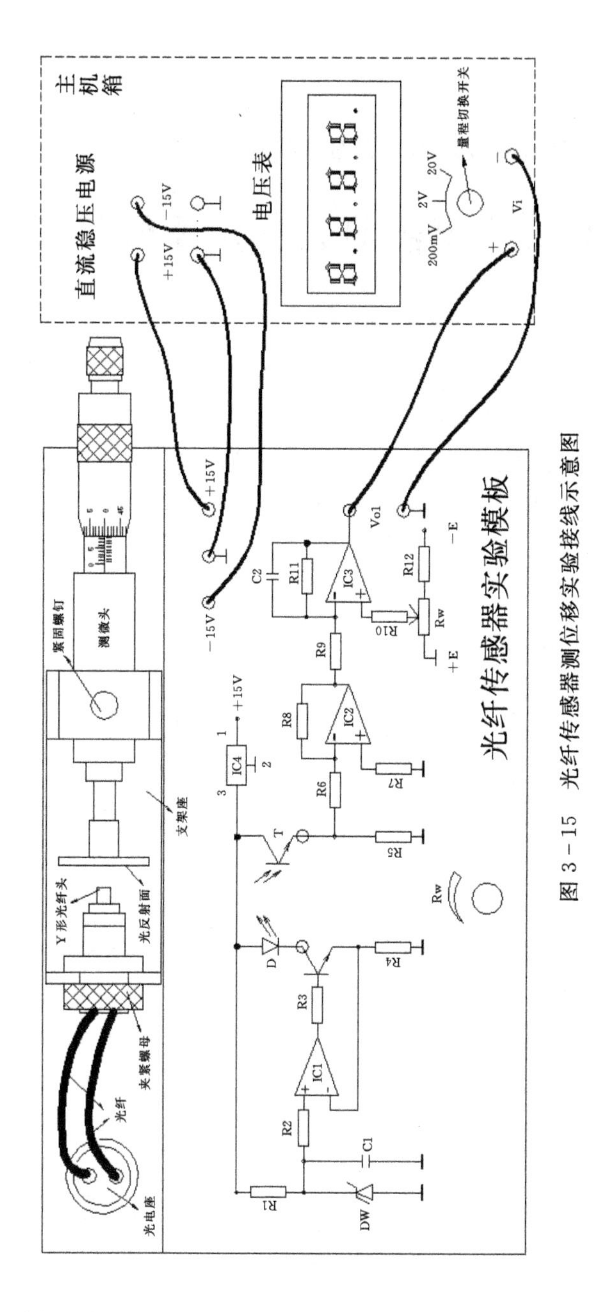

图 3-15 光纤传感器测位移实验接线示意图

(3)逆时针调动测微头的微分筒，每隔 0.2mm(微分筒刻度 0～20、20～40…)读取电压表显示值填入表 3-3。也可采用计算机数据采集系统采集数据。

表 3-3 光纤位移传感器输出电压与位移数据

X(mm)										
V(v)										

(4)根据表 3-3 数据画出实验曲线并找出线性区域较好的范围计算灵敏度和非线性误差。可采用数据处理软件进行数据处理，并计算出灵敏度和非线性误差。实验完毕关闭电源。

3.4.5 思考题

光纤位移传感器测位移时对被测体的表面有些什么要求?

3.5 电容式传感器静态标定及位移测量实验

3.5.1 实验目的

(1)熟悉电容式位移传感器的结构及其测量原理;

(2)掌握电容式位移传感器的静态标定方法和技术;

(3)掌握电容式传感器测量位移的方法和技术。

3.5.2 实验原理

(1)原理简述 电容传感器是以电容器为传感元件,将被测物理量转换成电容量的变化来实现测量的,电容传感器的输出是电容的变化量。利用电容 $C=\varepsilon A/d$ 关系式,通过相应的结构和测量电路可以选择 ε、A、d 中三个参数中的一个,保持其他两个参数不变,而只改变这一个参数,则可以制作成测量干燥度(ε 变)、测量位移(d 变)和测量液位(A 变)等多种电容传感器。电容传感器极板形状分成平板形、圆盘形和圆柱(圆筒)形等几种形状。本实验采用的传感器为圆筒式变面积差动结构的电容式位移传感器,差动式一般优于单组(单边)式的传感器,它的灵敏度高、线性范围宽、稳定性高。如图 3-16 所示:它是由两个圆筒和一个圆柱组成的。设圆筒的半径为 R,圆柱的半径为 r,圆柱的长为 x,则电容量为 $C=\varepsilon 2\pi x/\ln(R/r)$。图中 C_1、C_2 是差动连接,当图中的圆柱产生 ΔX 位移时,电容量的变化量为 $\Delta C=C_1-C_2=\varepsilon 2\pi 2\Delta X/\ln(R/r)$,式中 $\varepsilon 2\pi$、$\ln(R/r)$ 为常数,说明 ΔC 与 ΔX 位移成正比,配上配套测量电路就能测量位移。

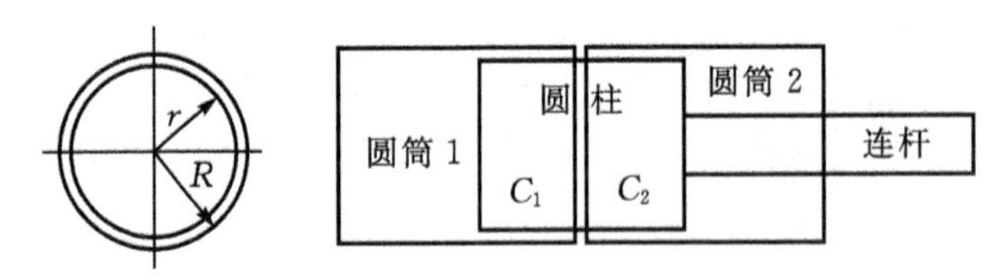

图 3-16 实验电容传感器结构

(2)测量电路(电容变换器) 测量电路画在实验模板的面板上。其电路核心部分是图 3-17二极管环路充放电电路。

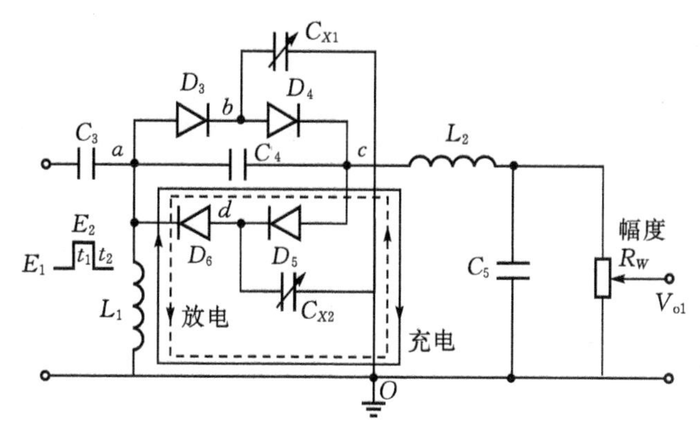

图 3-17　二极管环形充放电电路

在图 3-18 中，环形充放电电路由 D_3、D_4、D_5、D_6 二极管、C_4 电容、L_1 电感和 C_{X1}、C_{X2}（实验差动电容位移传感器）组成。

当高频激励电压（$f>100$ kHz）输入到 a 点，由低电平 E_1 跃到高电平 E_2 时，电容 C_{X1} 和 C_{X2} 两端电压均由 E_1 充到 E_2。充电电荷一路由 a 点经 D_3 到 b 点，再对 C_{X1} 充电到 O 点（地）；另一路由由 a 点经 C_4 到 c 点，再经 D_5 到 d 点对 C_{X2} 充电到 O 点。此时，D_4 和 D_6 由于反偏置而截止。在 t_1 充电时间内，由 a 到 c 点的电荷量为：

$$Q_1 = C_{X2}(E_2 - E_1) \tag{3-7}$$

当高频激励电压由高电平 E_2 返回到低电平 E_1 时，电容 C_{X1} 和 C_{X2} 均放电。C_{X1} 经 b 点、D_4、c 点、C_4、a 点、L_1 放电到 O 点；C_{X2} 经 d 点、D_6、L_1 放电到 O 点。在 t_2 放电时间内由 c 点到 a 点的电荷量为：

$$Q_2 = C_{X1}(E_2 - E_1) \tag{3-8}$$

当然，式（3-7）和（3-8）是在 C_4 电容值远远大于传感器的 C_{X1} 和 C_{X2} 电容值的前提下得到的结果。电容 C_4 的充放电回路由图 3-18 中实线、虚线箭头所示。

在一个充放电周期内（$T=t_1+t_2$），由 c 点到 a 点的电荷量为：

$$Q = Q_2 - Q_1 = (C_{X1} - C_{X2})(E_2 - E_1) = \Delta C_X \Delta E \tag{3-9}$$

式中，C_{X1} 与 C_{X2} 的变化趋势是相反的（传感器的结构决定的，是差动式）。

设激励电压频率 $f=1/T$，则流过 ac 支路输出的平均电流 i 为：

$$i = fQ = f\Delta C_X \Delta E \tag{3-10}$$

式中：ΔE ——激励电压幅值；

　　ΔC_X ——传感器的电容变化量。

由式（3-10）可看出：f、ΔE 一定时，输出平均电流 i 与 ΔC_X 成正比，此输出平均电流 i 经电路中的电感 L_2、电容 C_5 滤波变为直流 I 输出，再经 R_w 转换成电压输出 $V_{o1}=I R_w$。由传感器原理已知 ΔC 与 ΔX 位移成正比，所以通过测量电路的输出电压 V_{o1} 就可知 ΔX 位移。

电容式位移传感器实验原理方块图如图 3-18。

图 3-18　电容式位移传感器实验方块图

3.5.3 实验仪器设备

主机箱±15V 直流稳压电源、电压表;电容传感器、电容传感器实验模板、测微头;计算机、数据据采集软件等。

3.5.4 实验步骤

(1)按图 3-19 示意安装、接线。

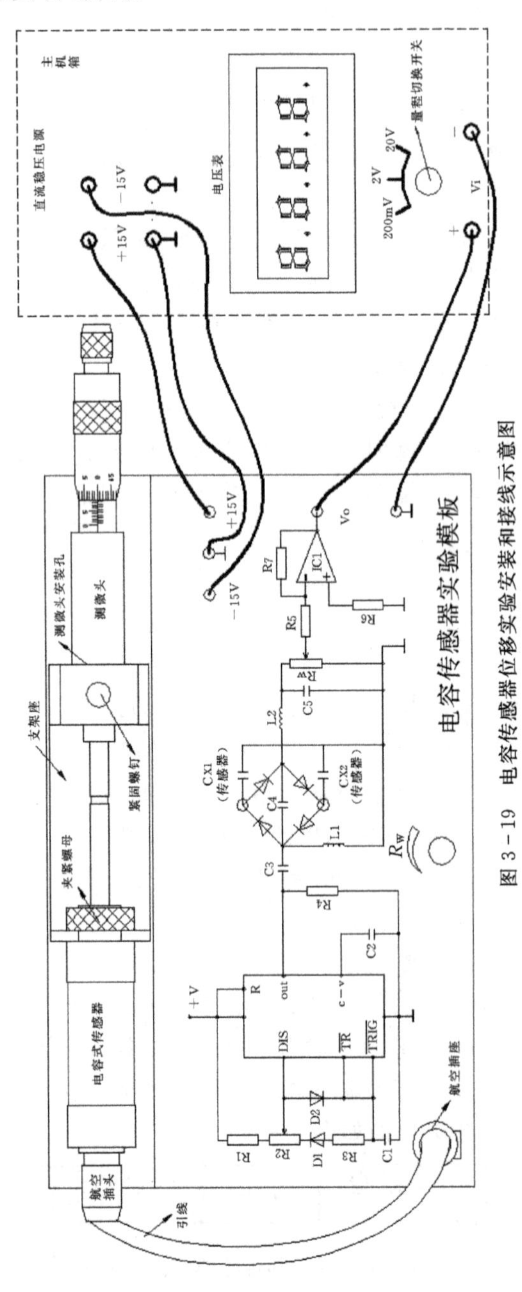

图 3-19 电容传感器位移安装和接线示意图

(2)将实验模板上的 R_w 调节到中间位置(方法:逆时针转到底再顺时转 3 圈)。

(3)将主机箱上的电压表量程切换开关打到 2V 档,检查接线无误后合上主机箱电源开关,旋转测微头改变电容传感器的动极板位置使电压表显示 0V,再转动测微头(同一个方向)6 圈,记录此时的测微头读数和电压表显示值为实验起点值。以后,反方向每转动测微头 1 圈即 $\Delta X=0.5$mm 位移读取电压表读数(这样转 12 圈读取相应的电压表读数),将数据填入表 3-4(这样单行程位移方向做实验可以消除测微头的回差)。也可采用计算机数据采集系统直接采集数据。

表 3-4 电容传感器位移实验数据

X(mm)										
V(mV)										

(4)根据表 3-4 数据作出 $\Delta X-V$ 实验曲线并截取线性比较好的线段计算灵敏度 $S=\Delta V/X$ 和非线性误差 δ 及测量范围。可用数据处理软件直接计算出灵敏度和非线性误差。实验完毕关闭电源开关。

3.5.5 思考题

采用电容式传感器测量位移时,影响其测量精度的因素有哪些?

3.6 热电阻传感器标定及温度测量实验

3.6.1 实验目的

(1)熟悉热电阻传感器测量温度的工作原理和热电阻-电压转换方法;

(2)掌握 Pt100 热电阻传感器的测温标定方法和技术;

(3)掌握 Pt100 热电阻传感器的基本应用。

3.6.2 基本原理

利用导体电阻随温度变化的特性,可以制成热电阻,要求其材料电阻温度系数大,稳定性好,电阻率高,电阻与温度之间最好有线性关系。常用的热电阻有铂电阻(500℃以内)和铜电阻(150℃以内)。铂电阻是将 0.05~0.07mm 的铂丝绕在线圈骨架上封装在玻璃或陶瓷内构成,图 3-20 是铂热电阻的结构。

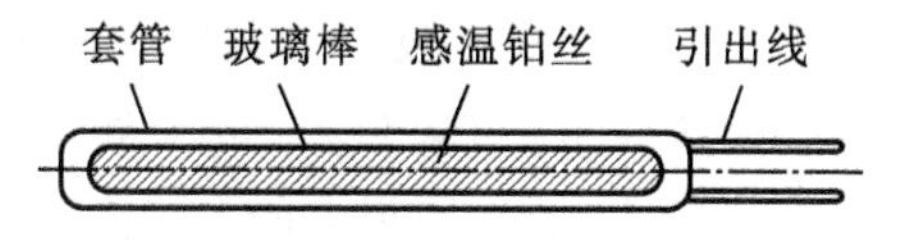

图 3-20 铂热电阻的结构

在 0~500℃以内,它的电阻 R_t 与温度 t 的关系为:$R_t=R_o(1+At+Bt^2)$,式中,R_o 是温度为 0℃时的电阻值(本实验的铂电阻 $R_o=100\Omega$),$A=3.9684\times10^{-3}/℃$,$B=-5.847\times10^{-7}/℃^2$。

铂电阻一般是三线制,其中一端接一根引线,另一端接二根引线,主要为远距离测量消除引线电阻对桥臂的影响(近距离可用二线制,导线电阻忽略不计)。实际测量时将铂电阻随温度变化的阻值通过电桥转换成电压的变化量输出,再经放大器放大后直接用电压表显示,如图3-21所示。

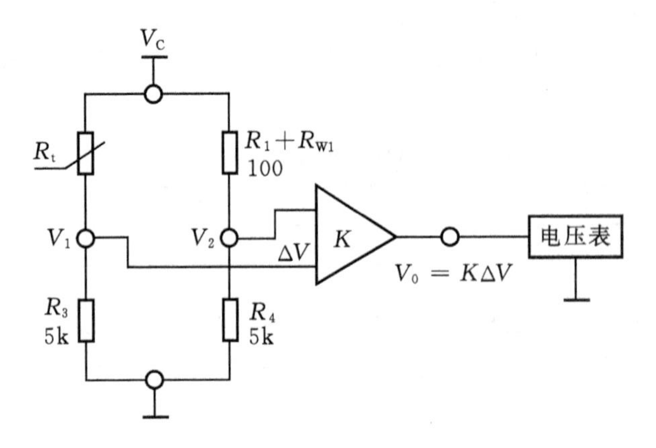

图 3-21　热电阻信号转换原理图

图中:$\Delta V=V_1-V_2$;$V_1=[R_3/(R_3+R_t)]V_c$;$V_2=[R_4/(R_4+R_1+R_{W1})]V_c$;

$\Delta V=V_1-V_2=\{[R_3/(R_3+R_t)]-[R_4/(R_4+R_1+R_{W1})]\}V_c$;

所以　$V_o=K\Delta V=K\{[R_3/(R_3+R_t)]-[R_4/(R_4+R_1+R_{W1})]\}V_c$。

式中,R_t随温度的变化而变化,其他参数都是常量,所以放大器的输出V_o与温度R_t有一一对应关系,通过测量V_o可计算出R_t:$R_t=R_3[K(R_1+R_{W1})V_c-(R_4+R_1+R_{W1})V_o]/[KV_cR_4+(R_4+R_1+R_{W1})V_o]$。

Pt100热电阻一般应用在冶金、化工行业及需要温度测量控制的设备上,适用于测量、控制小于600℃的温度。本实验由于受到温度源及安全上的限制,所做的实验温度值小于160℃。

3.6.3　实验仪器设备

实验台主机箱中的智能调节器单元、电压表、转速调节0～24V电源、±15V直流稳压电源、±2～±10V(步进可调)直流稳压电源;温度源、Pt100热电阻二支(一支温度源控制用,另外一支温度特性实验用)、温度传感器实验模板;压力传感器实验模板(作为直流mV信号发生器)、数显万用表。

温度传感器实验模板简介:图3-22中的温度传感器实验模板是由三运放组成的测量放大电路、ab传感器符号、传感器信号转换电路(电桥)及放大器工作电源引入插孔构成;其中R_{W1}实验模板内部已调试好($R_{W1}+R_1=100\Omega$),面板上的R_{W1}已无效不起作用;R_{W2}为放大器的增益电位器;R_{W3}为放大器电平移动(调零)电位器;ab传感器符号:<接热电偶(K热电偶或E热电偶),双圈符号接AD590集成温度传感器,R_t接热电阻(Pt100铂电阻或Cu50铜电阻)。具体接线参照具体实验。

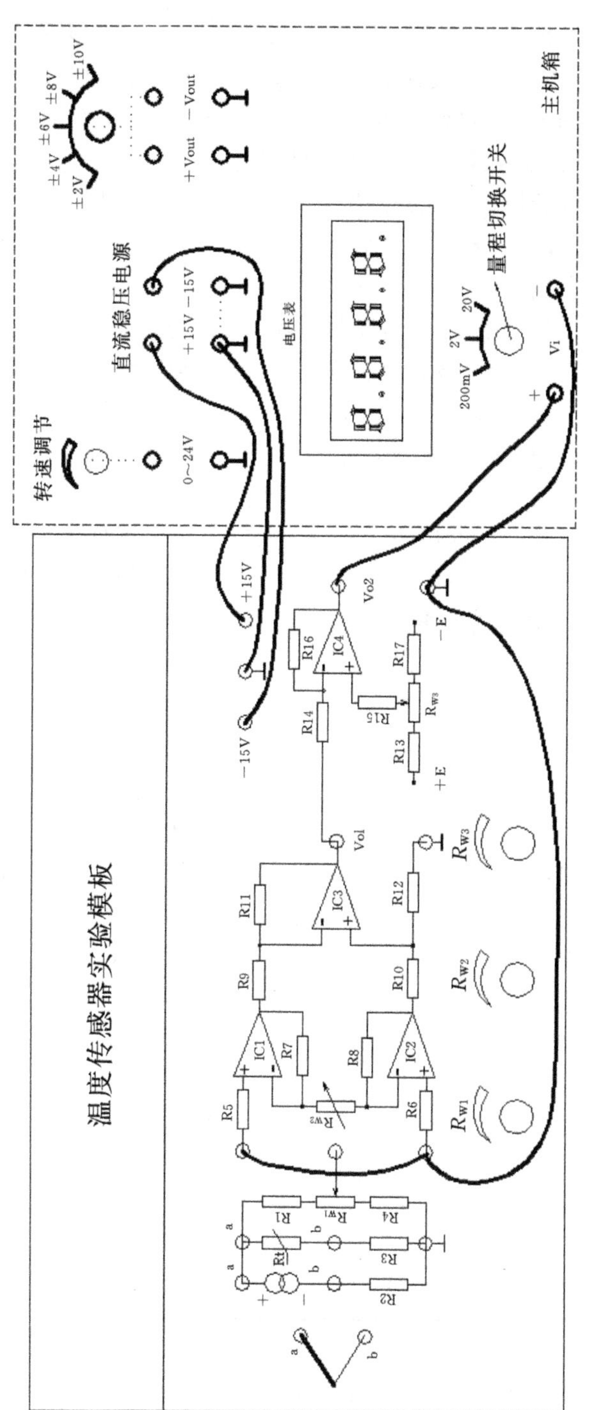

图 3-22 温度传感器实验模板放大器调零接线示意图

3.6.4 实验步骤

(1)温度传感器实验模板放大器调零:按图 3 - 22 示意接线,将实验台主机箱上的电压表量程切换开关打到 2V 档,检查接线无误后合上主机箱电源开关,调节温度传感器实验模板的 R_{W2}(增益电位器)顺时针转到底,再调节 R_{W3}(调零电位器)使主机箱的电压表显示为 0(零位调好后 R_{W3} 电位器旋钮位置不要改动)。关闭主机箱电源。

(2)调节温度传感器实验模板放大器的增益 K 为 10 倍:利用压力传感器实验模板的零位偏移电压作为温度实验模板放大器的输入信号来确定温度实验模板放大器的增益 K。按图 3 - 23 示意接线,检查接线无误后(尤其要注意实验模板的工作电源±15V),合上主机箱电源开关,调节压力传感器实验模板上的 R_{W2}(调零电位器),使压力传感器实验模板中的放大器输出电压为 0.020V(用主机箱电压表测量);再将 0.020V 电压输入到温度传感器实验模板的放大器中,再调节温度传感器实验模板中的增益电位器 R_{W2}(小心:不要误碰调零电位器 R_{W3}),使温度传感器实验模板放大器的输出电压为 0.200V(增益调好后 R_{W2} 电位器旋钮位置不要改动)。关闭电源。

(3)用万用表 200 欧姆档测量并记录 Pt100 热电阻在室温时的电阻值(不要用手抓捏传感器测温端,放在桌面上),三根引线中同色线为热电阻的一端,异色线为热电阻的另一端(用万用表测量估计误差较大,采用惠斯顿电桥测量误差较小,但是实验是为了理解掌握原理和方法,误差稍大不影响实验)。

(4)Pt100 热电阻测量室温时的输出:撤去压力传感器实验模板。将主机箱中的±2~±10V(步进可调)直流稳压电源调节到±2V 档;电压表量程切换开关打到 2V 档。再按图 3 - 24 示意接线,检查接线无误后合上主机箱电源开关,待电压表显示不再上升处于稳定值时,记录室温时温度传感器实验模板放大器的输出电压 V_o(电压表显示值)。关闭电源。

(5)保留图 3 - 24 的接线同时将实验传感器 Pt100 铂热电阻插入温度源中,温度源的温度控制接线如图 3 - 25 所示。将主机箱上的转速调节旋钮(0~24V)顺时针转到底(24V),将调节器控制对象开关拨到 Rt. V_i 位置。检查接线无误后合上主机箱电源,再合上调节器电源开关和温度源电源开关,将温度源调节控制在 40℃(调节器参数的设置及使用和温度源的使用实验方法参阅有关实验说明书),待电压表显示上升到平衡点时记录数据。

(6)温度源的温度在 40℃的基础上,可按 $\Delta t=10$℃(温度源在 40~160℃范围内)增加温度设定温度源温度值,待温度源温度动态平衡时读取主机箱电压表的显示值并填入表 3 - 4。

表 3 - 5 Pt100 热电阻测温实验数据

t(℃)	室温	40	45		…				160
V_o(V)					…				
R_t(Ω)					…				

(7)表 3 - 5 中的 R_t 数据值根据 V_o、V_c 值计算:

$R_t=R_3[K(R_1+R_{W1})V_c-(R_4+R_1+R_{W1})V_o]/[KV_cR_4+(R_4+R_1+R_{W1})V_o]$。

式中,$K=10$;$R_3=5000\Omega$;$R_4=5000\Omega$;$R_1+R_{W1}=100\Omega$;$V_c=4V$;V_o 为测量值。将计算值填入表 3 - 6 中,画出 t(℃)$-R_t$(Ω)实验曲线并计算其非线性误差。

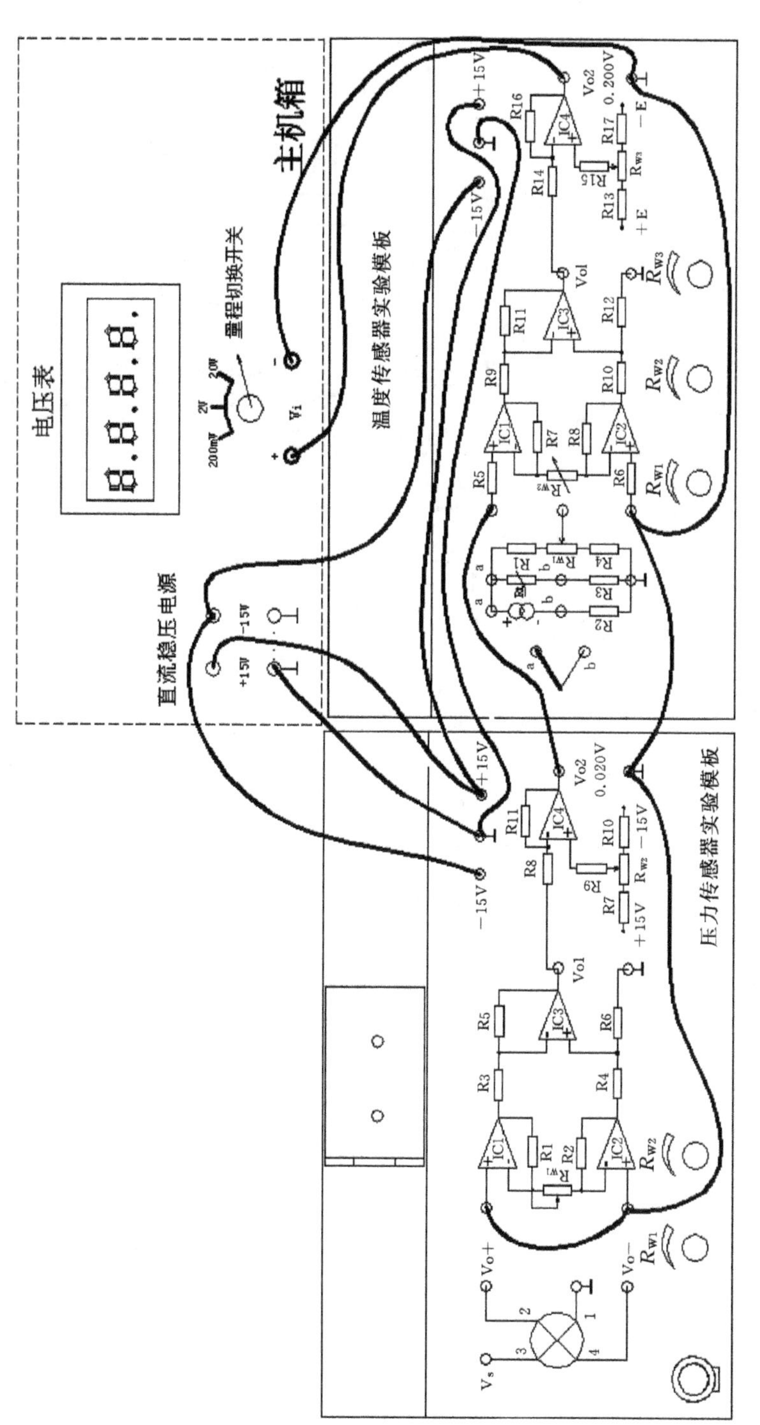

图 3-23 调节温度实验模板放大器增益 K 接线示意图

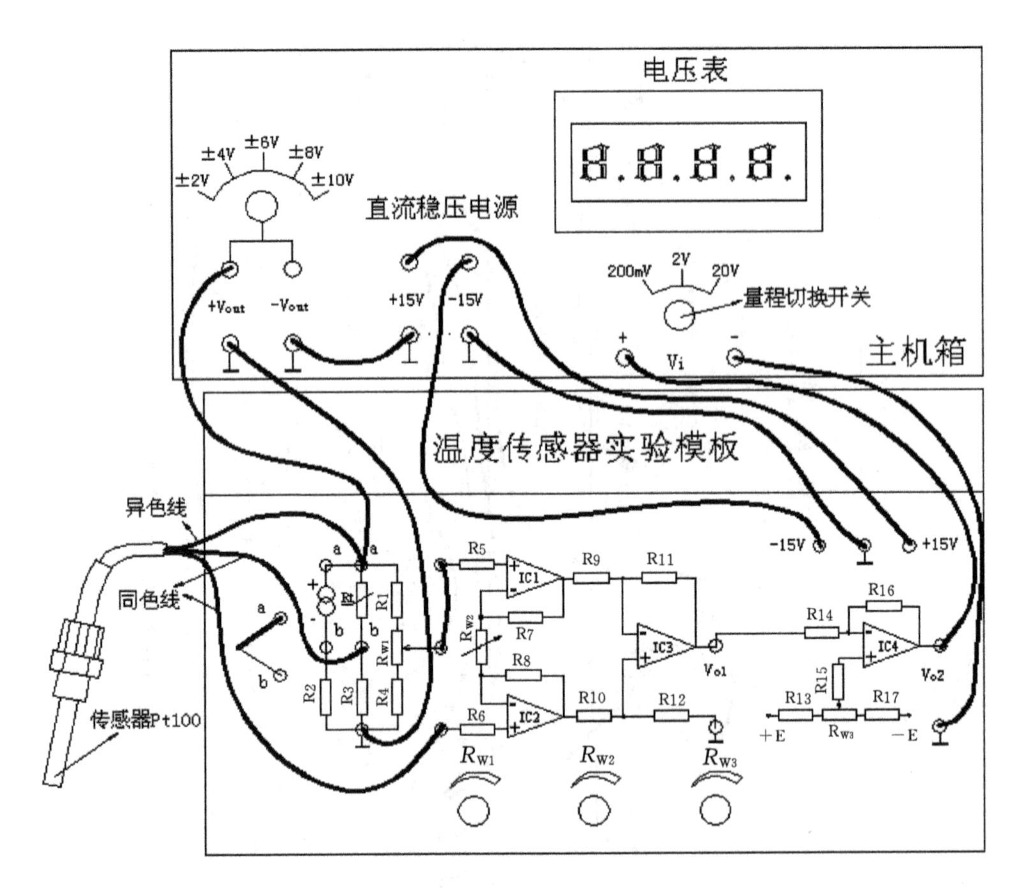

图 3-24　Pt100 热电阻测量室温时接线示意图

(8)再根据表 3-6 的 Pt100 热电阻与温度 T 的对应表(Pt100-t 国际标准分度值表)对照实验结果。最后将调节器实验温度设置到 40℃,待温度源回到 40℃左右后实验结束。关闭所有电源。

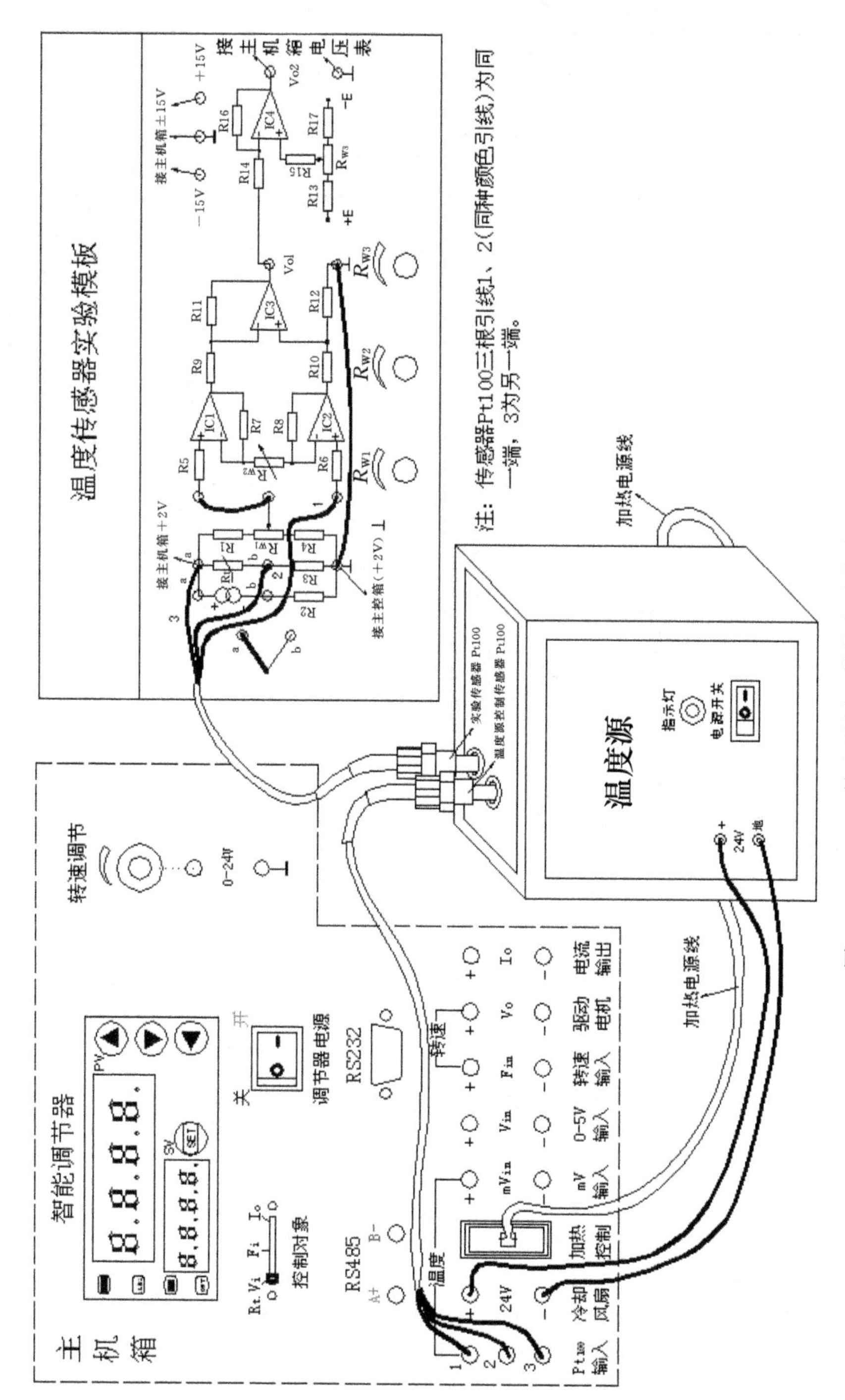

图 3-25　Pt100 铂电阻测温特性实验接线示意图

在表 3-6 中的分度号：Pt100，$R_o=100\Omega$，$\alpha=0.003\,910$。

表 3-6　Pt100 铂电阻分度表($t-R_t$ 对应值)

温度(℃)	0	1	2	3	4	5	6	7	8	9
	电阻值(Ω)									
0	100.00	100.40	100.79	101.19	101.59	101.98	102.38	102.78	103.17	103.57
10	103.96	104.36	104.75	105.15	105.54	105.94	106.33	106.73	107.12	107.52
20	107.91	108.31	108.70	109.10	109.49	109.88	110.28	110.67	111.07	111.46
30	111.85	112.25	112.64	113.03	113.43	113.82	114.21	114.60	115.00	115.39
40	115.78	116.17	116.57	116.96	117.35	117.74	118.13	118.52	118.91	119.31
50	119.70	120.09	120.48	120.87	121.26	121.65	122.04	122.43	122.82	123.21
60	123.60	123.99	124.38	124.77	125.16	125.55	125.94	126.33	126.72	127.10
70	127.49	127.88	128.27	128.66	129.05	129.44	129.82	130.21	130.60	130.99
80	131.37	131.76	132.15	132.54	132.92	133.31	133.70	134.08	134.47	134.86
90	135.24	135.63	136.02	136.40	136.79	137.17	137.56	137.94	138.33	138.72
100	139.10	139.49	139.87	140.26	140.64	141.02	141.41	141.79	142.18	142.66
110	142.95	143.33	143.71	144.10	144.48	144.86	145.25	145.63	146.10	146.40
120	146.78	147.16	147.55	147.93	148.31	148.69	149.07	149.46	149.84	150.22
130	150.60	150.98	151.37	151.75	152.13	152.51	152.89	153.27	153.65	154.03
140	154.41	154.79	155.17	155.55	155.93	156.31	156.69	157.07	157.45	157.83
150	158.21	158.59	158.97	159.35	159.73	160.11	160.49	160.86	161.24	161.62
160	162.00	162.38	162.76	163.13	163.51	163.89				

3.6.5　思考题

实验误差有哪些因素造成？请验证一下：R_t 计算公式中的 R_3、R_4、R_1+R_{W1}(它们的阻值在不接线的情况下用数显万用表测量)、V_c用实际测量值代入计算是否会减小误差？

3.7　电涡流传感器动态性能标定实验

3.7.1　实验目的

(1)熟悉电涡流位移传感器的动态性能标定所用仪器；

(2)掌握电涡流位移传感器动态灵敏度标定的校准台法，了解其他的标定方法；

(3)掌握电涡流位移传感器的频率响应特性标定方法。

3.7.2　实验原理

电涡流位移传感器实质上是一个扁平状线圈，它与电容组成并联谐振回路，如图 3-26 所示。其谐振频率为：

$$W_0 = \frac{1}{\sqrt{L_1 C}}$$

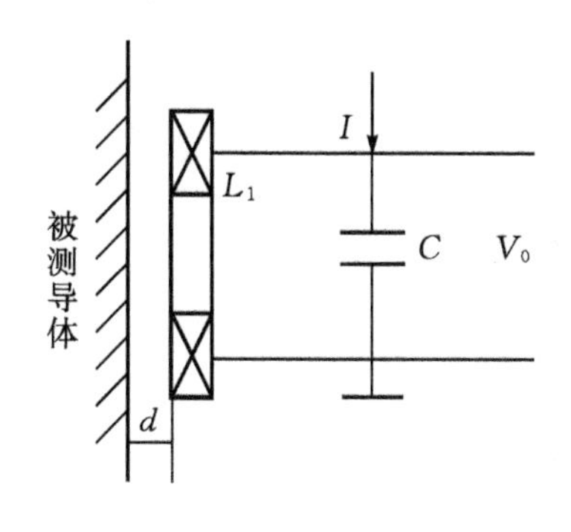

图 3-26 并联谐振回路

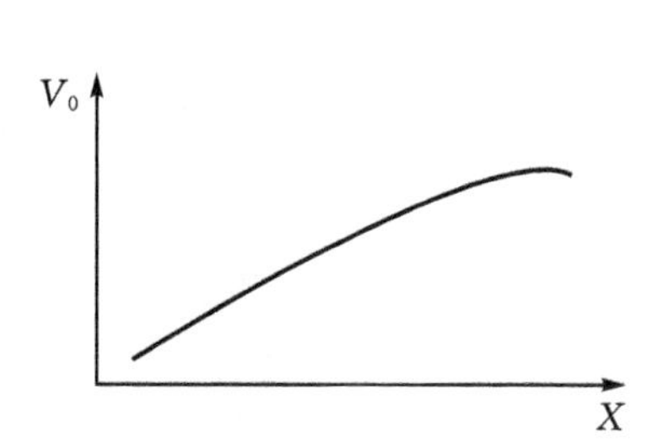

图 3-27 并联谐振回路输出电压与距离之间的关系

在测量以前，传感器离开被测导体，线圈中通以一定频率的交变电流 I，此时回路具有一定的阻抗。当校准台的台面按照一定频率(80 Hz)和一定的振幅产生振动时，安装在校准台上的电涡流传感器内部的线圈与振动台面(导体)间位移 x 变化，由线圈与电容组成的并联谐振回路的阻抗会改变，回路输出电压随之变化，输出电压 V_0 与位移 x 存在一定关系，即 $V_0=h(x)$，如图 3-27 所示。根据校准台的振动位移量值 x 和输出电压 V_0 的大小，便可得到电涡流位移传感器的动态灵敏度。

电涡流位移传感器的动态标定灵敏度值 S_v 可按下式求得：

$$S_v = \frac{V_0}{x}(\text{mv}/\mu\text{m})$$

式中：V_0——测量的前置器交流输出电压/mv；

x ——校准台上的振动位移值/μm。

3.7.3 实验仪器设备

(1)JX—3 型振动传感器校准仪 1 台

(2)双踪示波器 1 台

(3)85745 系列前置器 1 个

(4)电涡流位移传感器 1 个

3.7.4 实验步骤

(1)电涡流位移传感器的动态灵敏度标定

①将测试台面ⓐ、电涡流传感器固定支架ⓑ、传感器固定套ⓒ及电涡流传感器ⓓ依次固定在校准仪控制面板上(见图 3-28 所示)。

②将电涡流传感器、前置器、示波器及数字万用表正确连接(见图 3-29 所示)。

③将前置器电源接线端子与－24V 电源正确连接。

④将"频率选择"开关置于"80 Hz"。

⑤将"功能选择"开关置于"位移"位置。

⑥将"增益调节"电位器调至最小；电源开关置于"开"。

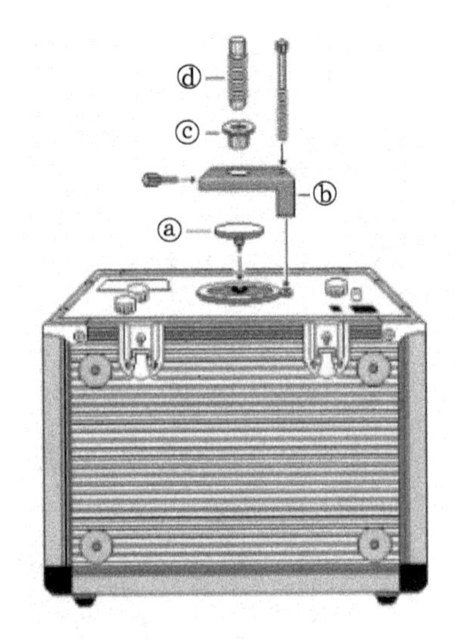

图 3-28 电涡流传感器动态标定安装图

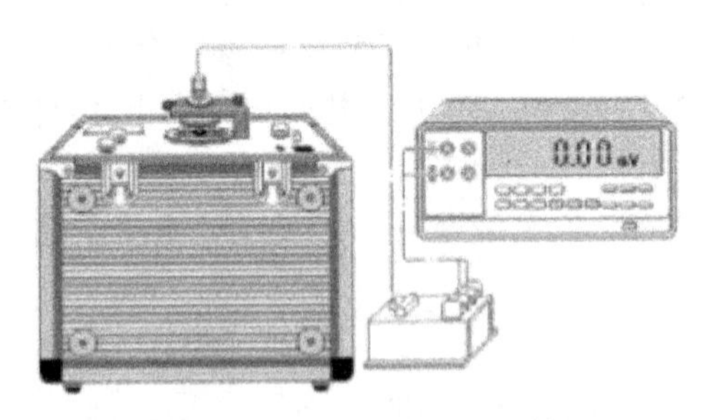

(a)电涡流传感器动态标定仪器连接图

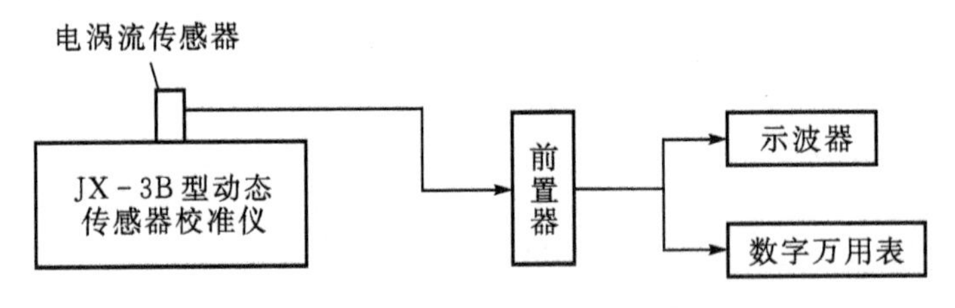

(b)电涡流传感器动态标定系统框图

图 3-29 电涡流传感器动态标定实验系统

⑦将传感器的间隙电压调至 8.5V(直流)左右。

⑧根据被测传感器的满量程值,调节“增益调节”电位器,使校准仪的振动位移输出幅值为一适当值。此时,显示窗显示为位移的峰-峰值,如 100mm。

⑨用数字万用表测量前置器的输出交流电压;用示波器监视输出电压波形。根据数字万用的电压读数(实测值),可得传感器的标定灵敏度 S_{F-F}(mV/μm)。

电涡流位移传感器标定灵敏度相对误差为:

$$误差=\frac{标准值-实测值}{标准值}\times 100\%$$

式中:标准值——传感器标称灵敏度(一般为 8mV/μm)。

(2)电涡流传感器及测量系统频响特性标定

①完成电涡流传感器灵敏度标定步骤①、②。

②将“功能选择”开关置于“位移”位置。

③将“增益调节”电位器调至最小;然后将电源开关置于“开”。

④将“频率选择”开关分别依次置于“40 Hz”、“80 Hz”、“160 Hz”、“320 Hz”和“640 Hz”位置,相应的在各个频率下,调节“增益调节” 电位器,使校准台振动位移输出幅值保持为 100(μm)。

⑤用数字万用表交流电压档测量电荷放大器的输出电压。

⑥根据电荷放大器输出电压的实测值和相应的校准台振动频率之间的一一对应关系,即可得出位移传感器及测量系统的幅频响应曲线。

3.7.5 实验报告要求

(1)电涡流位移传感器灵敏度标定实验数据　电涡流位移传感器灵敏度标定实验数据列于表 3-7,计算出传感器的灵敏度及其误差:

表 3-7　电涡流位移传感器动态标定实验数据

1	校准仪输出位移幅值(峰-峰值)(μm)	(100)
2	数字万用表交流电压读数(mV)	
3	位移传感器标称灵敏度(mV/μm)	(8mV/μm)
4	位移传感器标定灵敏度(mV/μm)	
5	位移传感器标定灵敏度误差(%)	

(2)幅频特性标定实验数据　电涡流传感器的幅值特性标定实验数据列于表 3-8,根据表中数据画出幅频响应曲线图,纵坐标采用对数坐标,并且计算出测量频率范围内的幅值最大误差。

表 3-8　幅频特性标定实验数据

1	校准台输出振动加速度幅值(μm)	(100)				
2	校准台振动频率(Hz)	40	80	160	320	640
3	数字万用表交流电压读数(mV)					
4	测量频率范围内幅值最大误差(dBv)					

(3)分析影响位移传感器灵敏度标定误差的主要因素;提出提高传感器灵敏度精度的主要措施。

(4)写出本次实验的体会。

3.8 压电加速度传感器动态性能标定实验

3.8.1 实验目的

(1)了解压电加速度传感器结构、工作原理及其应用；

(2)熟悉压电加速度传感器的动态特性标定所用仪器；

(3)掌握压电加速度传感器动态灵敏度标定的校准台法，了解其他的标定方法；

(4)掌握压电加速度传感器的频率响应特性标定方法。

3.8.2 实验原理

(1) 压电加速度传感器灵敏度标定　压电加速度传感器的灵敏度有两种表示方法：当它与电荷放大器配合使用时，用电荷灵敏度 S_q 表示。即：

$$S_q = \frac{Q}{a}(\mathrm{PC/ms^{-2}})$$

与电压放大器配合使用时用电压灵敏度 S_v 表示。即：

$$S_v = \frac{U_a}{a}(\mathrm{mV/ms^{-2}})$$

式中：Q ——压电传感器输出电荷(PC)；

U_a——压电传感器的开路电压(mV)；

a ——被测加速度($\mathrm{ms^{-2}}$)。

因为 $U_a = Q/(C_a + C_c)$，所以有：$S_q = S_v(C_a + C_c)$。其中：C_a 为传感器自身电容；C_c 为电缆电容。

压电加速度传感器灵敏度的标定方法：

实验室常用的标定方法一般有校准台法、比较法和互易法三种。

①校准台法。加速度传感器校准台是一个能产生一定频率和一定加速度峰值的振动台。例如，本实验中所使用的“JX－3B 型振动传感器校准仪”，其内部可产生频率为 10～1280 Hz、加速度峰值为 2.5～100m/s^2(传感器重量 100g)的标准正弦加速度信号。其电路原理框图如图 3-30 所示。将被标定的加速度传感器直接安装在振动系统台面上，使其承受峰值为

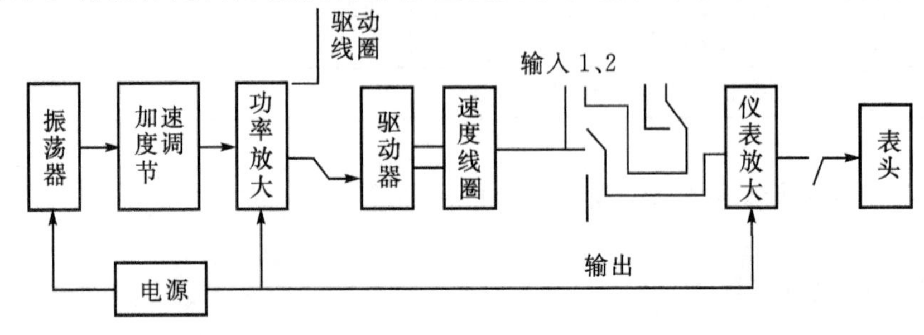

图 3-30　校准台电路原理图

10m/s² 加速度的振动，根据前置放大器的输出电压值便可确定传感器的灵敏度值。这种标定方法的标定精度为 2%。注意：电荷放大器是先将加速度传感器输出的电荷量转换成电压量，然后再经放大输出。确定传感器的电荷灵敏度时，要考虑放大器的增益。

②比较法。此方法是取一个经过计量部门标定过的加速度传感器和前置放大器作为基准，与需求校准的加速度传感器作对比试验，确定被标定传感器的灵敏度。标定时，将被标定传感器与基准传感器按背靠背的方式装在同一轴线上，承受同样的振动。分别测量出被标定传感器与基准传感器的输出振动量，然后折算出被标定传感器的灵敏度。

③互易法。此法不是通过直接测量振动量来确定灵敏度，而是应用互易原理，采用测量其他电量的方法求得灵敏度。一般情况下可以用两个同类型的加速度传感器进行互易，也可以用加速度传感器与振动台内部的速度线圈进行互易。这种方法的标定精度可达到 0.5%。

(2) 压电加速度传感器频响特性标定　传感器和测量系统的动态特性标定的目的是确定传感器和测量系统的频率使用范围、误差和相位特性。通过幅频特性可确定测量系统的频响和幅值误差，通过相频特性可确定测量系统的输入和输出之间的相位差。本实验主要测量幅频特性。

当振动台的振幅恒定，改变其振动频率，测量出被标定传感器相应于各频率下的输出量。以频率比 f/f_n（振动台的激励频率和传感器固有频率之比）为横坐标，以幅值比 A_i/A_0（被标定传感器的输出值与振动台输入信号幅值之比）为纵坐标，即可得幅频特性曲线。幅频特性曲线的平直部分即为理想的动态范围。从幅频特性曲线上读取峰值 A_m，由下式求得传感器的阻尼比 ζ。

$$\zeta = \frac{1}{\sqrt{2}}\left[1 - \sqrt{1 - \left(\frac{1}{A_m}\right)}\right]^{\frac{1}{2}}$$

求传感器的固有频率 f_n 以下两种情况：当标定位移传感器时，传感器的固有频率远小于振动频率，这时位移传感器的固有频率为：

$$f_n = f\sqrt{1 - 2\zeta^2}$$

当标定加速度传感器时，传感器的固有频率远大于振动频率，这时加速度传感器的固有频率为：

$$f_n = \frac{f}{\sqrt{1 - \zeta^2}}$$

3.8.3　实验仪器设备

(1)JX－3 型振动传感器校准仪　　一台
(2)DHF－3 型电荷放大器　　一台
(3)双踪示波器　　一台
(4)YD－1 型压电式传感器　　一个
(5)数字万用表　　一个

3.8.4 实验步骤

1. YD—1 型压电式加速度传感器灵敏度标定

(1)将加速度传感器用 M5 螺丝头固定在校准仪振动台面上。

注意:安装传感器时应使用传感器固定扳手,以防损坏校准仪振动台弹簧。

(2)将被标定的加速度传感器与电荷放大器的输入端连接;将电荷放大器的输出端与数字万用表的交流电压输入端连接,输入电压一般应小于 2V。实验仪器连接框图如图 3-31 所示。

注意:电荷放大器的设置请参考电荷放大器的使用说明。

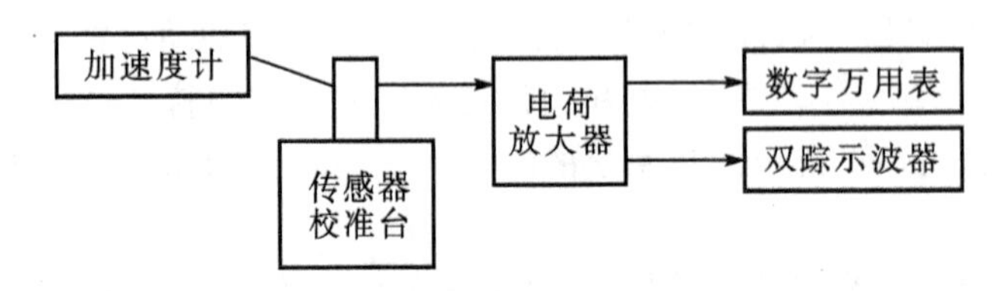

图 3-31 加速度传感器灵敏度标定实验仪器框图

(3)将"频率选择"开关置于"80 Hz"。在标定传感器时,一般应将频率定在"80 Hz"。

(4)将"功能选择"开关置于"加速度"位置。

(5)将"增益调节"电位器调至最小;然后将电源开关置于"开"。

(6)调节"增益调节" 电位器,使校准台振动加速度输出幅值为 10 m/s²。此时显示窗示值为 10.0。

(7)用示波器观察电荷放大器输出电压的波形,应为不失真的正弦波;同时,用数字万用表的交流电压挡测量电荷放大器的输出电压。

(8)根据电荷放大器输出电压的实测值和电荷放大器在输入加速度为10 m/s²时的标准输出电压值,即可计算出被测传感器的标定误差。

$$误差=\frac{标准值-实测值}{标准值}\times 100\%$$

注意:标准值是由电荷放大器设置所决定的输出电压的理想值。当输入加速度为 10 m/s² 时,电荷放大器的理想输出电压值应为 1V(峰值),则数字万用表上的理想电压值读数应为 707.00 mV(有效值)。亦即理想电压灵敏度应该为 $S_{V理}=10\ \text{mV/ms}^{-2}$,若传感器总电容值为 800 PF 时,理想电荷灵敏度为:

$$S_{Q理}=8.00\ \text{PC/ms}^{-2}。$$

(9)加速度传感器实际电荷灵敏度标定值为:

$$S_{Q实}=\frac{P\times B\div a}{A}(\text{PC/ms}^{-2})$$

式中:P ——电荷放大器输出电压峰值(mV);

B ——电荷放大器灵敏度设定旋钮设定值(PC/ms⁻²);

a ——校准台振动加速度输出幅值(取 $a=10\ \text{m/s}^2$);

A ——电荷放大器输出增益值(mV/Unit)。

2. 压电加速度传感器及测量系统频响特性标定

(1)完成加速度传感器灵敏度标定步骤(1)、(2)。

(2)将“功能选择”开关置于“加速度”位置。

(3)将“增益调节”电位器调至最小;然后将电源开关置于“开”。

(4)将“频率选择”开关分别依次置于“40 Hz”、“80 Hz”、“160 Hz”、“320 Hz”和“640 Hz”位置,相应的在各个频率下,调节“增益调节” 电位器,使校准台振动加速度输出幅值保持为 10 m/s^2。

(5)用数字万用表交流电压挡测量电荷放大器的输出电压。

(6)根据电荷放大器输出电压的实测值和相应的校准台振动频率之间的一一对应关系,即可得出加速度传感器及测量系统的幅频动态响应曲线。

3.8.5 实验报告要求

(1)加速度传感器灵敏度标定实验数据列于表 3-9,计算出的传感器灵敏度值及其误差也列于表 3-9 中。

表 3-9 加速度传感器灵敏度标定实验数据

序号	名 称	数值	序号	名 称	数值
1	激振频率(Hz)	(80)	6	数字电压表电压读数(mV)	
2	输入加速度幅值(ms^{-2})	(10.0)	7	传感器电压灵敏度标定(mV/ms^{-2})	
3	电荷放大器灵敏度设置(PC/ms^2)	($S_{Q理}$)	8	传感器电荷灵敏度标定(PC/ms^{-2})	
4	电荷放大器增益设置(mV/unit)	(100)	9	电压灵敏度标定值相对误差(%)	
5	电荷放大器输出电压标准(mV)	(1000)	10	电荷灵敏度标定值相对误差(%)	

(2)传感器及测量系统频响特性标定实验数据列于表 3-10。

表 3-10 传感器及测量系统频响特性标定实验数据

1	校准台输出振动加速度幅值(m/s^2)	(10.0)					
2	校准台振动频率(Hz)	40	80	160	320	640	1280
3	数字万用表交流电压读数(mV)						
4	测量频率范围内幅值最大误差(dB)						

根据表中数据画出幅频响应曲线图,纵坐标采用对数坐标。计算出幅值误差。

(3)分析影响加速度传感器灵敏度标定误差的主要因素;提出提高传感器灵敏度精度的主要措施。

(4)写出本次实验的体会。

第 4 章　动态测量信号调理实验

信号调理是测量系统构建乃至其工程应用中的一个非常重要环节，本章将分节介绍典型调理环节，主要包括信号调制与解调，以及压电加速度传感器测量振动、电涡流传感器测量振动、光电传感器测量转速和应变片交流电桥测量振动的信号调理实验内容。

4.1　信号调制与解调实验

4.1.1　实验目的

熟悉信号调制与解调的原理，掌握基本的信号调制与解调方法及技术。

4.1.2　实验原理

在测试技术中，调制是工程测试信号在传输过程中常用的一种调理方法，主要是为了解决微弱缓变信号的放大以及信号的传输问题。例如，被测物理量(如温度、位移、力等参数)经过传感器变换以后，多为低频缓变的微弱信号，对这样一类信号，直接送入直流放大器或交流放大器放大会遇到困难。因为，采用级间直接耦合式的直流放大器放大，将会受到零点漂移的影响。当漂移信号大小接近或超过被测信号时，经过逐级放大后，被测信号会被零点漂移淹没；为了很好地解决缓变信号的放大问题，信息技术中采用了一种对信号进行调制的方法，即先将微弱的缓变信号加载到高频交流信号中去，然后利用交流放大器进行放大，最后再从放大器的输出信号中取出放大了的缓变信号。上述信号传输中的变换过程称为调制与解调(如图 4－1 所示)。

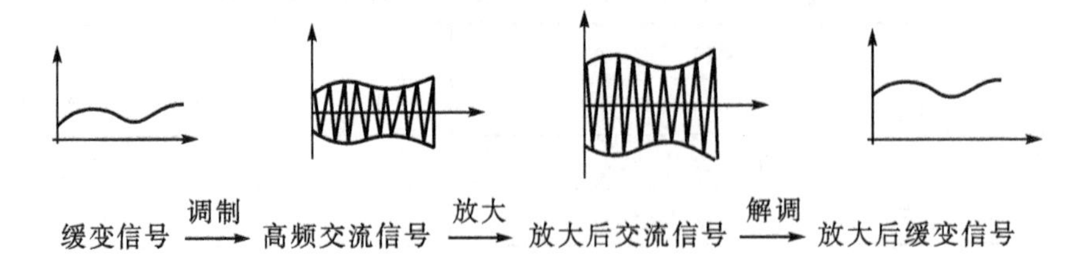

图 4－1　信号调制与解调过程

在信号分析中，信号的截断、窗函数加权等，亦是一种振幅调制；对于混响信号，所谓由于回声效应引起的信号的叠加、乘积、卷积等，其中乘积即为调幅现象。信号调制的类型：一般正(余)弦调制可分为幅度调制、频率调制、相位调制三种，简称为调幅(AM)、调频(FM)、调相(PM)。

调幅是将一个高频载波信号与测试的低频信号相乘，使载波信号幅值随测试信号的变化而变化。

例如，低频被调制波为 $x(t)=\mathrm{A}\sin(2\pi 50t)$，高频载波为 $y(t)=\sin(2\pi 500t)$，则信号调制过程为：$z(t)=x(t)y(t)$。对应的，其解调过程为：$v(t)=z(t)y(t)$，$x'(t)=$低通滤波$\{v(t)\}$。

4.1.3 实验仪器和设备

(1)计算机　1台

(2)DRVI快速可重组虚拟仪器平台　1套

4.1.4 实验内容及步骤

(1)启动服务器，运行DRVI主程序，开启DRVI数据采集仪电源，然后点击DRVI快捷工具条上的“联机注册”图标，选择其中的“DRVI采集仪主卡检测”进行服务器和数据采集仪之间的注册。联机注册成功后，分别从DRVI工具栏和快捷工具条中启动“DRVI微型Web服务器”和“内置的Web服务器”，开始监听8500和8600端口。

(2)打开客户端计算机，启动计算机上的DRVI客户端程序，然后点击DRVI快捷工具条上的“联机注册”图标，选择其中的“DRVI局域网服务器检测”，在弹出的对话框中输入服务器IP地址(例如：192.168.0.1)，点击“发送”按钮，进行客户端和服务器之间的认证，认证完毕即可正常运行客户端所有功能。

(3)在DRVI软件平台的地址信息栏中输入如下信息：“http://服务器IP地址:8600/gccslab/index.htm”，打开WEB版实验指导书，在实验目录中选择“信号调制和解调”实验，按实验原理和要求设计该实验。

(4)该实验需要提供原始信号和高频载波信号，DRVI中的“数字信号发生器”芯片可以完成这项功能，可以在软件面包板上插入两片“数字信号发生器”芯片，“信号类型”设置为2来产生正弦信号，其中一片的“参数1”设置为50，产生50 Hz的信号作为原始信号使用，并放置在编号为“6000”的数据总线上，另外一片“参数1”设置为800，产生800 Hz的载波信号，并放置在编号“6001”的数据总线上，再用一片“启/停按钮”芯片与它们联动来控制信号是否产生；为实现调制功能，需要插入一片“数组运算”芯片，将6000和6001上的数据做乘法运算后放置在“6002”的数据总线上；为实现同步解调功能，再插入一片“数组运算”芯片，将6002和6001上的数据做乘法运算后放置在“6003”的数据总线上；同时对6003上面的数据用“数字滤波”芯片做数字滤波处理，从而得到还原后的信号，并放置在数据总线“6004”上，对于该芯片的上归一化截止频率，插入一片“水平推杆”芯片来调节滤波器的阶次，则采用“多联开关”芯片来选择；另外选择五片“波形/频谱显示”芯片，用于显示以上处理结果；然后根据连接这些芯片所需的数组型数据线数量，插入5片“内存条”芯片，用于存储5组数组型数据；再加上一些文字显示芯片和装饰芯片，就可以搭建出一个“信号调制和解调”实验。所需的软件芯片数量、种类、与软件总线之间的信号流动和连接关系如图4-2所示，根据原理设计图在DRVI软面包板上插入上述软件芯片，修改其属性窗中相应的连线参数就可完成该实验的设计和搭建过程。

(5)“数组运算”芯片和“数字滤波”芯片的参数设置说明如下：对于“数组运算”芯片，其“计算类型”设置为2表示进行乘法运算，为了将数据总线6000和6001上的数据做乘法运算并输

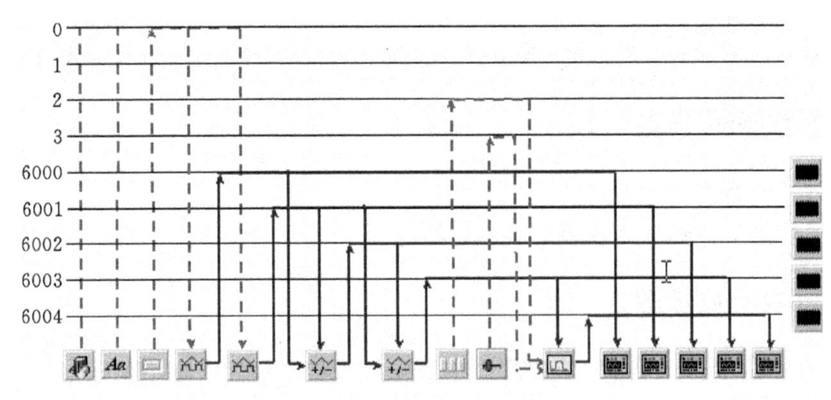

※说明：虚线表示单变量数据线，实线表示数组型数据线，
箭头代表数据或信号在软件总线中的流动方向。

图 4-2 信号调制与解调实验原理设计图

出到数据总线 6002 上，将“输入数组 1”、“输入数组 2”和“输出数组”的值分别设置为 6000、6001、6002，如图4-3所示；对于“数字滤波”芯片，为了能方便地选择滤波器阶次和归一化截止频率，将其“滤波器阶次线号”设置为 2，与“多联开关”芯片连接起来，将其“上归一化截止线号”设置为 3，与推杆芯片联系在一起(只作低通滤波处理)，数据从 6003 上获取，处理完后放置在 6004 上，如图 4-4 所示。

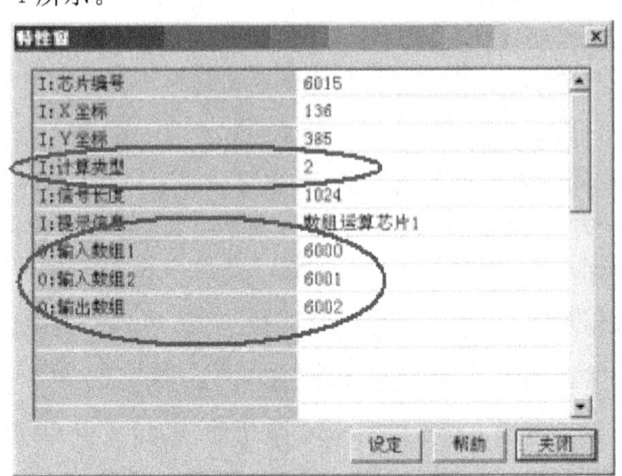

图 4-3 “数组运算”芯片参数设置样例

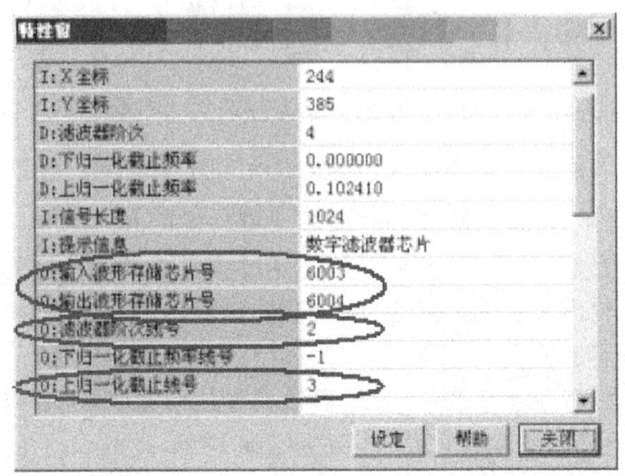

图 4-4 “数字滤波器”芯片参数设置样例

(6)也可以直接点击附录中“该实验脚本文件”的链接，将本实验的脚本文件贴入并且运行。实验效果图如图 4－5 所示。

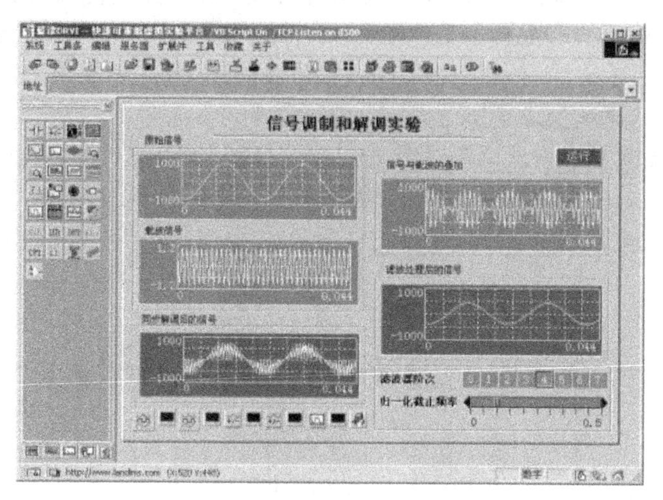

图 4－5　信号调制与解调实验效果图

(7)点击“运行”按钮，观察信号调制与解调过程中信号波形的变化。

(8)改变虚拟信号发生器的频率，再次观察调制后的信号波形变化。

(9)修改滤波器的阶次和归一化截止频率，观察经滤波处理后信号波形的变化。

4.1.5　实验报告要求

(1)简述实验目的和原理。

(2)根据实验原理和要求整理出本实验的设计原理图。

(3)分析信号调制解调过程中信号波形和频谱的变化，并附上相应的波形曲线。

4.1.6　思考题

(1)信号经过调制以后，在什么情况下会出现波形失真现象？

(2)频率调制和幅度调制有何区别？

4.2　压电加速度传感器测量振动信号调理实验

4.2.1　实验目的

熟悉压电加速度传感器测量振动的信号调理原理，掌握压电加速度传感器测振动的信号调理方法和技术。

4.2.2　实验原理

压电式传感器是一种典型的发电型传感器，其传感元件是压电材料，它以压电材料的压电效应为转换机理实现机械量到电量的转换。压电式传感器可以对各种动态力、机械冲击和振动进行测量,在声学、医学、力学、机械方面都得到广泛的应用。

(1)压电式加速度传感器及其信号调理放大器等效电路　压电传感器的输出信号很弱小,必须进行放大,压电传感器所配接的放大器有两种结构形式:一种是带电阻反馈的电压放大器,其输出电压与输入电压(即传感器的输出电压)成正比;另一种是带电容反馈的电荷放大器,其输出电压与输入电荷量成正比。

电压放大器测量系统的输出电压对电缆电容 C_c 敏感。当电缆长度变化时,C_c 就随之变化,引起放大器输入电压 e_i 变化,系统的电压灵敏度也将发生变化,这就增加了测量的困难。电荷放大器则克服了上述电压放大器的缺点,它是一个高增益带电容反馈的运算放大器。如图 4-6所示。

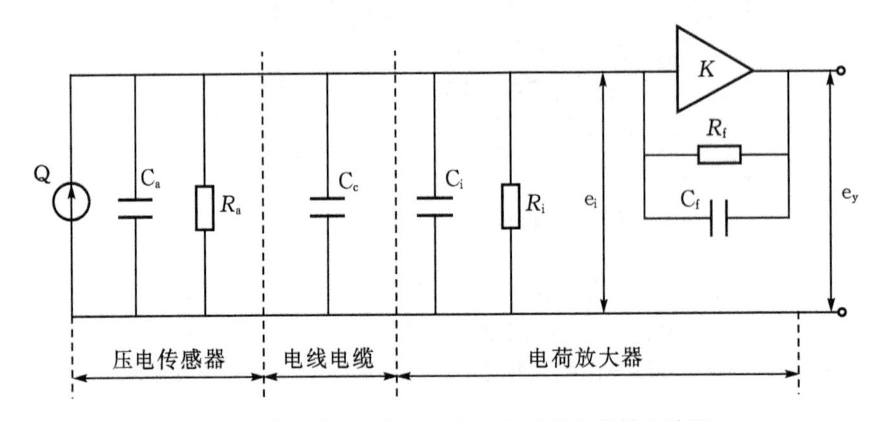

图 4-6　传感器-电缆-电荷放大器系统的等效电路图

当略去传感器的漏电阻 R_a和电荷放大器的输入电阻 R_i影响时,有

$$Q = e_i(C_a + C_c + C_i) + (e_i - e_y)C_f \qquad (4-1)$$

式中:e_i——放大器输入端电压;

e_y——放大器输出端电压 $e_y = -Ke_i$;

K——电荷放大器开环放大倍数;

C_f——电荷放大器反馈电容。

将 $e_y = -Ke_i$代入式(4-1),可得到放大器输出端电压 e_y与传感器电荷 Q 的关系式:设 $C = C_a + C_c + C_i$

$$e_y = -KQ/[(C + C_f) + KC_f] \qquad (4-2)$$

当放大器的开环增益足够大时,则有 $KC_f >> C + C_f$,式(4-2)简化为

$$e_y = -Q/C_f \qquad (4-3)$$

式(4-3)表明,在一定条件下,电荷放大器的输出电压与传感器的电荷量成正比,而与电缆的分布电容无关,输出灵敏度取决于反馈电容 C_f。所以,电荷放大器的灵敏度调节都是采用切换运算放大器反馈电容 C_f的办法。采用电荷放大器时,即使连接电缆长度达百米以上,其灵敏度也无明显变化,这是电荷放大器的主要优点。

(2)压电加速度传感器测振动实验原理图　压电加速度传感器实验原理、电荷放大器如图 4-7(a)、(b)所示。

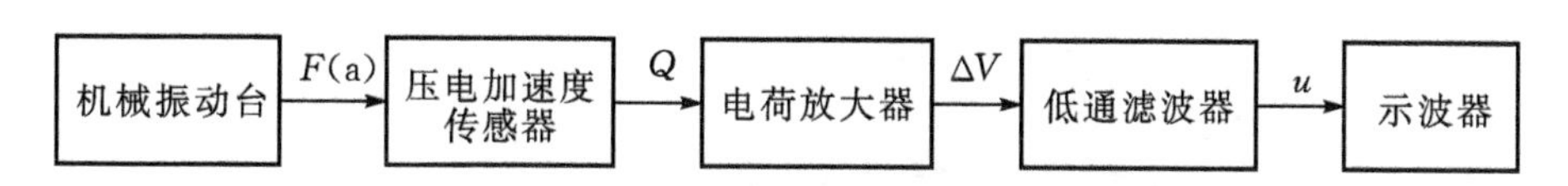

(a) 压电加速度传感器实验原理框图

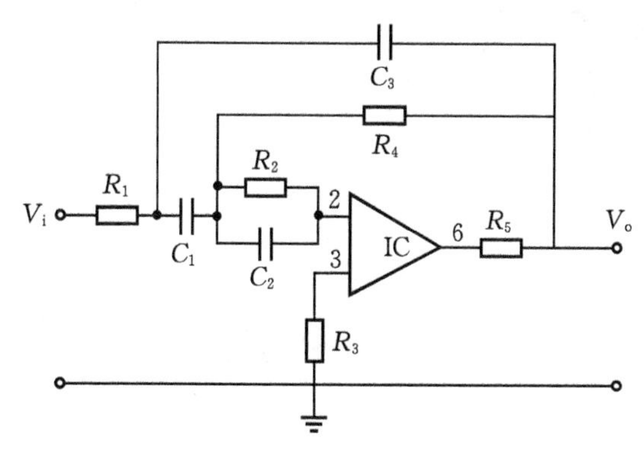

(b)电荷放大器原理图

图 4－7　压电加速度传感器测振动实验原理图

4.2.3　实验仪器设备

主机箱±15V 直流稳压电源、低频振荡器；压电传感器、压电传感器实验模板、移相器/相敏检波器/滤波器模板；振动源；计算机，信号采集分析软件。

4.2.4　实验内容及步骤

(1)按图 4－8 所示将压电传感器安装在振动台面上(与振动台面中心的磁钢吸合)，振动源的低频输入接主机箱中的低频振荡器，其他连线按图示意接线。

(2)将主机箱上的低频振荡器幅度旋钮逆时针转到底(低频输出幅度为零)，检查接线无误后合上主机箱电源开关。顺时针调节低频振荡器的幅度旋钮，使振动台明显振动(如振动不明显可调频率)，这时振荡器的频率应该在 8 Hz 左右。

(3)将低通滤波器的输入端和输出端信号同时接入主机箱数据采集端口的 A、B 端，通过计算机的数据采集系统同时采集这两个信号，并观察其波形；分析和记录所采集的振动信号频率及幅值。

(4)改变低频振荡器的频率(调节主机箱低频振荡器的频率)，观察输出波形变化。实验完毕，关闭电源。

4.2.5　思考题

(1)压电式加速度传感器的质量大小对所测量的振动频率有何影响？采用压电加速度传感器测量轻型机械结构的振动时应如何选择传感器？

(2)为什么压电式加速度传感器不适用于测量很低频率(＜2 Hz)的振动加速度信号？

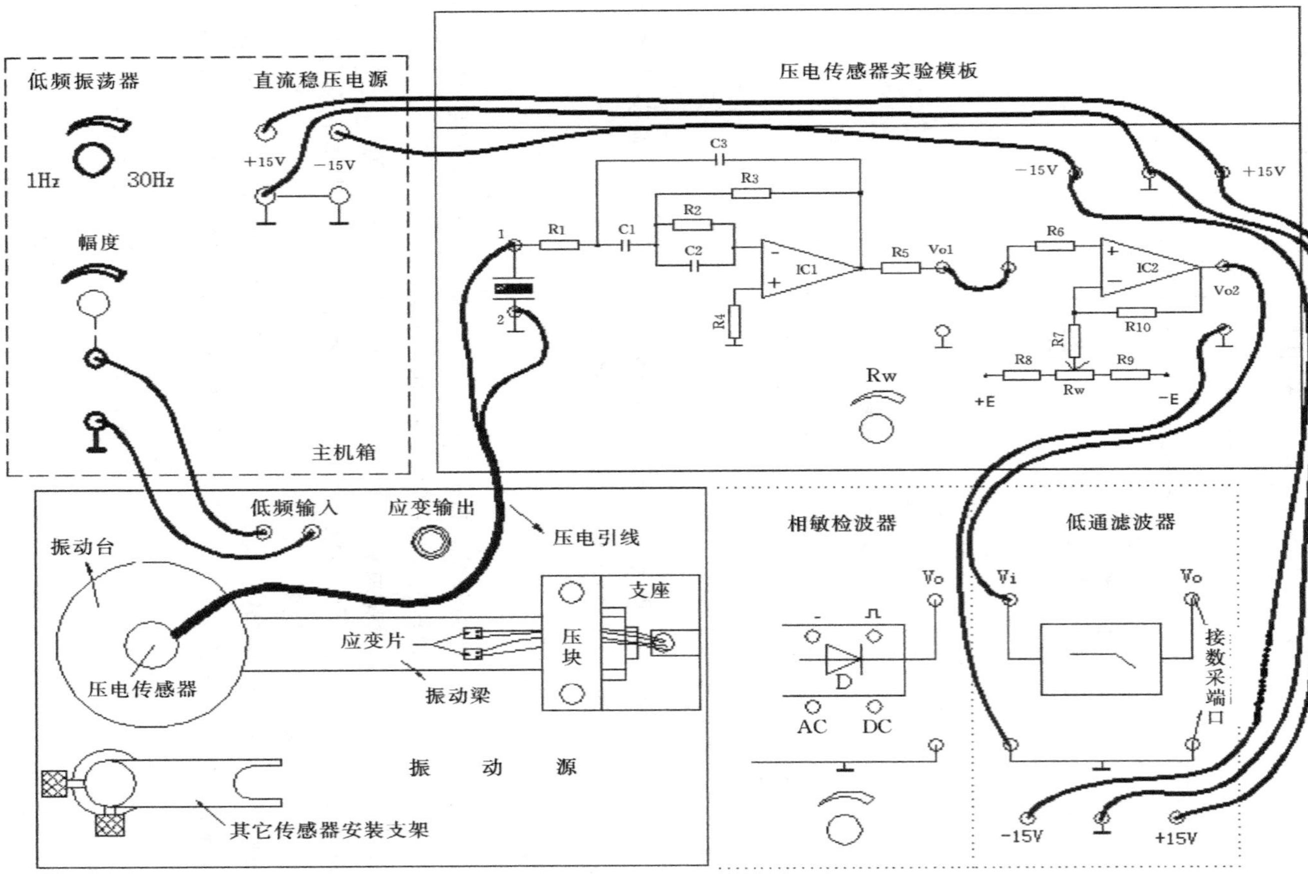

图 4－8　压电传感器测振动信号调理实验安装、接线示意图

4.3 电涡流传感器测量振动信号调理实验

4.3.1 实验目的

了解电涡流传感器测振动的信号调理原理，掌握电涡流传感器测振动的信号调理方法和技术。

4.3.2 实验原理

根据电涡流传感器位移特性和被测材料选择合适的工作点，采用合适的信号调理方法即可测量振动。

4.3.3 实验仪器设备

传感器与检测技术实验台，包括：主机箱中的±15V直流稳压电源、电压表、低频振荡器；电涡流传感器实验模板、移相器/相敏检波器/滤波器模板；振动源、升降杆、传感器连接桥架、电涡流传感器、被测体(铁圆片)；计算机及数据采集分析软件。

4.3.4 实验内容及步骤

(1)将被测体(铁圆片)安置在振动源的振动台中心点上，按图4-9安装电涡流传感器(传感器对准被测体)并按图接线。

(2)将实验台主机箱上的低频振荡器幅度旋钮逆时针转到底(低频输出幅度为零)；电压表的量程切换开关切到20V档。仔细检查接线无误后开启主机箱电源。调节升降杆高度，使电压表显示为2V左右即为电涡流传感器的最佳工作点安装高度(传感器与被测体铁圆片静态时的最佳距离)。

(3)调节低频振荡器的频率为12 Hz左右，再顺时针慢慢调节低频振荡器幅度旋钮，使振动台小幅度起振(振动幅度不要过大，电涡流传感器非接触式测微小位移)。使用数据采集系统检测电涡流传感器的输出信号，观测电涡流传感器实验模板的输出波形，并经过信号分析得到振动信号的频率和幅值。

(4)再分别改变低频振荡器的振荡频率、幅度，分别观察、体会电涡流传感器实验模板的输出波形变化。实验完毕，关闭电源。

4.3.5 思考题

安装电涡流传感器时，若传感器与被测体表面之间的静态间隙调节不合适时，对测量的振动信号会产生什么影响？

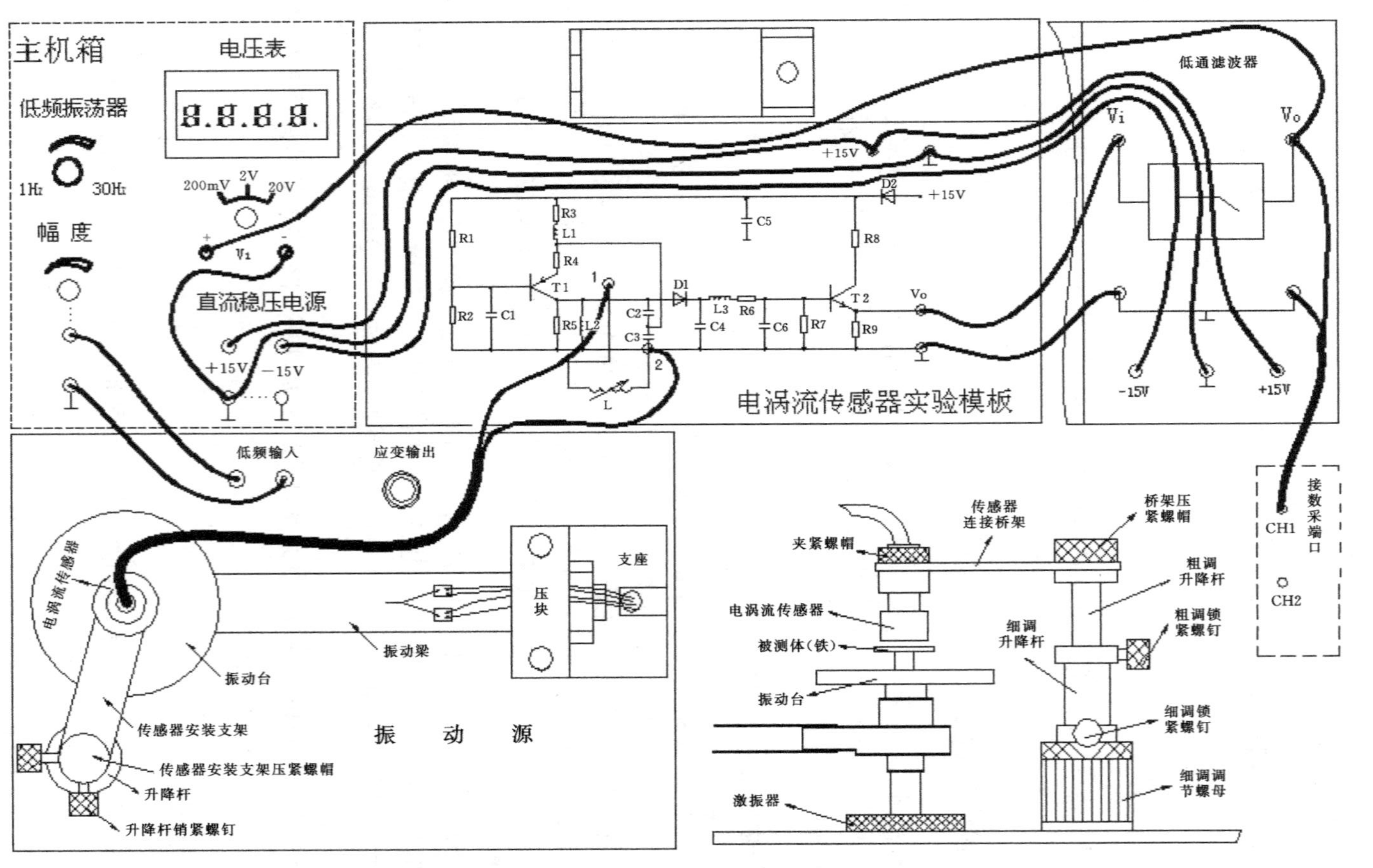

图 4-9　电涡流传感器测振动信号调理实验系统安装、接线示意图

4.4 光电传感器测量转速的信号调理实验

4.4.1 实验目的

(1)了解和掌握采用光电传感器测量转速的信号调理原理；

(2)掌握光电传感器测转速的信号调理方法和技术。

4.4.2 基本原理

光电式转速传感器有反射型和透射型两种，本实验装置是透射型的(光电断续器也称光耦)，传感器端部两内侧分别装有发光管和光电管，发光管发出的光源透过转盘上通孔后由光电管接收转换成电信号，由于转盘上有均匀间隔的6个孔，转动时将获得与转速有关的脉冲数，脉冲经处理由频率表显示 f，即可得到转速$n = 10f$ 。实验原理框图如图4-10所示。

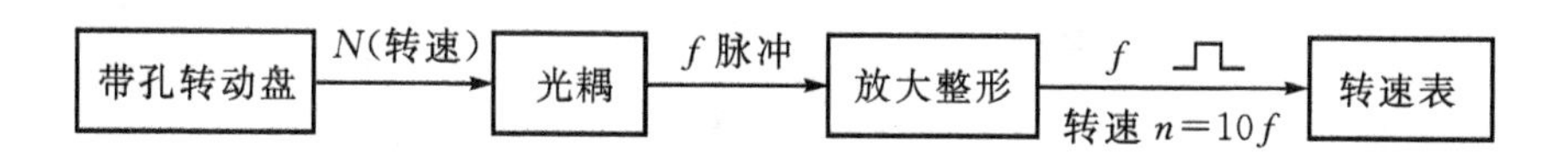

图4-10 光耦测转速实验原理框图

4.4.3 需用器件与单元

主机箱中的转速调节0～24V直流稳压电源、+5V直流稳压电源、电压表、频率\转速表；转动源、光电转速传感器—光电断续器(已装在转动源上)。

4.4.4 实验步骤

(1)将主机箱中的转速调节0～24V旋钮旋到最小(逆时针旋到底)并接上电压表；再按图4-11所示接线，将主机箱中频率/转速表的切换开关切换到转速处。

(2)检查接线无误后，合上主机箱电源开关，在小于12V范围内(电压表监测)调节主机箱的转速调节电源(调节电压改变电机电枢电压)，观察电机转动及转速表的显示情况。

(3)从2V开始记录每增加1V相应电机转速的数据(待转速表显示比较稳定后读取数据)；画出电机的 $V-n$ (电机电枢电压与电机转速的关系)特性曲线。实验完毕，关闭电源。

4.4.5 思考题

试分析比较采用光电传感器、光纤传感器、磁电传感器测转速时，哪种方法最简单方便。

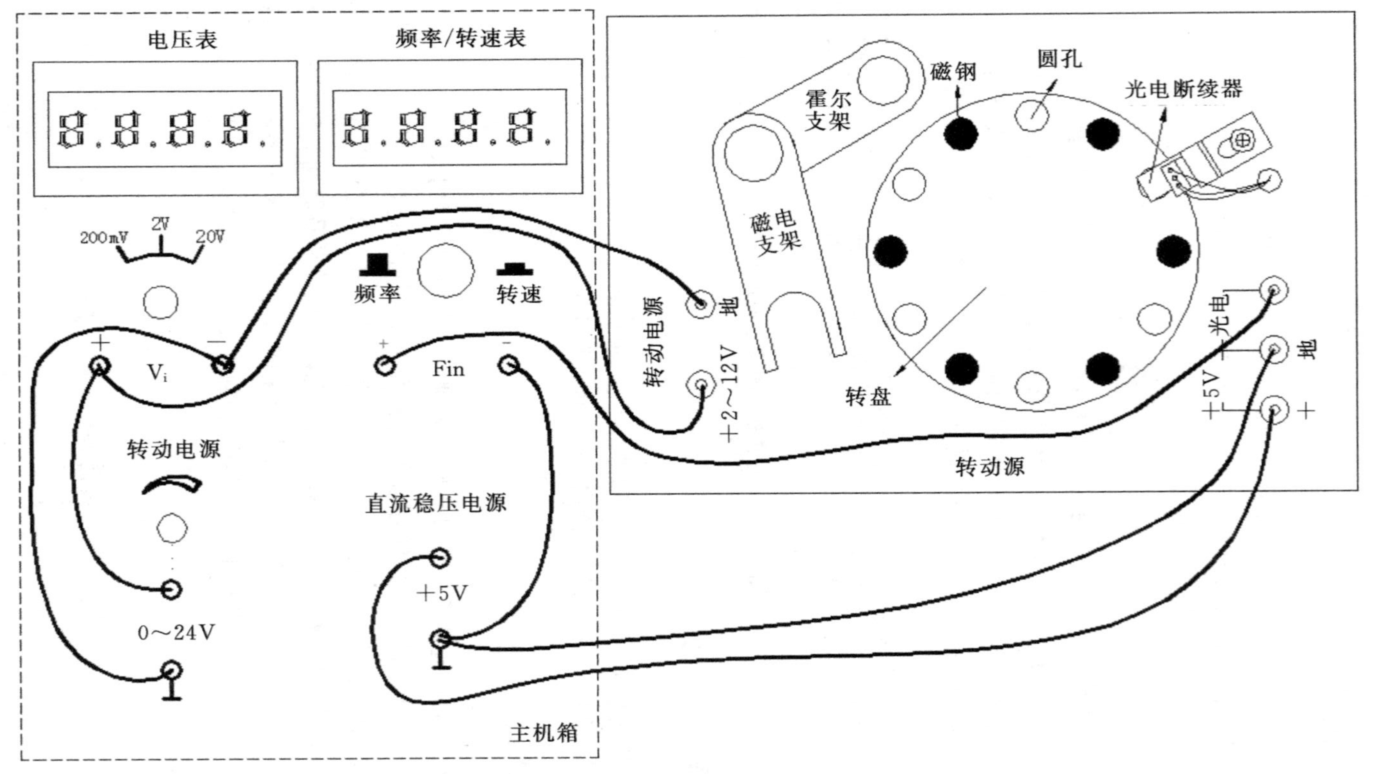

图 4-11 光电传感器测速实验接线示意图

4.5　应变片交流全桥测量振动信号调理实验

4.5.1　实验目的

学习应变片交流电桥测量振动原理，掌握应变片交流全桥测量振动信号调理方法和技术。

4.5.2　基本原理

图 4－12 是应变片测振动的实验原理图。当振动源上的振动台受到 $F(t)$ 作用而振动，使粘贴在振动梁上的应变片产生应变信号 $\mathrm{d}R/R$，应变信号 $\mathrm{d}R/R$ 由振荡器提供的载波信号经交流电桥调制成微弱调幅波，再经差动放大器放大为 $u_1(t)$，$u_1(t)$ 经相敏检波器检波解调为 $u_2(t)$，$u_2(t)$ 经低通滤波器滤除高频载波成分后输出应变片检测到的振动信号 $u_3(t)$（调幅波的包络线），$u_3(t)$ 波形可通过显示器显示。图中，交流电桥就是一个调制电路，$W_1(R_{W1})$、$r(R_8)$、$W_2(R_{W2})$、C 是交流电桥的平衡调节网络，移相器为相敏检波器提供同步检波的参考电压。这也是实际应用中的动态应变仪原理。

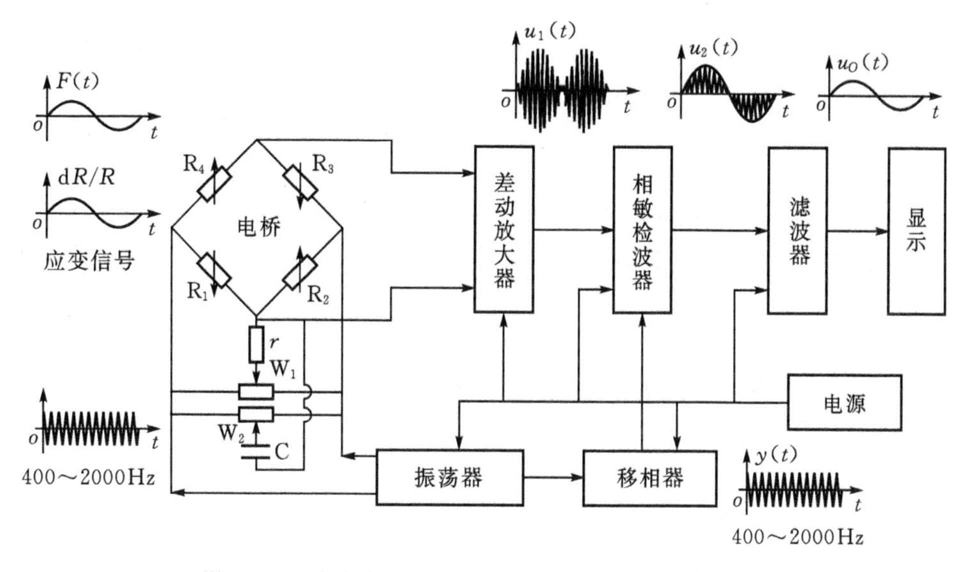

图 4－12　应变片交流全桥测振动信号调理实验原理图

4.5.3　实验仪器设备

实验台主机箱中的±2～±10V（步进可调）直流稳压电源、±15V 直流稳压电源、音频振荡器、低频振荡器；应变式传感器实验模板、移相器/相敏检波器/低通滤波器模板、振动源、万用表；计算机及数据采集软件。

4.5.4 实验步骤

(1)相敏检波器电路调试　正确选择计算机数据采集与分析软件的实验界面，选择相应的实验软件模块。调节音频振荡器的幅度为最小(幅度旋钮逆时针轻轻转到底)，将±2～±10V可调电源调节到±2V档。按图4-13示意接线，检查接线无误后合上主机箱电源开关，调节音频振荡器频率 $f=1\text{ kHz}$，峰值 $V_{p-p}=5\text{V}$(用计算机及数据采集软件测量)；调节相敏检波器的电位器钮使显示器显示幅值相等、相位相反的两个波形(相敏检波器电路已调整完毕，以后不要触碰这个电位器钮)。相敏检波器电路调试完毕，关闭电源。

(2)将主机箱上的音频振荡器、低频振荡器的幅度逆时针缓慢转到底(无输出)，再按图4-14示意接线(接好交流电桥调平衡电路及系统，应变传感器实验模板中的 R_8、R_{W1}、C、R_{W2} 为交流电桥调平衡网络，将振动源上的应变输出插座用专用连接线与应变传感器实验模板上的应变插座相连，因振动梁上的4片应变片已组成全桥，引出线为四芯线，直接接入实验模板上已与电桥模型相连的应变插座上。电桥模型二组对角线阻值均为350Ω，可用万用表测量)。

注意：传感器专用插头(黑色航空插头)的插、拔法：插头要插入插座时，只要将插头上的凸锁对准插座的平缺口稍用力自然往下插；插头要拔出插座时，必须用大姆指用力往内按住插头上的凸锁同时往上拔。

(3)调整好有关部分　调整如下：①检查接线无误后，合上主机箱电源开关，用显示器监测音频振荡器 L_v 的频率和幅值，调节音频振荡器的频率、幅度使 L_v 输出1 kHz左右，幅度调节到 $10V_{p-p}$(交流电桥的激励电压)。②用显示器监测相敏检波器的输出(图中低通滤波器输出中接的数据采集通道改接到相敏检波器输出)，用手按下振动平台的同时(振动梁受力变形、应变片也受到应力作用)仔细调节移相器旋钮，使显示器显示的波形为一个全波整流波形。③松手，仔细调节应变传感器实验模板的 R_{W1} 和 R_{W2}(交替调节)使显示器(相敏检波器输出)显示的波形幅值更小，趋向于无波形接近零线。

(4)调节低频振荡器幅度旋钮和频率(8 Hz左右)旋钮，使振动平台振动较为明显。用数据采集通道CHA和数据采集通道CHB分别显示观察相敏检波器的输入 V_i 和输出 V_o 及低通滤波器的输出 V_o 波形。

(5)低频振荡器幅度(幅值)不变，调节低频振荡器频率(3～25 Hz)，每增加2 Hz用显示器读出低通滤波器输出 V_o 的电压峰-峰值，填入表4-1画出实验曲线，从实验数据得振动梁的谐振频率为________。实验完毕，关闭电源。

表4-1　应变交流全桥振动测量实验数据

f(Hz)										
V_o(p－p)										

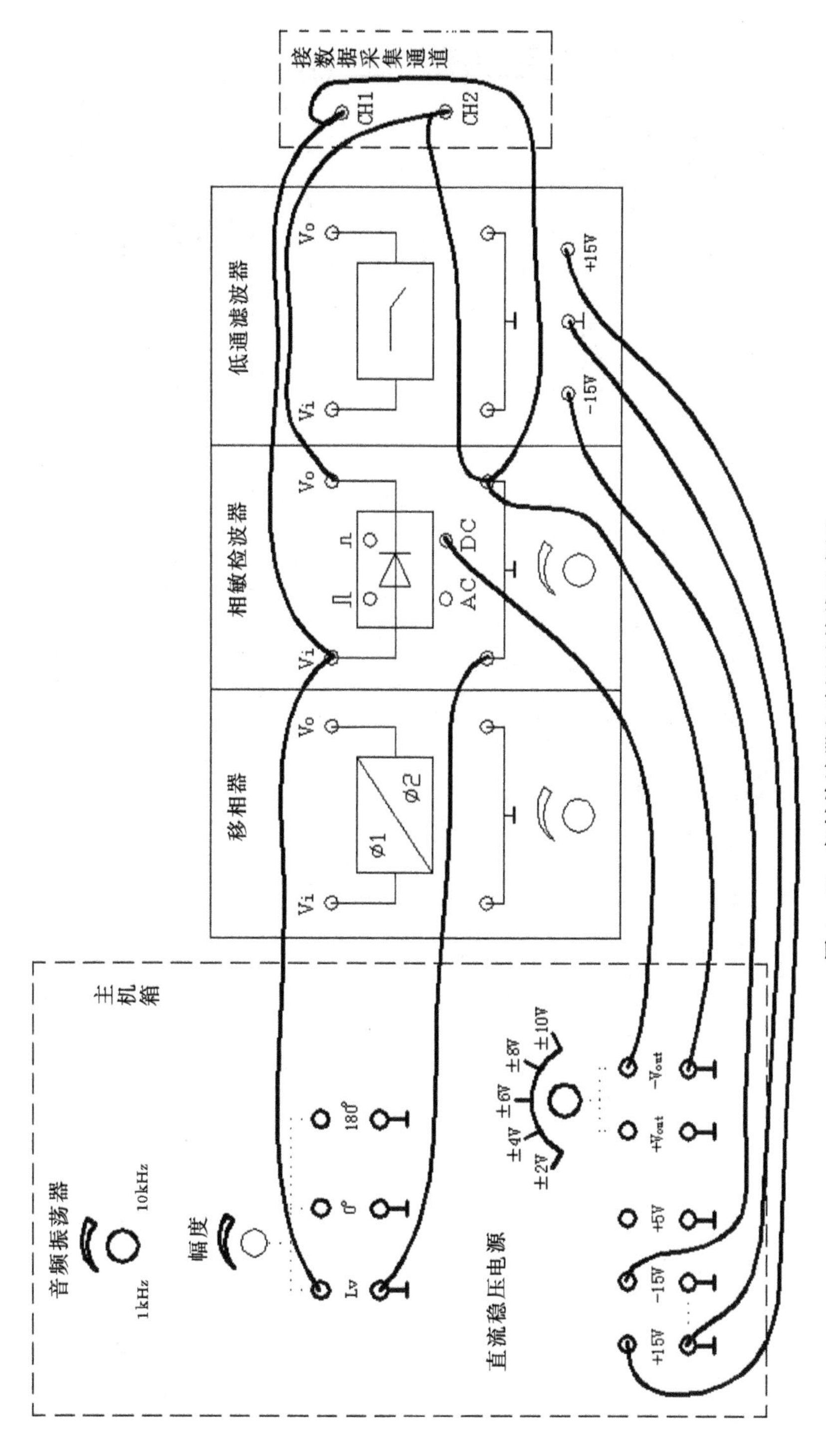

图 4-13 相敏检波器电路调试接线示意图

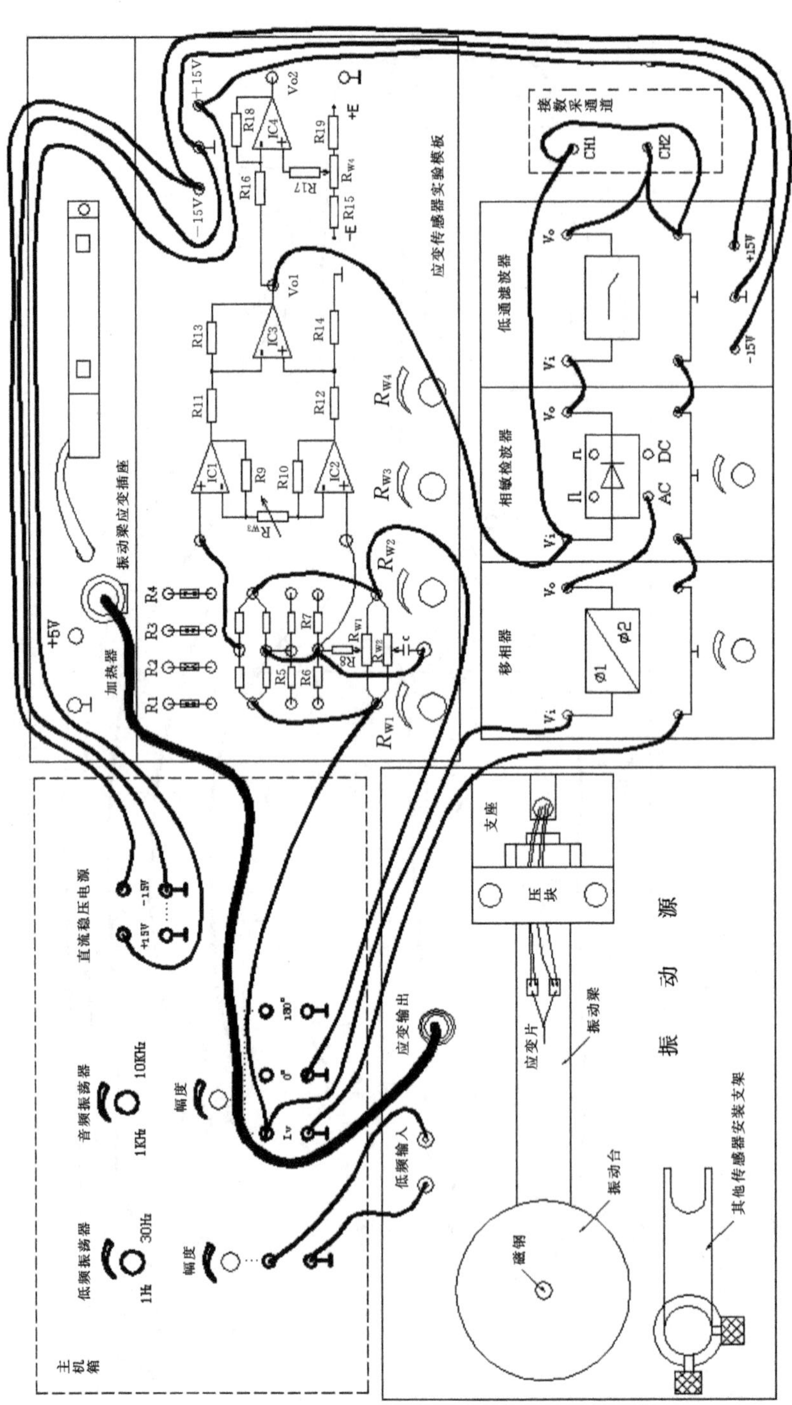

图4-14 应变交流全桥振动测量实验接线示意图

第5章　测试虚拟仪器设计实验

5.1　实验目的

(1)掌握 LabVIEW 软件的特点和用途,掌握 LabVIEW 编程的基本方法;

(2)加深理解虚拟仪器基本概念,采用 LabVIEW 图形化编程语言创建/设计基本的虚拟仪器;

(3)通过虚拟仪器应用实例,学习实用化虚拟仪器设计的基本方法。

5.2　LabVIEW 简介

5.2.1　LabVIEW 软件工具的特点

(1)图形化的编程方式,无需写任何文本格式的代码。

(2)既提供了传统的程序调试手段,如设置断点、单步运行,同时提供有独到的高亮执行工具,程序动画式运行,利于设计者观察程序运行的细节,使程序的调试和开发更为简捷。

(3)提供了丰富的数据采集、分析及存储的库函数。

(4)32bit 的编译器编译生成 32bit 的编译程序,保证用户数据采集、测试和测控方案的高速执行。

(5)囊括了 DAQ、GPIB、PXI、VXI、RS-232/485 在内的各种仪器通信总线标准的所有功能函数,使得不懂总线标准的开发者也可驱动不同总线标准接口设备与仪器。

(6)提供大量与外部代码或软件进行连接的机制,诸如 DDLS(动态链接库)、DDE(共享库)、ActiveX 等。

(7)强大的 Internet 功能,支持常用网络协议,方便网络化远程测控仪器的开发。

5.2.2　LabVIEW 软件包简介

LabVIEW 系统由 LabVIEW 应用执行文件和许多相关的文件及子目录组成。LabVIEW 使用文件和目录来存储创建 VI 所必需的信息,部分重要的文件和目录如下:

(1)LabVIEW 可执行程序,用于启动 LabVIEW。

(2)vi. lib 目录　该目录包含 VI 库,如数据采集、仪器控制和分析 VI。它们必须与 LabVIEW 可执行程序在同一目录下。不要改变 vi. lib 目录的名称,因为 LabVIEW 启动时要查找该目录。如果改变此名称,就不能使用众多的控件和库函数。

(3)example 目录　该目录包含许多 VI 示例,这些例子示范 LabVIEW 的功能。

(4)user. lib 目录　用户创建的 VI 保存于该目录并将出现在 LabVIEW 的 Functions

Palette(函数选项板)上。

(5)instr.lib 目录　如果希望用户仪器驱动程序库出现在 LabVIEW 的函数选项板上,应将其放置在该目录下。

5.2.3　LabVIEW 软件启动

当双击 LabVIEW8.2 汉化版图标启动软件时,将出现图 5-1 所示的启动画面。

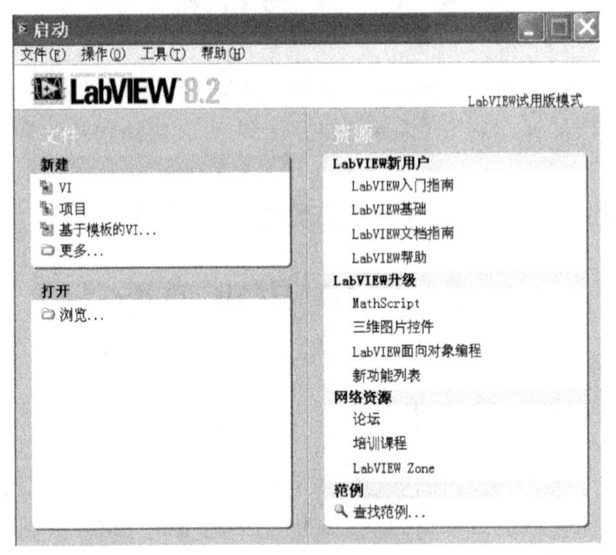

图 5-1　LabVIEW8.2 软件

在图 5-1 所示的 LabVIEW 主对话框中有新建文件和打开文件选项,LabVIEW 软件包内容分别包含在这七个选项中。

新建 VI 是 LabVIEW8.2 提供给用户创建/设计虚拟仪器的工作环境。一个 VI 有两个部分组成:一个前面板(Panel)和一个流程图(Diagram)(或称后面板),如图 5-2(a)、(b)所示。前面板的功能等效于传统测试仪器的前面板;流程图的功能等效于传统测试仪器与前面板相联系的硬件电路。

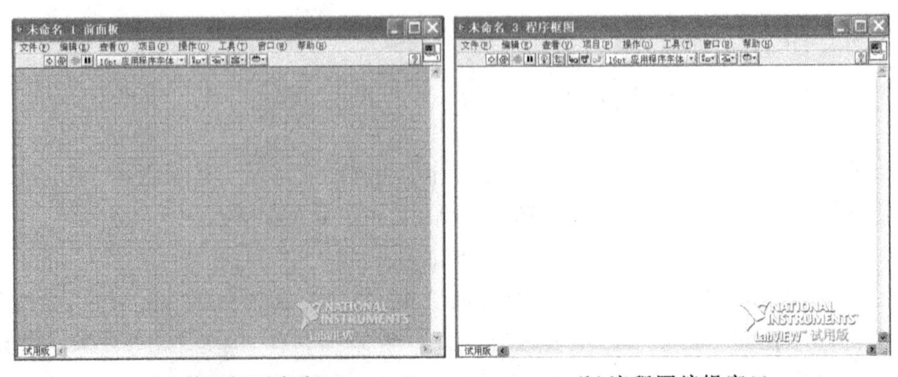

(a)前面板开发窗口　　(b)流程图编辑窗口

图 5-2　虚拟仪器设计窗口

因此，设计一个虚拟仪器是在两个窗口中进行。第一个是前面板开发窗口，所有虚拟仪器前面板的设计都是在这个窗口中进行并完成；第二个窗口是流程图编辑窗口。

（1）前面板（Panel）及其开发窗口　在选择了“新建 VI”后出现的前面板开发窗口中，包含主菜单栏（文件、编辑、操作、项目、窗口、帮助）和快捷工具栏。

设计制作虚拟仪器前面板，就是用工具（Tools）模板（见图 5－3 所示）中相应的工具去取用控件（Controls）模板（见图 5－4 所示）上的有关控件，摆放到窗口的适当位置来组成虚拟仪器前面板。

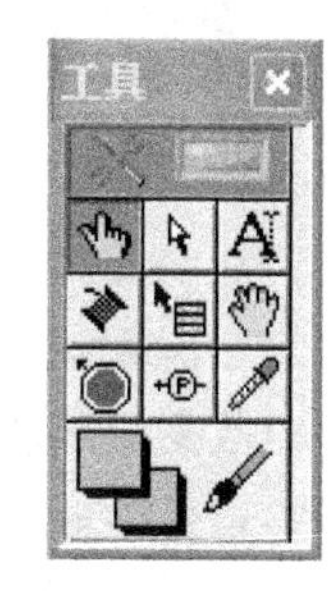

图 5－3　工具模板

（2）流程图（Diagram）及其编辑窗口　流程图是图形化的源代码，是 VI 测试功能软件的图形化表述。虚拟仪器是由软件编程实现测试功能的，软件编程分为两种：一种是基于传统的文本式编程方式；另一种是图形化编程方式。LabVIEW 就是采用图形化编程方式。在流程图编辑窗口，选用工具（Tools）模板中相应的工具去取函数（Functions）模板（见图 5－5 所示）上的有关图标来设计制作虚拟仪器流程图，以完成虚拟仪器的设计工作。

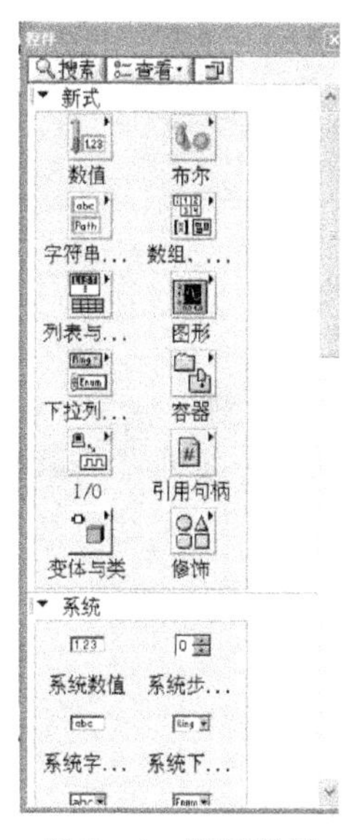

图 5－4　控制模板

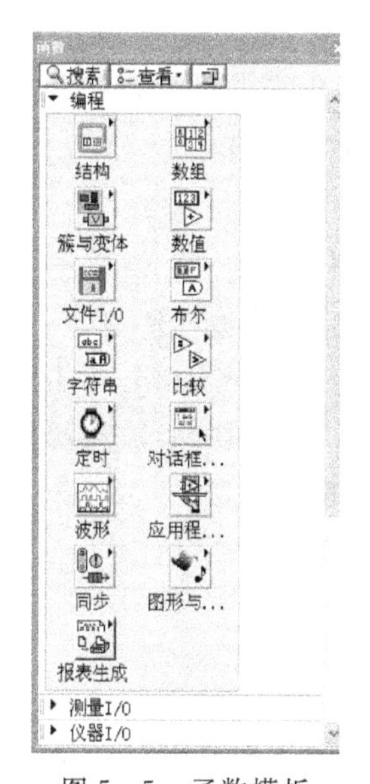

图 5－5　函数模板

（3）取用控件和模板的各种方法（见软件“帮助”有关内容）

（4）主菜单栏及快捷工具栏（见软件“帮助”有关内容）

5.3　虚拟仪器设计入门

5.3.1　LabVIEW 模板使用练习

（1）工具模板（Tools Palette）使用练习

（2）控件模板（Controls Palette）使用练习

（3）函数模板（Functions Palette）使用练习

5.3.2 创建 VI 练习

使用 LabVIEW 开发平台创建虚拟仪器就是编制图形化程序，该图形化程序是虚拟仪器程序，简称 VI。

虚拟仪器程序 VI 有两部分组成：前面板程序与流程图程序（详见相关内容）。

1. 虚拟仪器程序 VI 的设计步骤

(1)在前面板设计窗口设置控件，并创建“流程图”中的端口。

(2)在流程图编辑窗口放置节点、图框，并创建前面板控件。

(3)数据流编程。

(4)运行检验。

(5)数据观察。

(6)命名存盘。

2. 程序调试步骤

(1)找出语法错误。

(2)慢速跟踪程序的运行。

(3)断点与单步执行。

(4)设置探针。

3. 简单 VI 创建

虚拟正弦波显示器设计练习：

(1)功能描述　用 Waveform Graph 控件记录一个正弦波序列。

(2)设计提示　端口的生成有两种方式，任选一种，具体方法参见有关内容。本例采用从前面板放置控件的方式。

主要设计步骤如下：

① 前面板设计。

• 放置图形控件 1。

执行 Controls>>Graph>>Waveform Graph 操作。

图形控件为输出显示型控件，选“Waveform Graph”控件。

• 放置数字控件 2。

执行 Controls>>Numeric>>Knob 操作。

数字控件为输入控制型控件，用来设置显示器的横坐标，即采样间隔。

② 流程图编辑。

• 打开流程图编辑窗口“Diagram”。

与前面板图形控件对应的端口应出现在流程图编辑窗口中。

• 放置正弦信号图表。

正弦信号图表的调用路径：

执行 Functions>>Numeric>>Trigonometric>>Sine 操作。

• 放置 For Loop 循环结构。

执行 Functions>>Structure>>For Loop 操作。

• 连线。

③ 存文件。

④ 运行程序。

5.4 虚拟仪器设计举例

5.4.1 虚拟信号发生器设计

虚拟信号发生器设计前面板界面如图 5-6 所示。

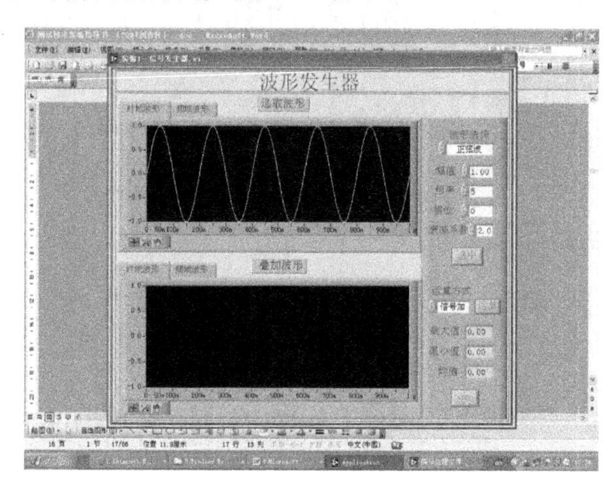

图 5-6 虚拟信号发生器设计前面板界面

5.4.2 虚拟频谱分析仪设计

虚拟频谱分析仪设计前面板界面如图 5-7 所示。

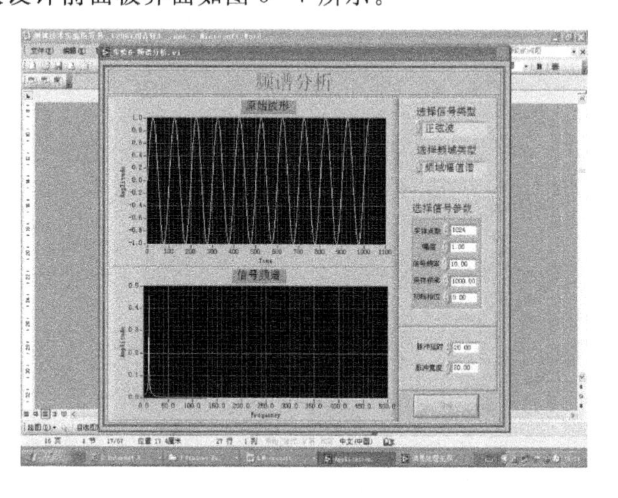

图 5-7 虚拟频谱分析仪设计前面板界面

5.4.3 数据采集器设计

虚拟数据采集器设计前面板界面如图 5－8 所示。

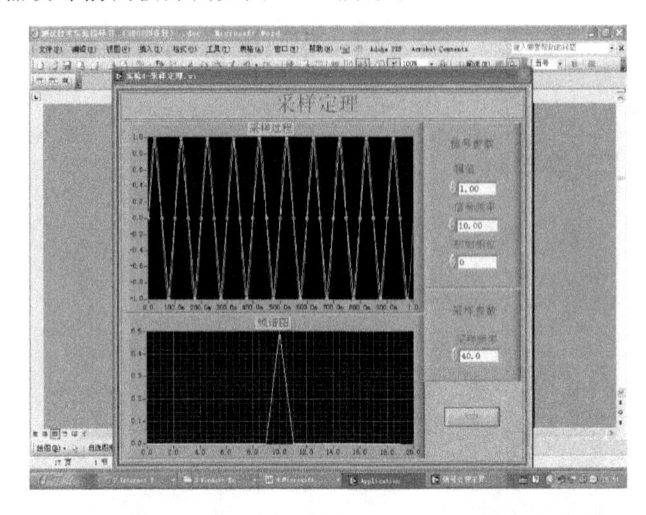

图 5－8　虚拟数据采集器设计前面板界面

5.5　测试虚拟仪器设计实验要求

(1)设计虚拟 n! 阶乘运算器

(2)设计虚拟示波器(显示正弦信号时域波形)

(3)设计虚拟温度监测仪

第二层次：测试技术综合实验

本层次的实验列入了测试技术课程实验教学大纲，是必做与选做相结合的测试技术综合实验。结合工程应用背景，首先以范例的形式介绍两个测试系统设计与综合分析实验，针对这两个实验范例，在介绍实验目的、实验基本要求、实验原理以及实验仪器设备的基础上，较详细论述该实验的测试方案设计、测试系统搭建、数据采集、信号处理及实验结果分析等内容，供学生在完成本层次实验时作参考。这部分所编写的其他几个测试系统设计与综合分析实验是供学生完成本层次实验任务所用，在编写时阐述了实验目的、实验基本要求、实验原理以及实验仪器设备，对于测试方案设计、测试系统搭建、数据采集、信号处理与分析内容仅提出要求，具体是由学生以小组的形式自主完成。本层次实验重在培养学生根据工程测试问题，综合运用所学知识分析和解决测试技术问题的能力。

第6章　气缸位移和压力检测及其伺服控制综合实验(范例一)

6.1　概　述

随着现代机械工业的发展，机械工程自动化程度越来越高，气动技术和气动元件在机械自动化领域的作用越来越大，气动技术作为低成本综合自动化技术，日益广泛地应用于机械工程的许多生产环节。当今，机械工业自动化生产过程要求气动元件和气动系统的质量更高、切换更快、寿命更长，尤其是气动元件的可靠性对最大限度地保持设备连续运转，降低维修费用方面起到了至关重要的作用。位移测量是对要实现的位置目标过程的检测和核准，是实现精确控制的前提，现在工业自动化生产线中，对每个位置环节都有精确的要求，所以位置的测量和控制决定着整个设备的工作效率和质量。气动装置的试验表明，气动位移的测量与控制对气缸的运动起着决定性作用，装置的密封性能和位移传感的精密性必然影响活塞的位置控制，所以对气动位移测量与控制研究对提高工业自动化中气动系统的稳定性和精确性具有十分重要的作用。

下面是一个气动位置控制的实例。在发动机生产过程中，铸造成型的发动机装置要进行平衡处理和清理毛刺。发动机被安装在工作台上，砂轮是通过气动位置控制系统来控制它的工作位置(如图6-1所示)。

将气动位移检测与控制技术应用于测试技术综合实验中，能够培养学生综合运用测试技术、气动技术、计算机技术、机电一体化技术等方面知识的能力，有利于提高学生分析和解决机械工程中气动执行机构的位移检测与控制问题的能力，也可为进一步开展这方面的研究打下

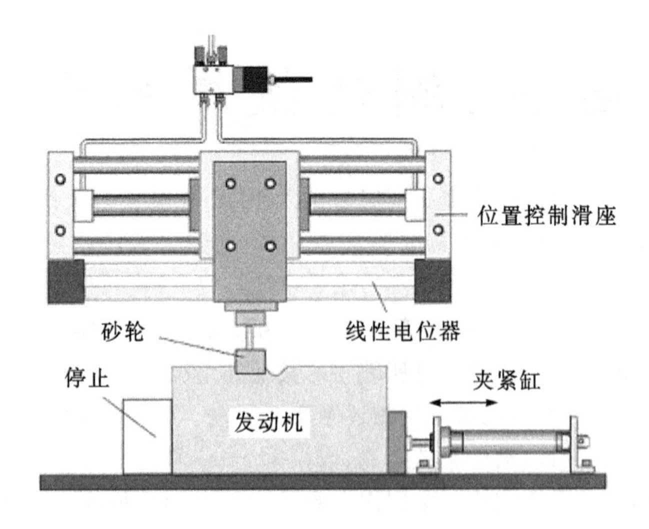

图 6-1 砂轮运动气动控制系统

实验基础。本章首先介绍了气缸位移检测与伺服控制综合实验内容,着重介绍了气缸位移检测与伺服控制的原理、实验系统设计、实验系统搭建与实现等。

6.2 实验目的

学习气动压力检测传感器、位移传感器以及主要气动元件特性的标定方法;较熟练掌握气缸位置的计算机检测与伺服控制实验系统设计、系统搭建、实际检测与分析的方法和技术。

6.3 实验基本要求

学习气缸位置检测和伺服控制的原理和方法,掌握位移传感器、压力传感器、比例控制阀、PID 控制器、以及有关的气动元件工作原理与作用等;对位移传感器、压力传感器以及三位五通阀等气动元件的特性进行标定;利用 PID 控制方法、计算机信号采集技术、数据拟合处理方法以及虚拟仪器设计技术,设计气缸位移的检测和伺服控制实验系统;合理选取实验所需的气动元件和检测控制器件搭建出实验系统;实现气缸位移的计算机检测与伺服控制实验数据采集,对所检测的实验数据进行拟合处理和结果分析,提交实验分析报告。

6.4 实验条件

(1)Festo 1120 气动位置检测和控制实验装置 1 套;
(2)PID 控制调节器 1 台;
(3)三位五通控制阀 1 套;
(4)信号采集和控制系统软件 1 套;
(5)微型计算机 1 台。

6.5 实验原理及方法

6.5.1 直线位置测量传感器的工作原理和标定方法

位置检测主要是由一个直线位移传感器来完成，位移传感器的原理是利用了滑动变阻器的原理，将位移量的变化转换成电路的电阻值的变化，其位移变化量和电阻值的变化量成线性关系。其关系如图 6-2 所示。

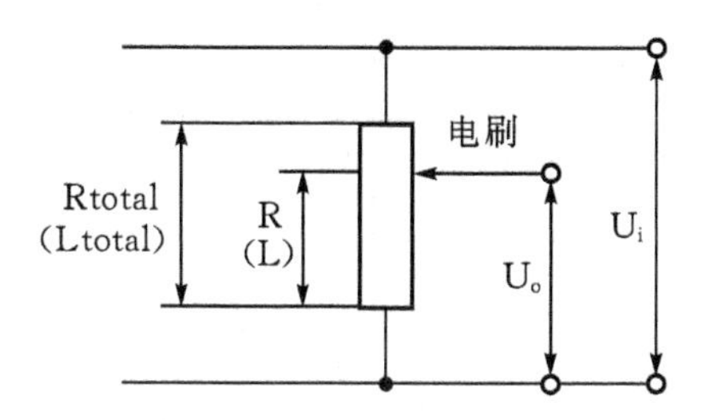

U_i——输入电压；U_o——输出电压；Rtotal——总电阻；R——电阻元件；
Ltotal——总长度；L——电刷位置；V_i——输入电压；V_o——输出电压

图 6-2　位置测量传感器的工作原理图

图中 U_i 为输入电压，U_o 为输出电压，R_{total} 为总电阻，R 为对应的可变电阻，L_{total} 为位移总长度，L 为工作位移量。它们之间满足以下关系：

$$U_o = U_i \times R/R_{total} = U_i \times L/L_{total}$$

这样就可以将位移信号线性地转换为电压信号。图 6-3 为传感器的电路连接图，图 6-4 为位移传感器的实物图。传感器的工作电压为 24V，通过一个转换器转换为 10V 的输入电压，一个信号输出端输出测量的电压信号，信号接地端和电源接地端分别接到 0V。

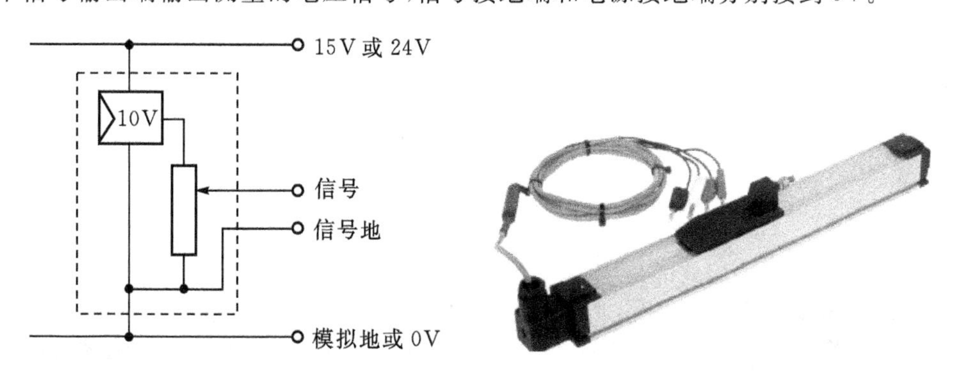

图 6-3　位移传感器电路图　　　图 6-4　位移传感器实物图

6.5.2 三位五通阀的工作原理和标定方法

阀的切换口包括输入口、输出口和排气口。按切换通口数目分，有二通阀、三通阀、四通阀、五通阀等。阀芯的工作位置简称为“位”,阀芯有几个工作位置就称为几位阀。本次实验所用到的是三位五通阀。

三位五通阀就是有五个切换口和三个工作位置。实验所用的阀的工作电压为24V,用一个0~10V的信号电压来驱动阀芯,驱动电压大小与阀口流量之间存在一定的函数关系,通过标定可得出此函数关系。

三位五通阀和气缸的连接关系如下:

采用三位五通阀是根据控制电压的大小来控制气压的大小,三位五通阀和气缸的连接关系如图6-5所示,其电路图如图6-6所示。三位五通阀实物图如图6-7所示,所控制气缸的实物图如图6-8所示。

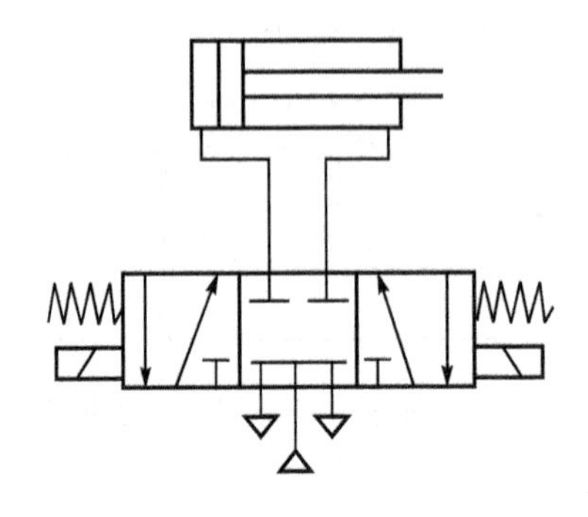

图6-5　三位五通阀和气缸连接关系

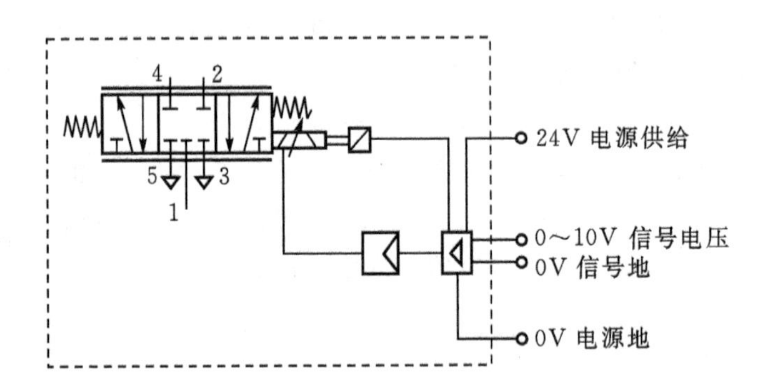

图6-6　三位五通阀电路图

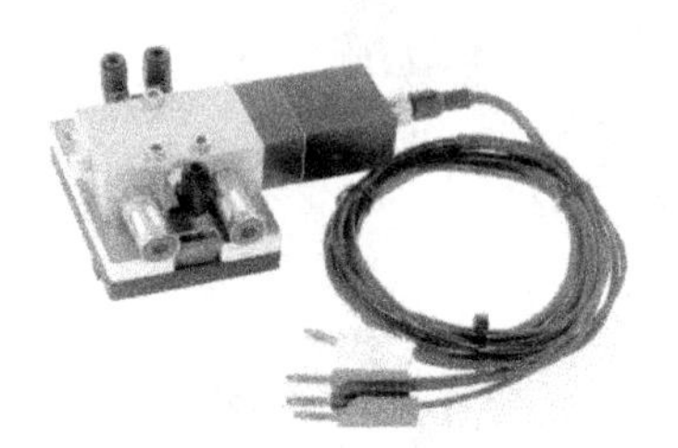

图6-7　三位五通阀实物图

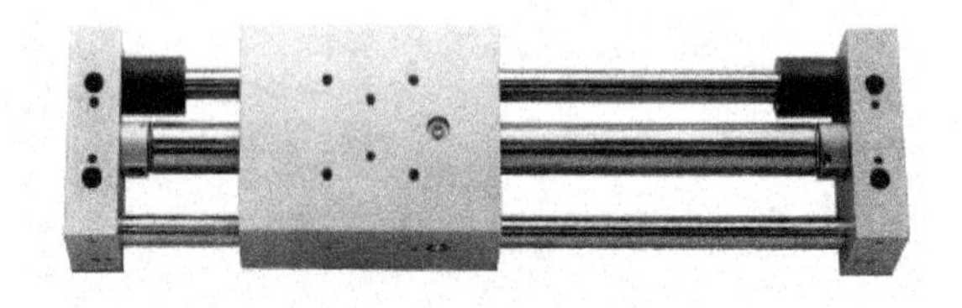

图6-8　无杆气缸实物图

三位五通阀的特性标定是通过阀的控制电压和阀工作口输出电压之间的关系来确定的，其具体方法如下：

(1) 向三位五通阀提供 24V 的工作电源，用直流稳压电源产生一个 0～10V 的可变电压作为阀的控制电压。

(2) 给工作口 2 和 4 的出口分别用分气块并接上一个压力传感器，压力传感器的输出信号用万用表读出。

(3) 将直流稳压电源的发生电压从 0V 逐渐起调，记录输入和两个压力传感器的输出，在 5V 附近记录时取点稍微多一些，直至 10V。到达 10V 后又逐渐回调，与前面的要求一样，直至 0V。

三位五通阀的驱动电压与流量关系见表 6-1。

表 6-1 驱动电压与流量关系

驱动电压	流 量
0V	1 和 2 或者 4 和 5 之间通道完全打开
0～5V	1 和 2 或者 4 和 5 之间通道逐渐减小
5V	所有的通道都关闭
5～10V	1 和 4 或者 2 和 3 之间的通道逐渐增大
10V	1 和 4 或者 2 和 3 之间的通道完全打开

6.5.3 压力传感器的工作原理及特性标定方法

气动压力传感器是将压力量转换为电压或者电流信号的传感元件。这里主要介绍由德国 Festo 公司生产的 SDE－19562 型模拟量压力传感器(analogue pressure sensor)和 SDE－19563 型模拟量压力传感器。其中 SDE－19562 型模拟量压力传感器的测量范围为 0～10V (0～20mA)，SDE－19563 型模拟量压力传感器的测量范围为 0～5V(0～20mA)。传感器实物如图 6-9，连接端口示意图如图6-10。

图 6-9 压力传感器实物

这种压力传感器属于压电式传感器，其铝腔体内部集成了一个放大器和温度补偿装置，被测气体压力作用在压电元件表面的硅晶片上，由压电元件产生电压信号通过放大器以电压(或者电流)的形式输出。经过校准可以准确实现压力量与电量之间的转换。

SDE－19562 型压力传感器允许输入气压范围为 0～10bar，而传感器输出为0～10V的电

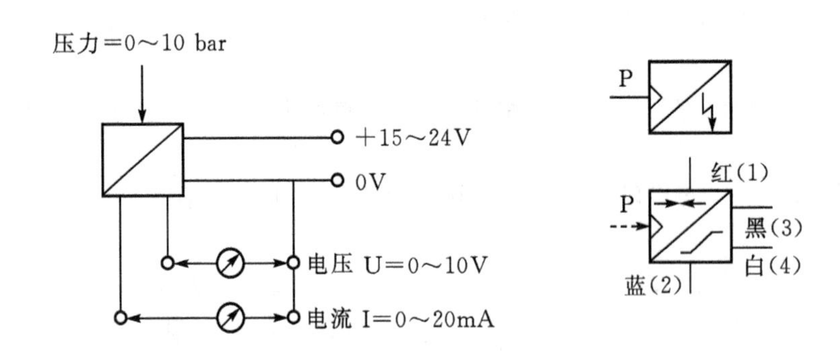

图 6-10　压力传感器接线图及连接端口示意图

压信号或者是 0～20mA 的电流信号。传感器的工作电压可以为 15～24V。压力传感器的气路和电路简图如图 6-11 所示。

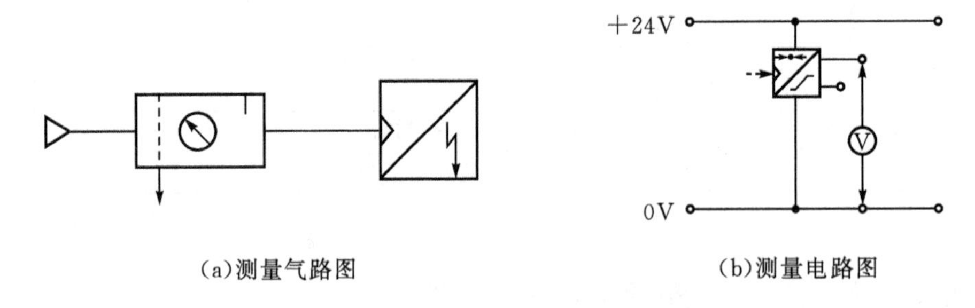

图 6-11　压力传感器的气路和电路简图

由气源过滤调压阀的压力表直接读出压力传感器的输入压力大小,给压力传感器提供 24V 的工作电压,用万用表来显示其输出电压。

6.5.4　气缸位置伺服控制实验原理

气缸位置伺服控制系统是为了实现对气缸活塞位移的精确控制,气缸位置伺服控制可采用气动比例伺服控制系统实现,它是由电气信号处理部分和气动功率输出部分所组成的闭环控制系统。气动比例阀是应用比例电磁铁技术的流量或者压力控制阀,造价相对伺服阀要低廉很多,频宽一般是 10 Hz 左右。气缸位置检测与伺服控制系统原理及组成如图 6-12 所示,控制器采用数字 PID 控制算法实现。

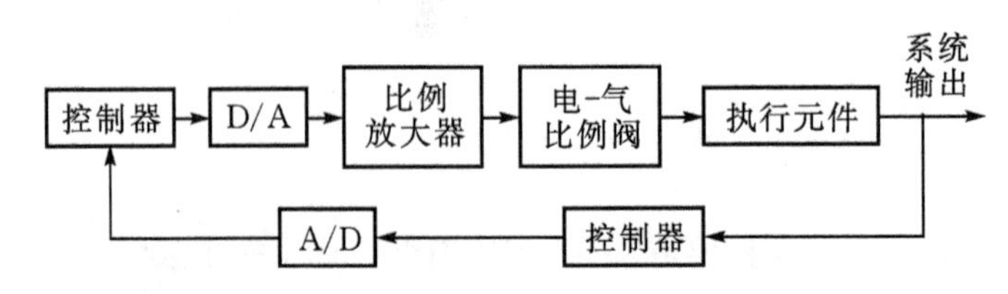

图 6-12　气缸位置检测与伺服控制系统原理及组成

6.6 实验方案设计与系统搭建

气缸活塞位移检测与伺服控制系统简图如图 6－13 所示。首先，由气源产生一定气压，其大小由气压表读出或者控制，然后由气管通入储气罐（补偿或者稳定气压），在进入三位五通阀的进气口 1，工作口 2 和 4 分别接无杆双作用气缸的两个进气口。气缸活塞的位移由位移传感器测出，并反馈到位置 PID 控制器，经控制器与预定值比较处理之后，输出控制电压来控制三位五通比例阀的两个工作口的大小及方向，从而改变气流的流量和压力，实现气缸活塞的位置检测和控制定位。

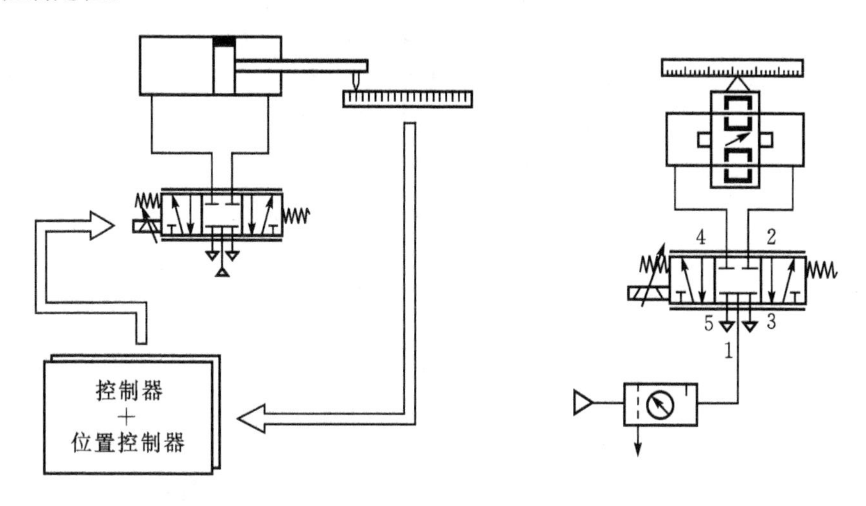

图 6－13　气缸位置检测与伺服控制系统简图

可采用 LabVIEW 软件编制信号采集和控制程序，实现 PID 数字控制。实验中使用的是 PCI9111 型数据采集卡，其接线端口如图 6－14、6－15 所示。数据采集程序的编写采用 LabVIEW 图形化编程软件实现。

气缸位移信号经 PCI9111 型数据采集卡后进入计算机，程序将其与给定的参考信号比较后得出误差，误差被放入相应寄存器，数字 PID 算法模块对误差计算从而得到控制信号。计算机又将控制信号通过采集卡输出给三位五通阀，最终实现气缸位置定位控制。

由以上的工作可以实现气缸位置检测与伺服系统的计算机控制，其实验系统搭建如图 6－16。由气源产生 2bar 气压（可根据需要调节）进入储气罐，然后再通入三位五通阀的进口，其两个工作口分别接在无杆气缸的两端的接气口，在气缸滑块（活塞）上固连上位移传感器的测头，使之与滑块同步运动，从而测出气缸活塞不同位置的位移量大小。位移传感器和比例阀接上 24V 的工作电压，传感器的信号端作为输入信号接在端子板的 A1 端口上，对应的为采集卡上模拟量输入的 0 通道。比例阀的信号端为输出信号，接在端子板的 B2 端口上，对应的为采集卡上模拟量输出的 0 通道。用数据线将端子板与机箱内的采集卡相连，在所编的程序里设置对应的数据采集和输出的通道，并根据对位移传感器标定的结果可以推出位移和输出电压关系。

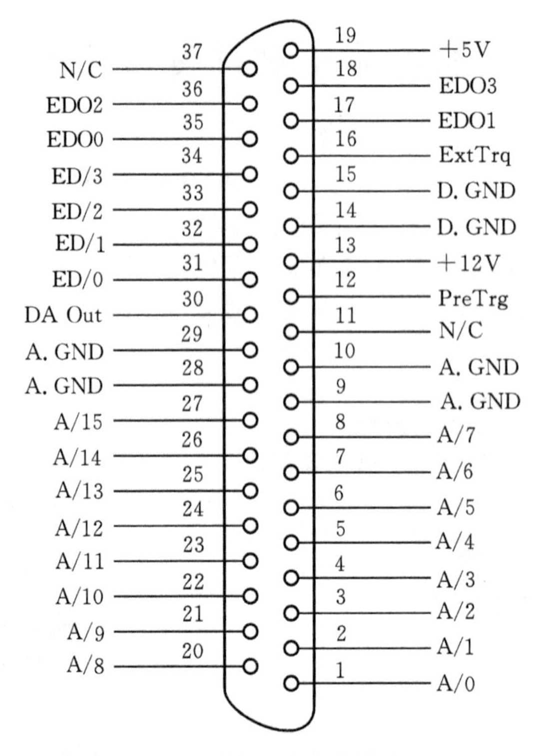

图 6-14　数据采集卡接线端口图

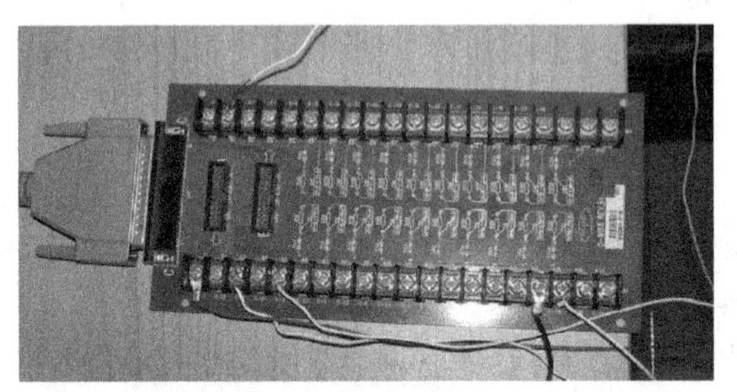

图 6-15　数据采集卡接线端口实物图

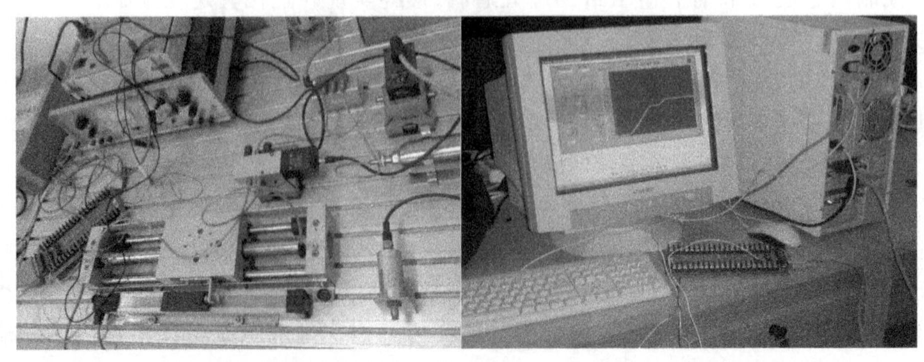

图 6-16　气缸位置检测与伺服系统的计算机控制实验系统搭建

6.7 实验数据采集与处理

6.7.1 压力传感器标定数据

压力标定实验数据见表 6－2。

表 6－2 压力标定实验数据

气压(bar)	4.0	3.5	3.0	2.5	2.0	1.5	1.0	0.5	0
电压(V)	4.02	3.60	3.14	2.26	2.07	1.70	1.23	1.05	0.00
气压(bar)	0.0	0.5	1.0	1.5	2.0	2.5	3.0	3.5	4.0
电压(V)	0.0	1.04	1.31	1.78	2.19	2.64	3.18	3.62	4.14

用最小二乘法对表 6－2 数据进行线性回归分析，得到 $a = 0.971$，$b = 0.192$，误差均方根值为 0.0084，得到的拟合直线方程：$y = 0.971x + 0.192$，拟合结合见图 6－17。

式中：y—— 传感器输出电压；

x—— 待测的气压大小。

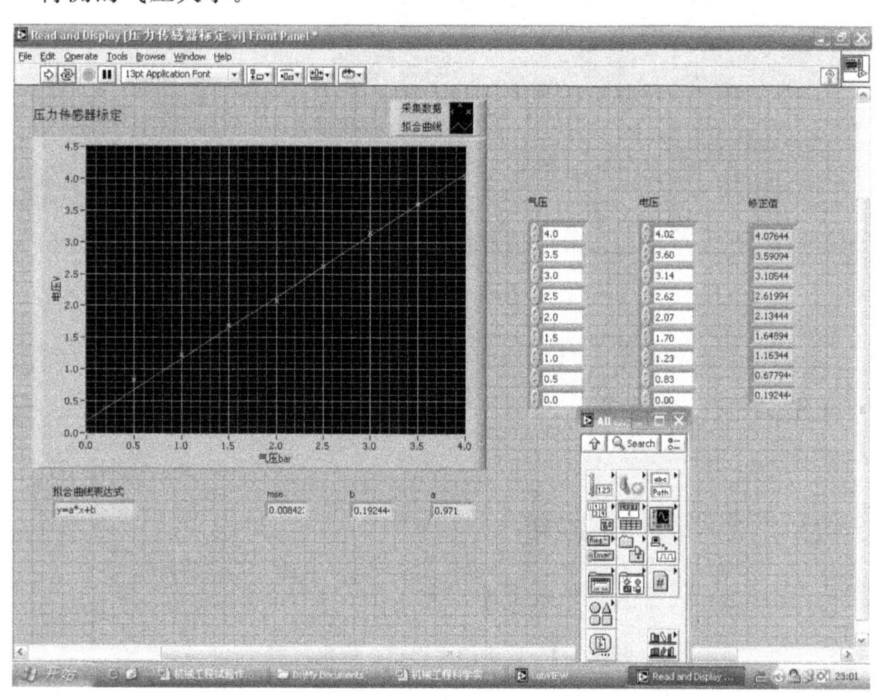

图 6－17 压力传感器实验标定拟合结果

6.7.2 位移传感器标定数据

位移传感器标定试验结果如表 6－3 所示。位移传感器实验标定拟合结果如图 6－18 所示。

表 6-3　位移传感器标定试验结果

位移(mm)	0	10	20	30	40	50	60	70	80	90
电压(V)	0.53	0.96	1.35	1.82	2.25	2.66	3.10	3.56	3.98	4.41
位移(mm)	100	110	120	130	140	150	160	170	180	190
电压(V)	4.84	5.26	5.70	6.17	6.56	7.00	7.44	7.86	8.31	8.72

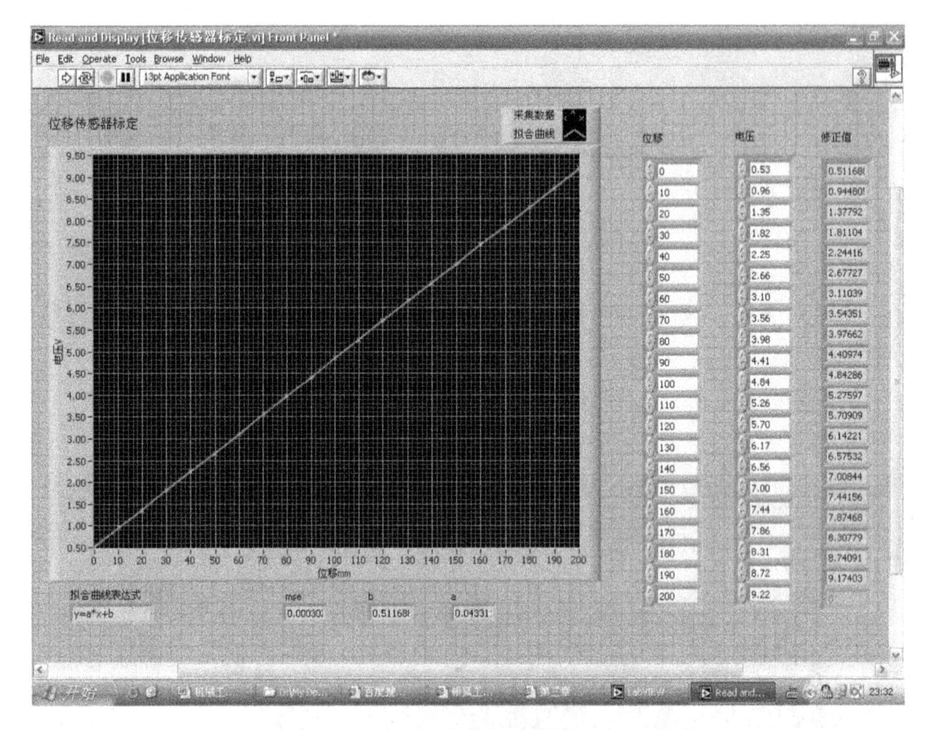

图 6-18　位移传感器实验标定拟合结果

用最小二乘法对上表的数据进行线性回归分析，得到 $a=0.043$，$b=0.512$，误差均方根值为 0.0003，得到的拟合直线方程：$y=0.043x+0.512$，可以推出位移和输出电压关系：$x=(y-0.512)/0.043$。

6.7.3　三位五通比例阀标定数据

三位五通比例阀工作口 2 的标定数据如下表 6-4。

表 6-4　比例阀工作口 2 标定数据

控制电压(V)	0	1	2	3	4	4.28	4.54	4.79	4.95	5.01
输出电压(V)	0.99	0.99	0.99	0.99	0.99	0.99	1.0	1.3	1.46	1.49
控制电压(V)	5.33	5.55	5.71	5.91	6.41	6.79	7.26	8	9	
输出电压(V)	1.66	1.78	1.94	2.08	2.09	2.09	2.10	2.10	2.10	

将数据输入到多项式曲线拟合程序中得到图 6-19，误差均方根值为 0.005，所用的多项式为 $y=-0.01x^3+0.18x^2-0.53x+1.18$。

式中：y—— 传感器输出电压（V）；

x—— 控制电压(V)。

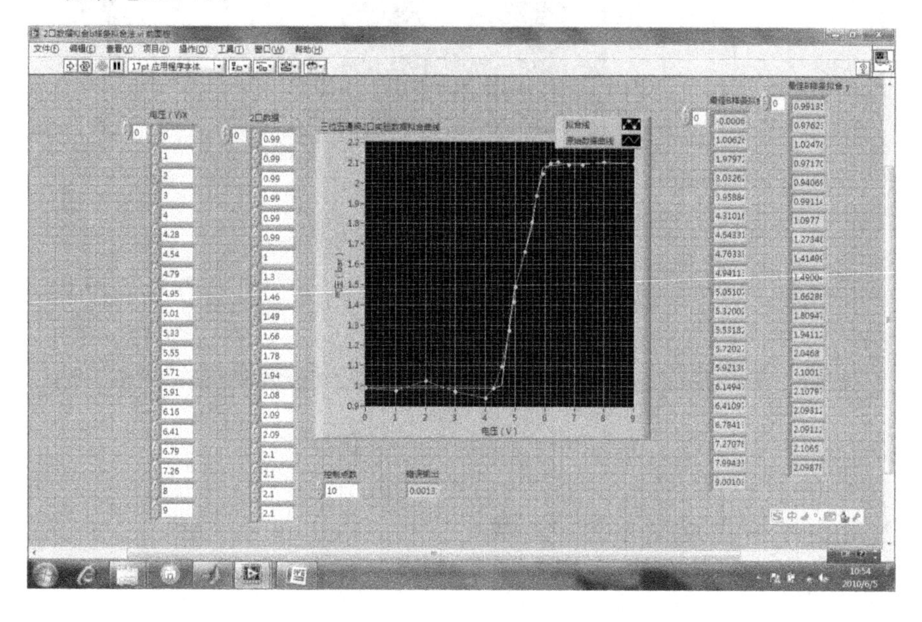

图 6-19　比例阀工作口 2 的标定曲线

同样对工作口 4 进行标定，标定数据如表 6-5 所示。

表 6-5　比例阀工作口 4 标定数据

控制电压(V)	0	1	2	3	4	4.28	4.54	4.79	4.95	5.01
输出电压(V)	2.77	2.74	2.72	2.70	2.70	2.70	2.67	2.30	1.94	1.86
控制电压(V)	5.33	5.55	5.71	5.91	6.41	6.79	7.26	8	9	
输出电压(V)	1.44	1.13	0.08	0.05	0	0	0	0	0	

将实验数据输入到标定程序，得到如下图 6-20 所示的曲线。误差均方根值为 0.011，所用多项式为 $y=1.3x^3-0.4x^2+0.03x+2.35$。

式中：y —— 传感器输出电压(V)；

x —— 输入的控制电压(V)。

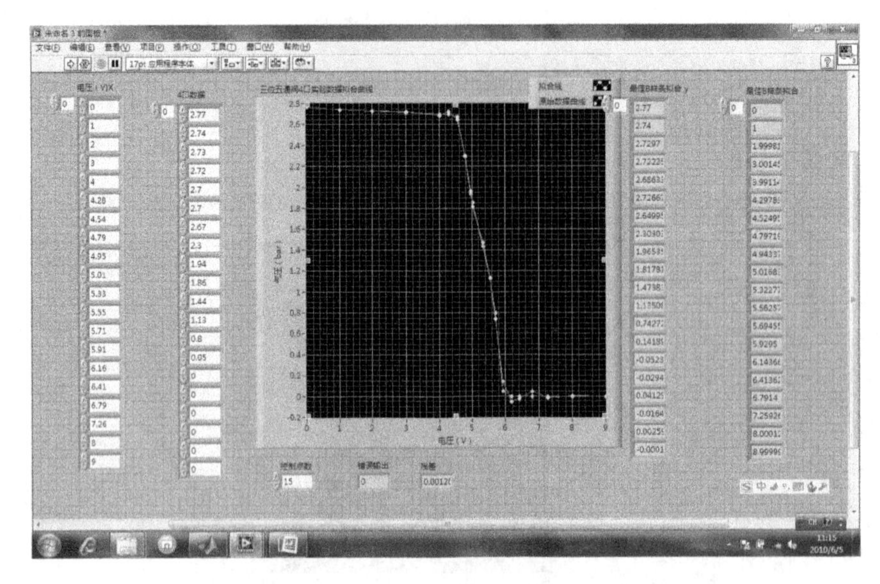

图 6-20 比例阀工作口 4 的标定曲线

6.7.4 气缸运动位置检测与控制结果

选择不同的 PID 参数时的控制结果如图 6-21 和图 6-22 所示，其中图 6-22 是选择比较合理的 PID 参数时得到的控制结果。

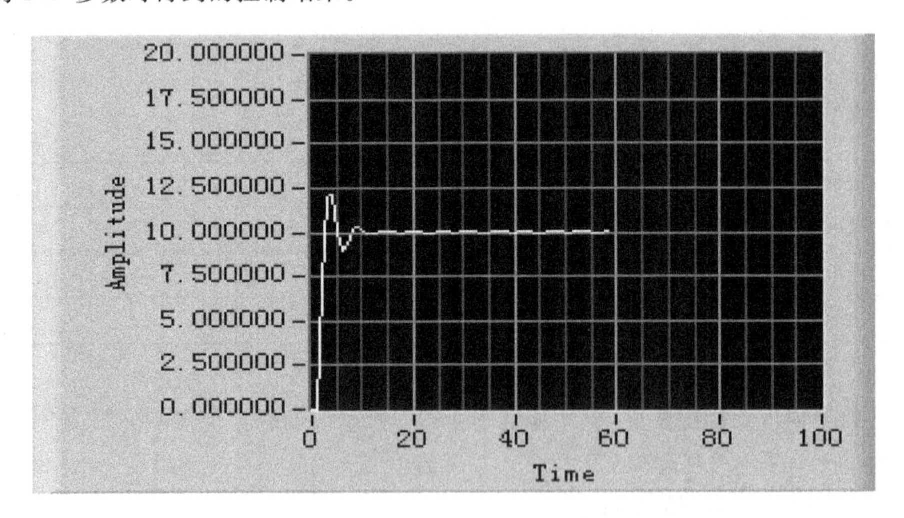

图 6-21 PID 参数选择不合适时的气缸位置控制结果图

从图 6-21 和图 6-22 可见，PID 参数的调节是否合适对气缸的位置控制的稳定性和准确性有直接影响。

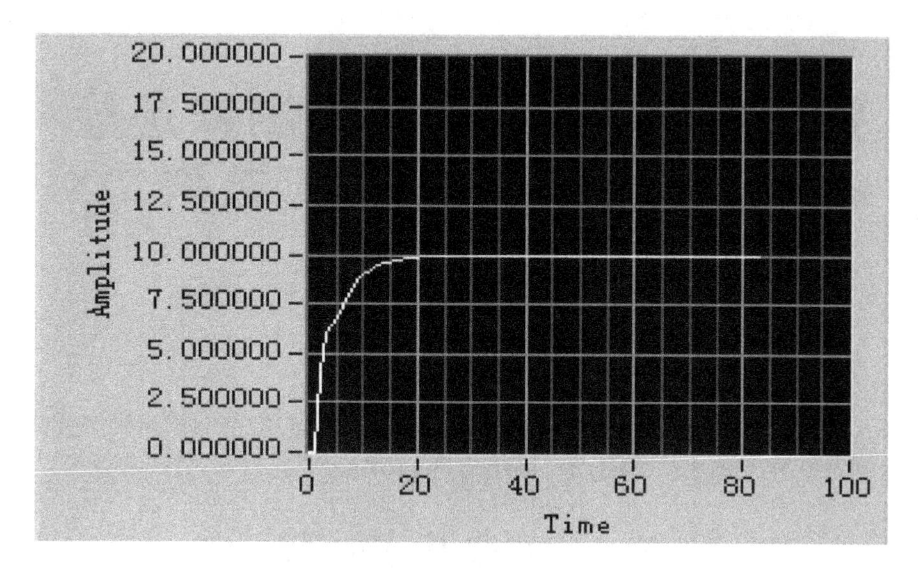

图 6-22　PID 参数选择较合适时的气缸位置控制结果图

6.8　实验结果分析

(1)从压力传感器和位移传感器的标定数据和拟合结果可见,两个传感器的线性度比较好,拟合后的直线方程的误差均方根很小。位移传感器在测量范围内的测量数据点与拟合曲线偏离很小,但是压力传感器在低压时的偏离较明显,这说明在具体实验中应避免直接利用压力传感器的低压测量段。

(2)对于三位五通比例阀而言,由图 6-19 和图 6-20 对比可以得出,当控制电压从 0 开始增加时,工作口 2 气压大于工作口 4,在大约 5V 左右两个工作口的气压大致相等,当控制电压超过 5V 时工作口 4 的气压大于工作口 2,所以就设定系统位置控制时的静态补偿电压为 5V,此时活塞两端气压相等,活塞静止。

(3)对于位置伺服系统 PID 控制而言,常规 PID 参数整定的理论方法要有对象准确的数学模型,但这对于大多数的工业控制系统是难以做到的。因此按工程上通常的做法,可以通过以下几种实验的方法来整定 PID 参数:①经验凑试法;②临界比例度法(又称稳定边界法);③衰减曲线法;④响应曲线法。本实验采用经验凑试法。经验法简单可靠,能够适用于各种控制系统,特别是干扰频繁、记录曲线不大规则的控制系统。

第7章 转子不对中检测和定量分析综合实验(范例二)

7.1 实验目的

通过实验学习和掌握采用涡流传感器进行转子间不对中的定量测试原理和方法;较熟练掌握转子间不对中的定量测试方案设计、系统构建、实现检测与分析的方法和技术。

7.2 实验基本要求

转子不对中是指相连接的两转子轴心线与轴承中心线之间的倾斜和偏移程度。转子不对中包括了转子的平行不对中、角度不对中或同时存在平行、角度不对中的综合不对中三种形式。平行不对中是指有不对中故障的两轴轴线平行,但在径向上不重合;角度不对中是指具有不对中故障的两个轴轴线间有一定的倾角;综合不对中是指即具有平行不对中,同时也存在角度不对中的情况。因此,不对中量包括平行不对中量和角度不对中量两部分。相应地不对中量检测也包括了平行不对中量和角度不对中量的检测。

本实验将在现有实验仪器、设备的基础上,对不对中量的测量问题进行分析和研究;运用已有的理论知识,提出转子不对中量定量化测量方法和完整的测试和分析方案;依据此方案组建实验硬件平台和相应的测试分析系统软件;完成实验测试并对测试数据进行分析和检测精度检验;最后总结和撰写实验报告。

7.3 实验条件

不对中实验台1台,电涡流传感器2只,信号端子板、数据采集器及相应的采集软件1套,电脑1台,千分表、磁力表座、米尺、电源、导线、分度纸盘等辅助工具1套。

不对中试验台如图7-1所示,由底板、支板、模拟转子、刻度盘和传感器安装支架等组成。两根模拟转子分别通过安装在地板上的四个"V"型支板支撑。四个"V"型支板,通过键和槽在底板上定位,并保持两根转轴在水平方向上对中。实验时可通过在支板下面垫一定厚度的铜皮来调节转子间在垂直方向上的不对中量。

实验用传感器为两只电涡流传感器,型号为CWY-DO-810504-00-05-50-02型(中国航空动力机械研究所科技开发中心生产,图7-2)。该传感器测量范围为0.37~1.37mm,对应输出电压为-2.0~-9.96V。标准灵敏度为8.00V/mm,非线性度为0.7%。

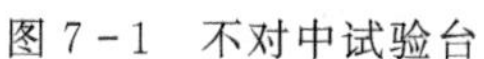

图 7－1　不对中试验台

图 7－2　CWY－DO 型电涡流传感器

信号端子板 PCLD880(图 7－3)是研华公司生产的用户可定制的信号预处理电路板。通过在电路板上焊装一定大小的电阻和电容可实现对信号的滤波预处理。

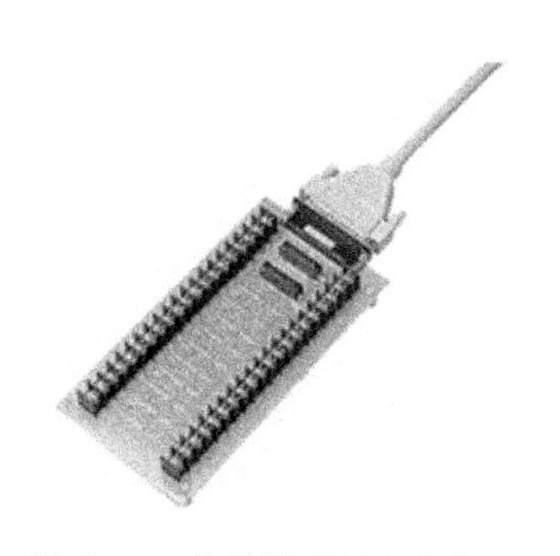

图 7－3　信号端子板 PCLD880

图 7－4　ARTUSB2085 数据采集卡

数据采集器如图 7－4 所示，为阿尔泰公司生产的 USB2085 数据采集卡。该数据采集卡通过 USB 接口与计算机进行数据和信息通讯，单端输入情况下具有 32 路的模拟输入通道。模数转换精度为 16 位，同时输入信号的幅度可以通过程控增益放大器调节到适合的范围，以保证最佳转换精度。其主要性能指标为：

(1)通道数　单端 32 路或双端 16 路模拟信号输入。

(2)输入量程　0～10V，±5V(默认)，±10V。

(3)转换精度　16 位。

(4)采样速率　最高 250 kHz。

(5)存储器深度　96K 字存储器。

(6)模拟输入共模电压范围　>±2V。

(7)AD 转换时间　1.25μs。

(8)程控增益　1、2、4、8(AD8251)或 1、2、5、10 倍(AD8250)。

(9)放大器建立时间　785ns。

(10)非线性误差　±3LSB(最大)。

(11)系统测量精度(满量程)　0.01%(满量程)。

7.4 检测原理

为了用电涡流传感器实现对平行不对中和角度不对中的同时检测，可设想将电涡流传感器固连到一个转子(假设为从动轴)上，然后转动该从动轴，用电涡流传感器测量其到另一个转子(假设为驱动轴)的表面的距离(如图 7－5 所示)。驱动转子上虚线表示的平面为与驱动轴轴线垂直的平面；传感器随从动轴转动测量时的运动轨迹所在的平面为用点画线表示的平面，它垂直于从动轴的轴线。当两转子间仅存在平行不对中时，传感器的运动轨迹在驱动轴垂直截面上的投影为一圆，但与驱动轴截面圆不同心；若驱动轴与从动轴间仅存在角度不对中时，传感器运动平面与驱动轴截面间存在一定夹角，即角度不对中。这时当测量传感器随从动转动一周时，其运动轨迹在与驱动轴垂直的平面上的投影为一椭圆(如图 7－6 所示)，传感器端面到被测量转子表面间的距离在转动一周测量过程中呈现出两个完整周期的变化。如果驱动轴与从动轴间同时存在平行不对中和角度不对中，这时测量传感器的运动轨迹在与驱动轴垂直的平面上的投影为一偏心的椭圆。

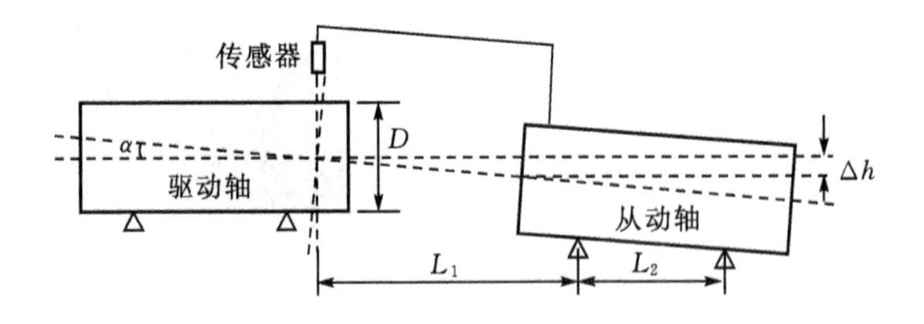

图 7－5　不对中检测原理

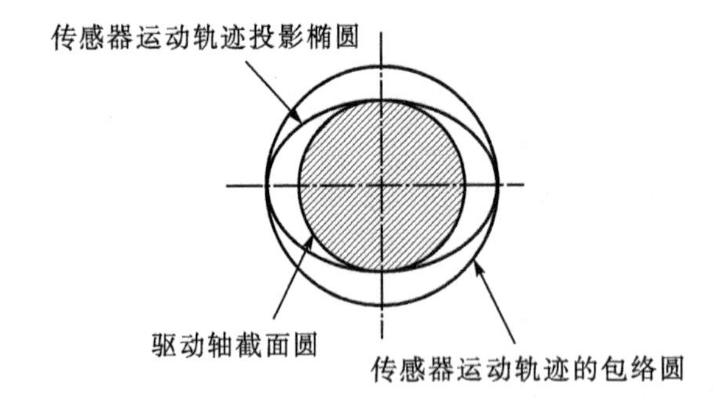

图 7－6　测量传感器运动轨迹的投影椭圆

为了实现对平行不对中量的检测，可通过对测量传感器运动轨迹在与驱动轴垂直的平面上投影椭圆中心偏移量进行检测，然后再根据测量装置的几何尺寸进行计算。由于平行不对中产生的偏心投影椭圆在测量间隙或电压数值上表现规律是随测量角度周期性变化的三角函数波形，周期与测量角度变化周期相同。因此，在后续的处理中需要将平行不对中对测量数据的影响消除掉；对于角度不对中量的检测，可先对投影椭圆进行拟合，然后根据椭圆长轴、短轴以及驱动轴的轴颈尺寸等计算角度不对中量的大小。为了同时估计角度不对中的方位角，可间隔一定距离再安装一个电涡流传感器，通过两个传感器测量运动轨迹的投影椭圆的位置差计算角度不对中的方位角。

实际中一般不对中量都很小。当不对中量较小时，测量间隙值变化近似为正弦或余弦变化。这样对传感器测量运动轨迹的投影椭圆的拟合可通过对三角函数幅值和相角的估计来实现。采用这个方法还可以对不对中量的计算方法进行简化。

根据以上检测原理设计的不对中量检测的总体实验方案如图 7-7 所示。不对中量检测实验方案分为以下几个部分：实验台调整和设定、传感器安装、信号预处理、信号采集、计算机数据处理五个部分。

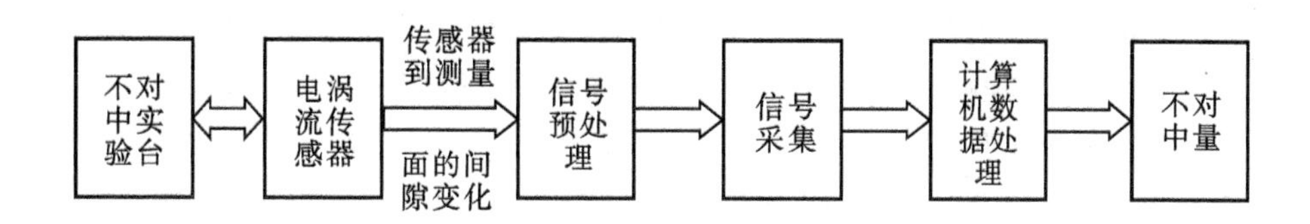

图 7-7　不对中量检测的总体实验方案

7.4.1　实验台调整和设定

利用提供的不对中试验台，按照实验台的几何尺寸，调整支板的位置和前后板的标高，使主动轴和从动轴在传感器测量面上存在一定量的平行或角度不对中。下面以角度不对中设定为例进行说明。先去掉驱动轴和从动轴支板下的垫片，用千分表和磁座对驱动轴和从动轴间的原始不对中情况进行校验。然后再按照要设定的不对中角度，根据从动轴支板的位置以及到测量面的距离，计算从动轴前、后支板的垫高量。假设拟设定的角度不对中量为 α（从动轴左端低、右端高），则根据图 7-5 中的几何关系可得出前后支板的垫高量计算式分别为

$$h_1 = L_1 \times \tan\alpha$$

$$h_2 = (L_1 + L_2) \times \tan\alpha$$

按照计算值对支板进行垫高和固定完成原始不对中定量的设定。

7.4.2　传感器安装

不对中测量传感器通过螺帽安装在试验台从动轴上传感器架的孔内。测量过程中传感器随从动轴转动，实现对不同的角度处间隙的测量。为了方便定位测量的角度，采用与驱动轴支架固定的分度纸盘来进行角度的辅助定位，以提高角度定位精度。

根据实验测量要求，平行不对中量测量的精度为 0.1μm，角度不对中量的检测要达到 0.1°。实验提供的传感器测量范围为 0.37～1.37mm，传感器灵敏度8.00mV/μm，对应输出电压为－2.0～－9.96V。在测量范围内电压随测量间隙的连续、线性变化，因此可实现高精度的间隙测量。

7.4.3　信号预处理

信号滤波处理可直接在信号端子板 PCLD880 上通过焊装适当的电阻和电容组成低通滤

波器来实现。实际测量时传感器要完成各个不同角度处间隙的测量,而在每个角度处测量时传感器静止不动,所以这里的低通滤波截止频率的选择尽可能小,直接测量静态电压即可。

为了进一步提高测量灵敏度和检测精度,可对信号进行适当放大。考虑到后续的信号采集器具有信号程控放大的功能,所以信号预处理部分仅对信号进行抗混叠滤波处理。

7.4.4 信号采集

信号采集采用提供的USB2085数据采集器,数据转换精度为16位,程控放大倍数可选择1、2、4、8。测试系统不对中检测精度的要求达到0.1μm。根据选择传感器的灵敏度8.00V/mm,相当于0.1μm对应的传感器输出电压为0.8mV。为了满足检测精度要求,输入信号的幅度可以通过程控增益放大器调节到适合的范围,以保证最佳转换精度。16位的AD转换器在输入电压范围为10V,程控信号放大倍数为1倍的情况下的量化电平为0.153mV/格。如果程控放大倍数设定为4时,AD转换的量化电平应为0.038mV/格。程控放大倍数设定为8时,AD转换的量化电平应为0.019mV/格。因此,设定程控放大4倍以上时,数据采集板能够满足数据采集精度的要求。

7.4.5 计算机数据处理

数据处理部分主要根据不对中测量原理,利用采集的数据计算平行不对中和角度不对中量。最基本的算法是根据测量数据建立测量传感器运动轨迹的投影椭圆,称为椭圆拟合法。该方法采用所有的测量数据进行计算,可减小单点数据的误差对计算结果影响,因此精度较高。在测量不对中量很小时,为了减小计算量、提高数据处理的速度,不对中量计算可采用傅里叶级数法和两点测量法。这两种计算方法均是椭圆拟合计算法的近似,计算量小,计算速度快。这三种方法可根据需要进行选择。

7.5 数据处理算法

按照前面的测量原理,平行不对中量是测量传感器运动轨迹的投影椭圆中心的偏移量。但是由于测量数据所在的坐标系是按照角度和半径组成的极坐标系,且在极坐标系下平行不对中对测量数据的影响是周期性变化的,直接进行估计平行不对中量计算量大。因此需要将该极坐标系转换到实际的轴线坐标,然后再进行投影椭圆中心的偏移量的估计。

假设测量数据平行不对中量的影响已经消除了,下面分别讨论三种角度不对中量的计算方法。

7.5.1 最小二乘椭圆拟合法

为了更好地说明驱动轴截面圆与传感器运动轨迹之间的几何关系,将传感器运动轨迹投影到驱动轴截面上。假设角度不对中存在于垂直方向(后续对算法的论述将以垂直方向存在角度不对中为例进行说明),这时传感器运动轨迹投影椭圆具有如图7-6所示的规律,即在最上方和最下方时传感器与驱动轴表面的距离最近;传感器在水平方向时距离驱动轴表面最远。反之若角度不对中存在于水平方向时,则传感器运动轨迹在最上方和最下方时传感器与驱动轴表面的距离最远；传感器在水平方向时距离驱动轴表面最近。外圆则为传感器运动轨迹的包络圆，即以探头到驱动轴轴心的最远距离为半径画成的圆。

由于电涡流传感器是负特性的，即测量距离越小测量电压值越大，测量距离越大测量电压值越小。所以当传感器处于最上方和最下方时，测量值电压最大；当传感器处于水平位置时测量电压值最小。设将驱动轴测量截面圆半径折合成测量电压值为 V_r，将传感器运动至不同角度处测量电压值加上折合电压 V_r 后，其随测量角度 β_1 的变化曲线如图 7-8 中的测量椭圆。它们之间具有以下的几何关系：

$$r_x = r\cos\beta_1$$

$$r_y = r\sin\beta_2 \approx r\sin\beta_1 \quad (R - r \rightarrow 0)$$

$$\beta_2 = \arctan[(R\sin\beta_1)/(r\cos\beta_1)]$$

$$r = R\cos\alpha$$

$$|OP| = r_x^2 + r_y^2 = r^2 + (R^2 - r^2)\sin^2\beta_1$$

因此当已知 r、R 及 β_1 时，可以计算得出传感器运动轨迹坐标 r_x、r_y，从而可计算出测量椭圆的参数。由于测量数据点多，所以可采用最小二乘法拟合测量椭圆的参数。得到测量椭圆的参数后可进一步计算角度不对中量与平行不对中量的大小。

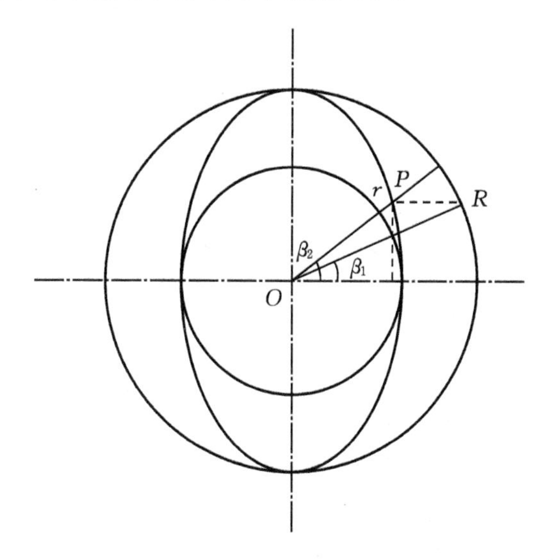

图 7-8　测量椭圆

驱动轴上测量截面处的平行不对中量可通过拟合椭圆的中心进行估计。角度不对中量可根据计算出的椭圆长半轴和短半轴值的大小，根据下面的公式进行计算。

$$\alpha = \alpha\tan\left(\frac{\sqrt{R^2 - r^2}}{R}\right)$$

角度不对中的方位角可存在于垂直于驱动轴线平面内 0°～360°的任一角度。为了得到角度不对中的方位角，可以通过两个传感器运动轨迹在驱动轴截面投影椭圆的短轴方向以及两个投影椭圆的位置关系来确定。

对消除了平行不对中影响的测量数据，加上测量轴半径得到测量轨迹半径数据 $\{\beta_i, y'_i, i = 1, 2, \cdots, N, 0 \leqslant \beta_i \leqslant 2\pi\}$。再对以上数据采用最小二乘方法进行椭圆拟合。最后根据拟合出的椭圆参数，计算椭圆短轴和长轴，进而计算角度不对中的量值。

7.5.2 傅里叶级数计算法

傅里叶级数计算法是一种简化计算方法，它是在不对中量很小情况下对最小二乘椭圆拟合方法的一种近似。设测量椭圆半径平方的表达式为

$$|OP|^2 = r^2\cos^2\beta_1 + R^2\sin^2\beta_1 = r^2 + (R^2 - r^2)\sin^2\beta_1$$

显然，$|OP| = r\sqrt{1+\frac{R^2-r^2}{r^2}\sin^2\beta_1} = r\sqrt{1+z}$，其中 $z=\frac{R^2-r^2}{r^2}\sin^2\beta_1$

当不对中程度很小时，R 和 r 非常接近，这时有 $R\approx r, z\approx 0$。所以按照泰勒级数对 OP 在 0 点进行展开，得到

$$|OP| = r\sqrt{1+z} = r\{1 + \frac{1}{2}z + \frac{1}{8}z^2 + \frac{\frac{1}{2}(\frac{1}{2}-1)(\frac{1}{2}-2)}{3!}1^{\frac{1}{2}}z^3 + \cdots\}$$

取前两项作为 OP 的近似值，并进行化简后可得

$$|OP| = r + \frac{R-r}{2} - \frac{R-r}{2}\cos(2\beta_1+\theta) = |\overline{OP}| + A\cos(2\beta_1+\theta)$$

其中，$|\overline{OP}| = r + \frac{R-r}{2}$，$A = -\frac{R-r}{2}$，$\theta$ 是与不对中的方向有关的相位角，R 是长轴半径，r 是短轴半径，β_1 是测量角度。

设不对中实验测量的各个角度 β_i 及对应点上加上驱动轴测量截面半径折合电压值后的测量值 $\{\beta_i,\ y_i\}$，$i=1,\ 2,\ 3,\ \cdots,\ m,\ 0\leqslant\beta_i<2\pi$。为了对测量数据进行建模，先对测量数据计算均值 $\overline{y}=\frac{1}{m}\sum y_i$，均值就是对 $|OP|$ 中恒定部分 $|\overline{OP}| = r+\frac{R-r}{2}$ 的一个估计。然后，可用去均值后的测量数据 $\{\beta_i,\ y'_i = y_i - \overline{y}\}$，$i=1,2,3,\cdots,m,0\leqslant\beta_i<2\pi$ 对上面公式中的波动部分进行估计。具体地，将轨迹半径数据向频率为 2β 的标准正弦和标准余弦信号进行投影，得到两个傅里叶级数的展开系数，最后根据展开系数计算幅值 A 和相位 θ。

为了实现对公式中后半部分余弦函数的幅值和相位估计，这里采用了基于傅里叶级数的幅值和相位估计方法。具体估计方法如下：

按照测量数据中 β_i 的取值，通过仿真方法产生一个标准的正弦信号 $\{\beta_i, S_i\}$，$i=1,2,3,\cdots,m,0\leqslant\beta_i<2\pi$ 和一个标准的余弦信号和 $\{\beta_i, c_i\}$，$i=1,2,3,\cdots,m,0\leqslant\beta_i<2\pi$。按照傅里叶级数展开思想，对周期性的测量信号 $\{\beta_i, y'_i = y_i - \overline{y}\}$，$i=1,2,3,\cdots,m,0\leqslant\beta_i<2\pi$ 可在频率 2β 展开，展开系数 a 和 b 为

$$a = \frac{1}{m}\sum_{i=1}^{m} y'_i c_i$$

$$b = \frac{1}{m}\sum_{i=1}^{m} y'_i s_i$$

根据 a 和 b 很容易计算出公式中的波动部分的幅值 $A=\sqrt{a^2+b^2}$ 和相位 $\theta = -\arctan(b/a)$。

7.5.3 两点计算法

两点计算法是对傅里叶级数计算法的进一步简化，该方法只根据两个点的测量数据计算角度不对中量 A 和 θ。同样利用 $\{\beta_i, y'_i = y_i - \overline{y}, i=1,2, 0 \leqslant \beta_i \leqslant 2\pi\}$ 作为对公式中波动部分的估计，由于在简化算法中只需要两个测点，因此 $i=1,2$，则 y'_1 和 y'_2 分别为：

$$y'_1 = A\cos(2\beta_1 + \theta)$$

$$y'_2 = A\cos(2\beta_2 + \theta)$$

$$\frac{y'_1}{y'_2} = \frac{\cos(2\beta_1 + \theta)}{\cos(2\beta_2 + \theta)} = \frac{\cos 2\beta_1 \cos\theta - \sin 2\beta_1 \sin\theta}{\cos 2\beta_2 \cos\theta - \sin 2\beta_2 \sin\theta}$$

整理后得

$$y'_1 \cos 2\beta_2 \cos\theta - y'_1 \sin 2\beta_2 \sin\theta = y'_2 \cos 2\beta_1 \cos\theta - y'_2 \sin 2\beta_1 \sin\theta$$

$$(y'_1 \cos 2\beta_2 - y'_2 \cos 2\beta_1)\cos\theta = (y'_1 \sin 2\beta_2 - y'_2 \sin 2\beta_1)\sin\theta$$

则有，

$$\theta = \arctan \frac{y'_1 \cos 2\beta_2 - y'_2 \cos 2\beta_1}{y'_1 \sin 2\beta_2 - y'_2 \sin 2\beta_1}$$

y'_1、y'_2、β_1、β_2 均为已知，因此根据上式可计算出 θ。

由于 $A=[y'_1/(\cos 2\beta_1+\theta)+y'_2/(\cos 2\beta_2+\theta)]/2$，所以将 θ 代入式中即可求出 A。若利用三个角度处的测量值进行计算，可用这一算法求解两次，求出两个 A 和 θ 后进行平均处理。

7.6 数据分析处理软件

不对中检测系统软件采用 LabVIEW 图形化虚拟仪器设计软件编写，利用 LabVIEW 功能强大、灵活、方便的特点，可快速开发和实现不对中检测系统中的各项功能。不对中检测系统软件主要实现功能是完成数据采集、数据计算和结果显示。不对中检测系统软件设计应包含以下几个部分。

7.6.1 数据采集程序的设计

数据采集模块实现测量数据的采集功能。设计时将根据 USB2085 数据采集卡的驱动程序，编写数据采集子 VI。这一模块的开发关键在于设备接口驱动程序和数据采集程序的编写。其中设备接口驱动程序包括设备对象操作函数和 AD 采样操作函数两部分。基于接口驱动程序和采集要求编写了数据采集子 VI。图7－9是数据采集模块的界面。

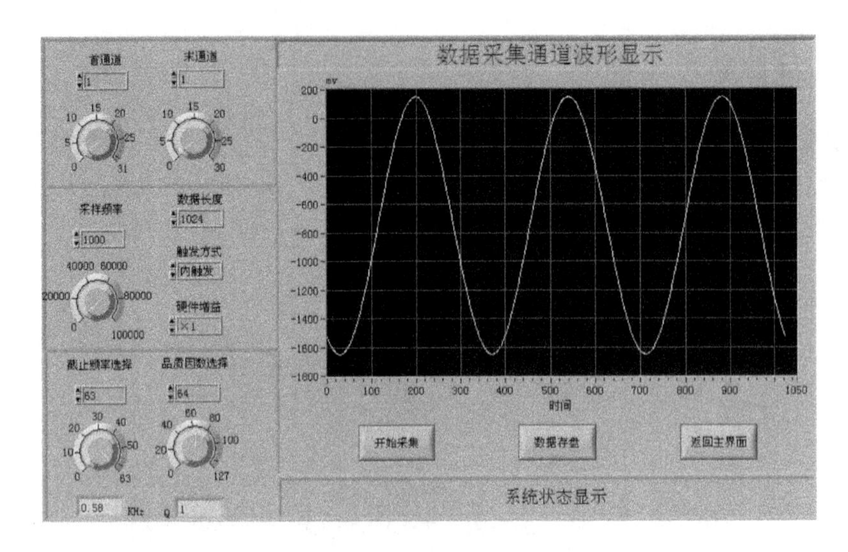

图 7-9　数据采集模块界面

7.6.2　不对中计算程序的设计

这一部分功能是对采集数据的处理和分析。功能上集成了三种不对中检测处理方法，包括了采用最小二乘法椭圆拟合的不对中量求解方法、基于傅里叶级数的不对中检测方法和不对中量的两点检测方法。系统软件的总体结构如图 7-10 所示。几种数据处理算法的 VI 程序见图 7-11、图 7-12 及图 7-13 所示。

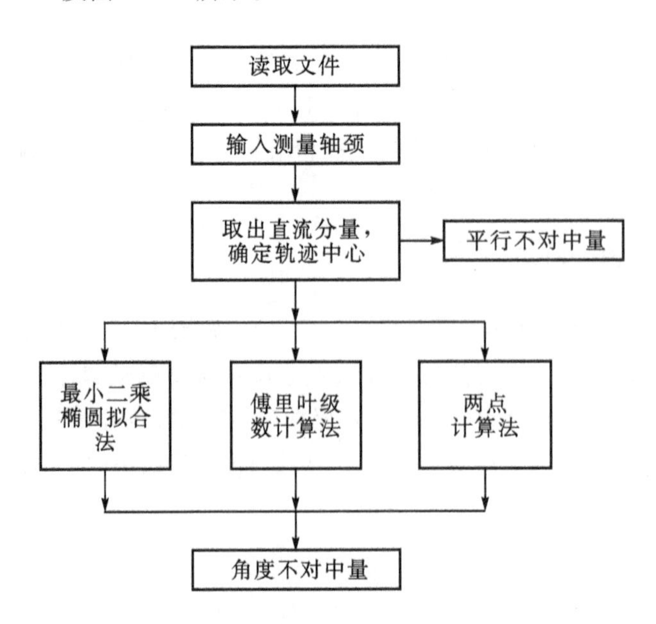

图 7-10　不对中计算程序的流程

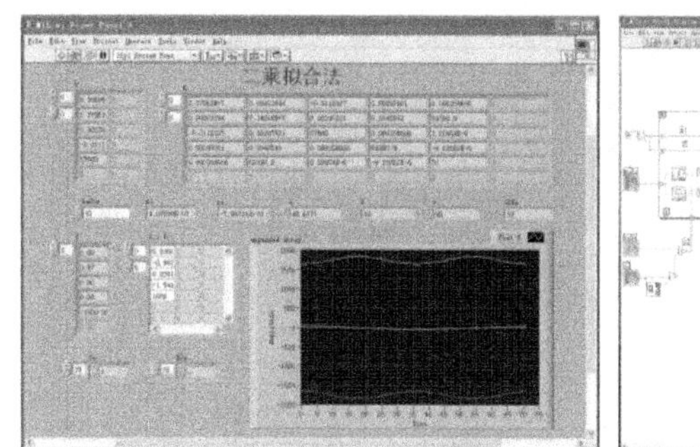

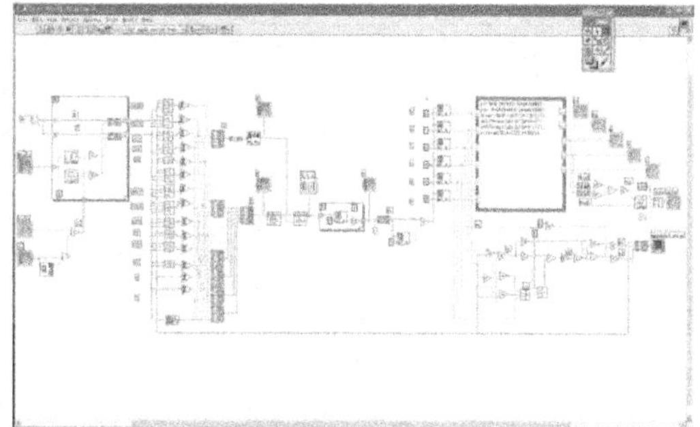

图 7-11　最小二乘椭圆拟合法子 VI 界面和后面板

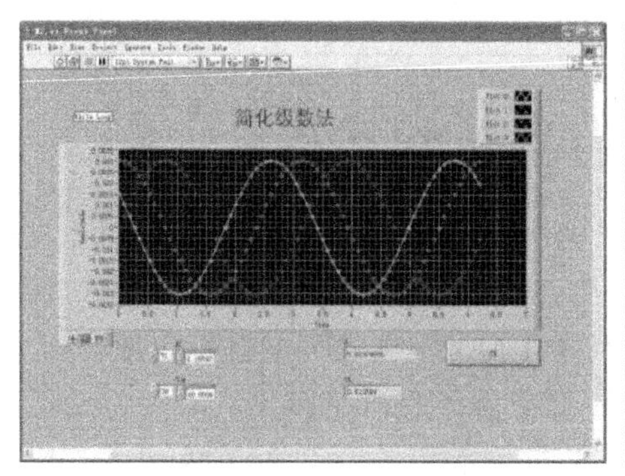

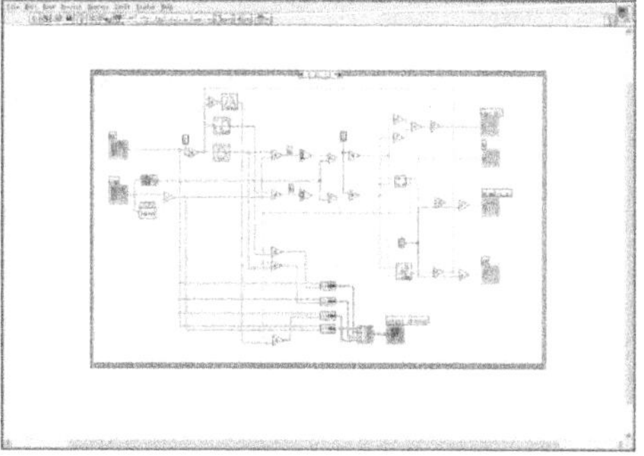

图 7-12　级数法子 VI 界面和后面板

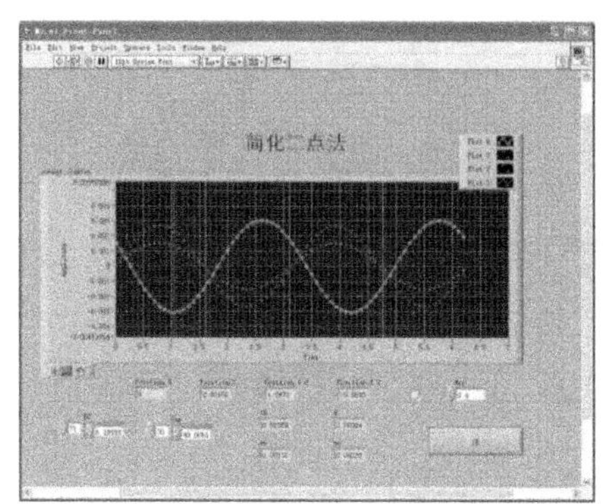

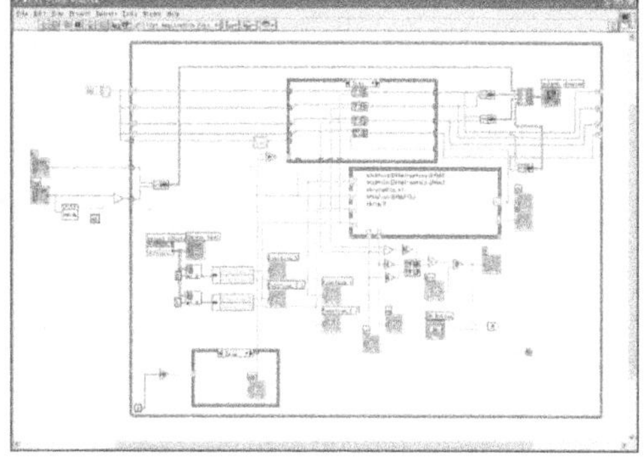

图 7-13　两点法子 VI 界面和后面板

7.6.3　主程序模块的设计

主程序模块主要完成对数据采集和三种不对中计算模块的调用。主程序模块的界面如图 7-14 所示。

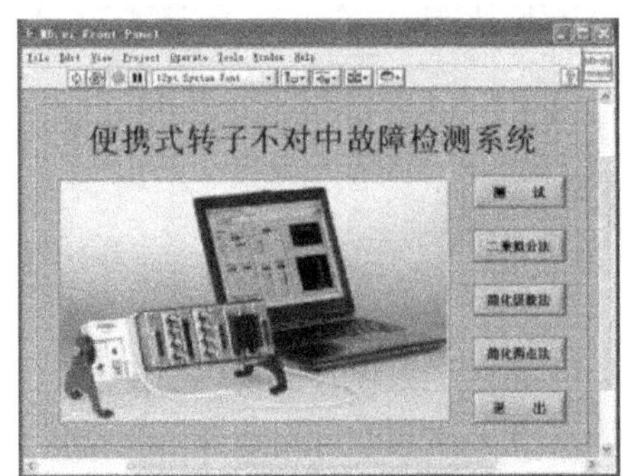

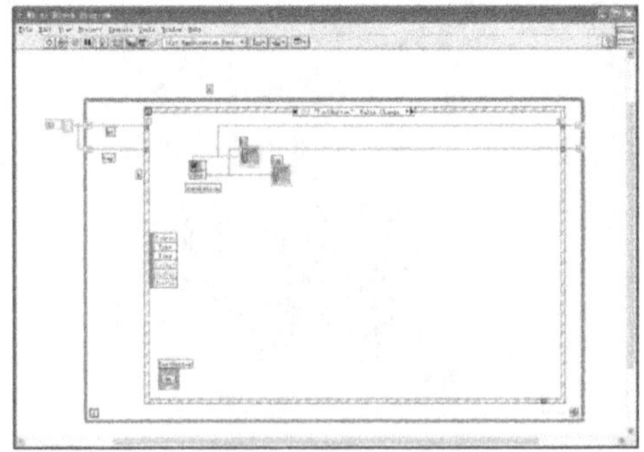

图 7-14　主程序界面和后面板

7.7　实验装置的调整和设定

实验台可完成角度不对中和平行不对中的测量，实验将对设定的角度不对中进行测量。由于实验台水平方向不能设置角度不对中，所以确定在垂直方向上的不对中进行实验测量。实验首先在实验台设定一定的角度不对中量，然后采用前面的实验方案进行测量。

本次实验设置的角度不对中量为 0.5°，角度不对中量设置通过调整从动轴的支架高低实现。根据试验台上支板间的位置关系以及相关公式进行计算，从动轴前支板和后支板的调整高度分别是 0.09mm 和 0.29mm。从动轴前支板和后支板垫高调整后的几何关系示意图如图 7-15 所示。

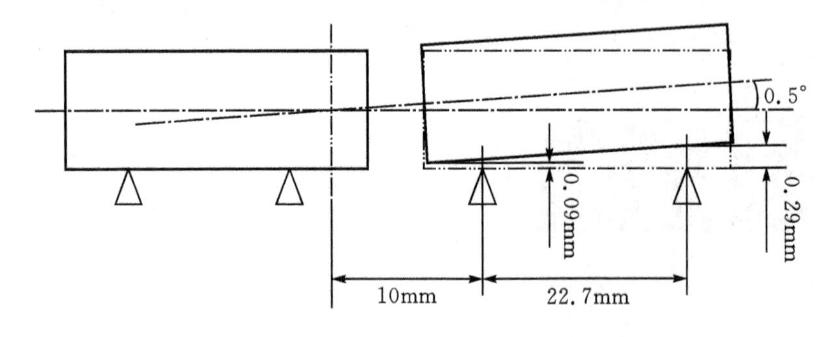

图 7-15　从动轴前支板和后支板调整示意图

7.8　实验数据及其分析

7.8.1　实验数据获取

实验台调整完成后，可进行角度不对中量的测试。由于实验台上从动轴没有驱动装置，所以实验测量只能用手动转动。角度不对中量测量实验时，手动依次将传感器支架和传感器沿圆转动，圆周每隔 5°测量一次间隙(如图 7-16 所示)，这样在整个圆周上测量的点数总共是

72 点。

消除测量数据中由于残余平行不对中的影响，画出测量数据随角度变化的曲线如图 7 - 17 所示。

图 7 - 16　不对中测量过程

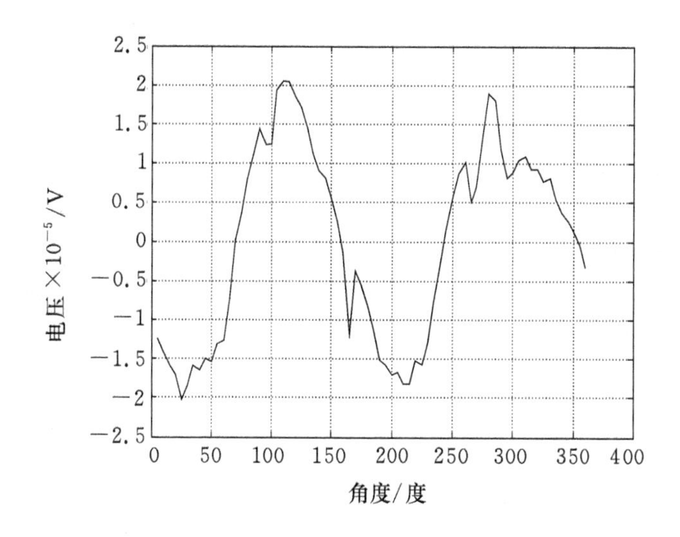

图 7 - 17　测量电压随角度的变化曲线

7.8.2　数据分析

实验台的轴径设计为 ϕ80mm，传感器通过专门设计的支架与从动轴相连。根据前面消除测量数据中由于残余平行不对中的影响后的数据进行计算，可得到测量轨迹投影椭圆的半长轴是 40.0015mm、半短轴为 40mm，角度不对中量为0.496°。尽管测量结果与实际设定存在误差，但误差较小。

实验测试是在两轴仅存在角度不对中情况下对角度不对中量大小的检测。实际应用中转轴间即存在平行不对中，同时也存在角度不对中。不对中检测应同时安装两个传感器进行测量，通过两个传感器的测量数据不但可计算出平行不对中量、角度不对中量，同时也可计算出角度不对中的方位角。

7.9 检测误差和原因分析

不对中检测系统主要误差来源包括AD采样的量化误差、检测过程中由于从动轴转动导致传感器测量端面到被测轴面的距离误差、不对中量计算方法本身的误差以及角度定位误差有关。

7.9.1 AD采样量化误差

检测系统采样AD的分辨率是16位，输入信号的范围10V，当程控放大倍数为1、4时的量化误差为0.0725mV、0.019mV，对应的测量误差为0.009 06μm、0.002 38μm。由于平行不对中量的测量是通过多点测量值计算的，存在平均效应量化误差的影响不大。

7.9.2 检测过程带来的误差

实验测量过程中引入的误差有两部分，第一部分是角度测量误差，第二部分是间隙测量误差。第一项误差中包含了粗大误差和随机误差两项。第二项误差主要是随机误差。实验后发现检测过程带来的误差较大，需要通过进一步改进测量过程来消除。

目前角度测量采用了人工定位方式，即手动方式转动轴使指针与分度盘上相应刻度重合的定位方法。所以角度误差与人为因素有关，尤其是粗大误差会对测试结果造成很大的影响。后续将改用角度传感器进行测量。

实际中检测过程转轴转动引起的测量传感器到测量轴表面距离的变化与转轴轴承间隙、转动速度等有关。滚动轴承的间隙很小，刚度很大，所以对于滚动轴承支承的转轴该项误差很小。对于滑动轴承支承的大型转轴由于重量较大，所以慢速转动引起的跳动也可忽略不计。所以测量中应尽量保持以较慢的速度转动，避免由转动跳动引起的误差。

7.9.3 测量原理和方法误差

实验中测量原理和方法误差主要有两部分。第一部分是原理性的误差，例如，在检测原理中在某些地方将β_1、β_2的近似人为相等，这样与水平轴夹角为β_1、β_2的直线与测量椭圆以及短半轴圆的几个交点认为是一个点。这会带来结果计算系统误差，只有当角度不对中量很小时该系统误差才能忽略。

第二部分是不对中量计算方法本身的误差，例如简化计算方法的误差，该误差也属于系统误差。这里以最小二乘拟合的简化计算方法为例进行系统误差分析。最小二乘拟合的简化计算方法中被测轴中心到传感器端面距离的表达式为

$$|OP| = r\sqrt{1+\frac{R^2-r^2}{r^2}\sin^2\beta} = r\sqrt{1+z}$$

其中，$z=\frac{R^2-r^2}{r^2}\sin^2\beta$。当角度不对中量很小时，$R$和$r$非常接近，这时有$R\approx r, z\approx 0$。所以按照泰勒级数对$|OP|$在0点进行展开，得到

$$|OP| = r\sqrt{1+z} = r\{1+\frac{1}{2}z+\frac{1}{8}z^2+\frac{\frac{1}{2}(\frac{1}{2}-1)(\frac{1}{2}-2)}{3!}1^{\frac{1}{2}}z^3+\cdots\}$$

取前两项作为OP的近似值，并进行化简后可得到前面的简化计算方法。略去的高阶项后引起的误差大小为

$$|\Delta_{OP}| = r\sqrt{1+z} - r\{1+\frac{1}{2}z\} = r\{\frac{1}{8}z^2 + \frac{\frac{1}{2}(\frac{1}{2}-1)(\frac{1}{2}-2)}{3!}1^{\frac{1}{2}}z^3 + \cdots\}$$

在被测轴半径为40mm，不对中角度在0.01°～5°时，利用简化方法计算得到的最大角度不对中量误差和相对误差分别为1.863×10^{-06}和-1.714×10^{-04}%。因此这部分误差也很小，可以忽略。详细计算数据如表7-1所示。

表7-1　简化计算误差

序号	实际角度(°)	半长轴(mm)	计算角度(°)	角度误差(°)	相对误差(%)
1	0.01	40.0000006	0.999×10^{-2}	6.770×10^{-09}	6.770×10^{-05}
2	0.05	40.0000152	0.509×10^{-1}	-7.712×10^{-09}	-1.542×10^{-05}
3	0.1	40.0000609	0.100	-3.348×10^{-08}	-3.348×10^{-05}
4	0.105	40.0000671	0.105	2.561×10^{-08}	2.439×10^{-05}
5	0.11	40.0000737	0.110	-5.500×10^{-08}	-5.000×10^{-05}
6	0.115	40.0000805	0.115	2.857×10^{-08}	2.484×10^{-05}
7	0.12	40.0000877	0.120	-1.761×10^{-08}	-1.467×10^{-05}
8	0.125	40.0000951	0.125	-4.647×10^{-08}	-3.718×10^{-05}
9	0.15	40.0001370	0.149	1.406×10^{-08}	9.373×10^{-06}
10	0.2	40.0002436	0.200	-3.427×10^{-07}	-1.714×10^{-04}
11	0.25	40.0003807	0.249	2.568×10^{-07}	1.027×10^{-04}
12	0.3	40.0005483	0.300	-1.093×10^{-07}	-3.644×10^{-05}
13	0.35	40.0007463	0.349	6.026×10^{-08}	1.722×10^{-05}
14	0.4	40.0009747	0.400	-1.013×10^{-07}	-2.534×10^{-05}
15	0.45	40.0012337	0.449	3.967×10^{-08}	8.815×10^{-06}
16	0.5	40.0015231	0.500	-1.022×10^{-07}	-2.043×10^{-05}
17	0.75	40.0034272	0.750	-1.035×10^{-06}	-1.380×10^{-04}
18	1	40.0060931	0.999	1.270×10^{-07}	1.270×10^{-05}
19	1.5	40.0137117	1.500	-4.556×10^{-08}	-3.037×10^{-06}
20	2	40.0243818	2.000	-1.184×10^{-06}	-5.919×10^{-05}
21	2.5	40.0381074	2.499	1.715×10^{-07}	6.859×10^{-06}
22	3	40.0548938	2.999	1.038×10^{-06}	3.461×10^{-05}
23	3.5	40.0747474	3.499	1.863×10^{-06}	5.323×10^{-05}
24	4	40.0976760	4.000	-1.637×10^{-06}	-4.092×10^{-05}
25	4.5	40.1236880	4.500	-1.178×10^{-06}	-2.618×10^{-05}
26	5	40.1527934	4.999	1.574×10^{-06}	3.148×10^{-05}

第8章 转子实验台振动和噪声测试综合实验

8.1 实验目的

针对机械转子实验台，能够较熟练地掌握机械动态信号(振动、噪声、转速、轴心轨迹等)测试方案设计、测试系统搭建、数据采集及信号处理的方法和技术。

8.2 实验基本要求

要求学生自行设计和构建机械转子实验台在工作条件下的动态信号(振动、噪声、转速、轴心轨迹等)测试方法，利用计算机测试系统采集实验台的振动和噪声动态信号，并且通过对测量的动态信号处理，分析转子实验台在工作中的动态特性。

(1)针对转子实验台对象，按照机械动态特性测试要求，完成机械振动和噪声的计算机测试方案设计；

(2)选用合适的振动和噪声测试传感器及其信号调理装置；

(3)构建计算机测试系统，掌握振动和噪声信号分析软件使用方法；

(4)自主完成转子实验台振动和噪声的测量、信号采集；

(5)通过信号分析得出转子实验台在不同转速下的振动和噪声时域波形及频谱，并对转子实验台的动态特性进行分析评价。

8.3 实验仪器设备

机械转子实验台及其调速系统，几种典型的振动、噪声、转速测量传感器(电涡流传感器、压电加速度传感器、速度传感器、光电传感器等)，以及信号调理仪器，机械动态信号采集分析软件，计算机等。

8.4 实验原理及方法

8.4.1 实验台转速及回转频率测量

采用光电传感器测量实验台转速。将反光纸贴在转速测量盘的表面，调整光电传感器的位置，使其前面的红外光源对准反光纸，在反光纸经过时传感器的探测指示灯亮，反光纸转过后探测指示灯不亮。当旋转部件上的反光贴纸通过光电传感器前时，光电传感器的输出就会跳变一次，测出这个跳变频率 f，即可得到转子实验台的转速。

8.4.2 转子实验台底座(或轴承座)振动测量

对于转子实验台底座或轴承座的振动测量,可采用加速度传感器和速度传感器两种方式进行测量,将加速度和速度传感器安装在实验台的底座或轴承座上,传感器的输出接到信号调理器相应的端口,再将信号调理器输出的信号接到数据采集器的相应通道,输入到计算机中。

启动转子实验台并调整转速,记录测得的振动信号波形及频谱,比较加速度与速度传感器所测得信号的特点;分析改变转子实验台转速后,测得的振动信号波形及频谱变化规律。

8.4.3 轴心轨迹测量

轴心轨迹是转子运行时轴心的位置,在不计轴的圆度误差情况下,将两个电涡流位移传感器相互垂直地安装在实验台转轴的同一截面内,并调整好两个电涡流传感器探头到转轴表面的距离,使从前置放大器输出的信号正好为0mV。这时转子实验台运转过程中两个传感器测量的就是两个垂直方向(X,Y)上的瞬时位移,合成为李沙育图形就是转子的轴心轨迹。

8.4.4 实验台噪声测量

为了分析转子实验台产生噪声的情况,可采用声级计近场测量转子实验台的噪声。在测量实验台振动信号的同时,测量其噪声信号,并同时输入数据采集系统,经过信号处理与分析,可得到转子实验台的噪声频谱、振—噪信号的相干函数。

8.5 测试方案设计要求和目标

根据实验目的和测试基本要求、以及所提供的实验仪器设备,具体设计出切实可行的转子实验台振动与噪声测试方案,画出实验系统框图,包括不同转速下的转子实验台轴承座和底座振动测试、轴心轨迹及阶次谱测试、转子实验台的噪声测试方案,并且能够采用合适的软件对测试数据进行处理和分析,得出转子实验台的振动与噪声测试结果,能够对转子实验台的动态特性进行分析评价。

8.6 测试系统搭建要求和目标

(1)安装转子实验台,调整好转子实验台的调速系统,保证转子实验台调速系统能够准确调速;

(2)根据实验要求,选择合适位置正确安装电涡流传感器,保证能够实现转子实验台的轴心轨迹及阶次谱测试;

(3)根据实验要求,选择合适位置正确安装加速度传感器和速度传感器,保证能够实现转子实验台的轴承座及底座振动测试;

(4)根据实验要求,选择合适位置正确安装噪声测量传声器,保证能够实现转子实验台的运行噪声;

(5)搭建并调试转子实验台的振动和噪声信号测试与信号调理系统。

8.7 数据采集要求和目标

将各种传感器测量的振动、噪声及转速信号正确接入数据采集器的对应通道,正确选择数据采集系统的通道参数和采样参数,实施采样振动信号、噪声信号以及转速信号,并保存所采集的数据,以供进一步的数据处理和分析。

8.8 信号处理与分析要求和目标

经过对转子实验台的振动和噪声及转速信号进行数据处理、时域分析与频域分析,得到转子实验台的临界频率、基座的结构振动响应频率、轴心轨迹、转子实验台的运行噪声等测试结果,并分析转子实验台的动态特性。

第9章　机械结构振动模态分析综合实验

9.1　实验目的

针对机械结构(简支梁或悬臂梁)的固有模态进行分析，了解几种常用的结构动态特性激励方法，掌握脉冲激振下机械结构固有模态的测试方案设计、测试系统搭建、数据采集及信号分析方法和技术。

9.2　实验基本要求

要求学生自行设计和构成机械结构固有模态的测试与分析实验方案，选用脉冲激振法，实现机械结构的固有模态测试与分析实验；采集在脉冲激振力作用下的机械振动信号和激振力信号，并且通过对测量的动态信号处理，分析简支梁或悬臂梁结构的模态参数和模态振型；能够较系统地总结所做的实验，并能够科学地分析实验结果。

(1)针对机械结构(简支梁或悬臂梁)对象，按照机械结构模态测试与分析要求，完成模态测试方案设计和组成；

(2)选择激振力和响应信号测量传感器及其信号调理装置，选择激振和测振位置；

(3)构建计算机测试系统，掌握模态分析软件使用方法；

(4)自主完成机械振动和激振力信号测量、信号采集以及模态分析；

(5)通过信号分析，得出简支梁或悬臂梁结构的频响函数(传递函数)、一阶和二阶模态的固有频率、模态振型、模态阻尼等，并对其固有特性进行分析评价。

9.3　主要仪器设备

简支梁和悬臂梁振动测试台架，机械动态信号测量与信号采集分析系统、压电式振动加速度传感器、脉冲锤及力传感器、信号调理仪器，计算机等。

9.4　实验原理及方法

本实验测试对象是弹性梁。实验原理及方法是：由力锤锤击被测机械梁结构，锤体内的力传感器与被测物体上的加速度计同时记录下脉冲激励与被测物体的响应，经电荷放大器放大并转化为电压，经数据采集接口部分输入计算机的采集分析系统。数据采集完毕后，采用信号分析系统，首先对数据进行传递函数分析，然后进入模态分析，根据振动理论，分析系统在确定阶数后，进行质量或振型归一，自动生成分析结果并可以生成振动的动画显示，各阶频率、模态质量、模态刚度、模态阻尼比同时列出。

9.5 测试方案设计要求和目标

根据实验目的和测试基本要求、以及所提供的实验仪器设备,具体设计出切实可行的机械梁结构振动固有模态测试方案,画出实验系统框图,包括锤击法脉冲激振系统、激振力与振动响应测量系统以及信号采集分析系统。具体制定出获得简支梁或者悬臂梁前三阶固有模态参数及振型的方案,并通过模态分析软件得到前三阶固有模态参数(频率、刚度、阻尼等),得到动画显示的振型图。

9.6 测试系统搭建要求和目标

(1)在振动模态实验台上安装好简支梁或者悬臂梁,根据前三阶模态振型要求,建立梁结构的几何模型,划分节点,布置激振点和测振点;

(2)根据实验要求,选择合适激振脉冲力锤,并将力传感器的输出信号接入信号采集器的力通道;

(3)根据实验要求,选择合适的加速度传感器,并将加速度传感器布置在机械结构梁的测振点上,加速度传感器的输出信号接入信号采集器的振动响应信号输入通道;

(4)连接并调试测力传感器、加速度传感器、信号调理器、数据采集器组成的实验系统,保证能够正确测量力与振动响应信号。

9.7 数据采集要求和目标

将力传感器测量的力信号及加速度传感器测量的振动响应信号正确接入数据采集器的对应通道后,正确选择数据采集软件系统的通道参数和采样参数,实施采样力信号与振动信号,并保存所采集的数据,以供进一步的数据处理和分析。

9.8 信号处理与分析要求和目标

(1)数据预处理　对采样完的实验数据重新进行回放计算频响函数。经过对测量的激振力信号、各测点的振动响应信号进行数据处理,首先得到各测点的振动传递函数曲线,对力通道的力信号加上力窗,适度调整好力窗的宽度,对响应信号加上指数窗。

(2)模态分析　在模态分析软件中自动创建矩形模型,输入模型的长宽参数以及分段数;打开节点坐标栏,编写测点号;导入频响函数数据,从实验得到的数据文件内,将每个测点的频响函数数据导入模态分析模块,并注意选择测量类型;进行模态参数识别,计算模态频率、阻尼、振型等。

(3)振型编辑　模态分析完毕,观察和保存分析结果,观察和保存模态振型的动画显示。

(4)动画显示　在振型表文件中选择不同的模态频率,显示出对应的模态振型动画。

第10章　距离(大位移)测量与分析综合实验

10.1　实验目的

熟悉几种常用测距离(大位移)传感器的测量原理及测量方法，针对距离(大位移)测量实验对象，能够熟练掌握距离(大位移)测量的方案设计、测试系统搭建、数据采集及信号处理的方法和技术。

10.2　实验基本要求

要求学生熟悉几种常用距离(大位移)传感器测量原理和方法；掌握超声波测距的原理和方法、电阻式位移传感器测量大位移的原理和方法；通过自主设计和组成超声波测距、信号采集和分析实验系统，完成实验对象的距离测量和数据采集分析实验；通过自主设计和组成电阻式位移传感器实现大位移测量、信号采集和分析实验系统，完成实验对象的大位移测量和数据采集分析实验。比较超声波传感器测距与电阻式传感器测量大位移两种方法各自的特点及应用范围。具体要求：

(1)了解电阻式位移测量传感器、光栅位移传感器、超声波位移传感器、红外光电位移传感器等大位移测量原理和方法；

(2)自主设计并组成采用超声波位移传感器进行距离测量、数据采集和分析的实验系统；

(3)自主设计并组成采用电阻式位移传感器进行大位移测量、数据采集和分析的实验系统；

(4)采用所设计的超声波距离测量实验系统测量和采集距离变化量，进行数据处理和分析；

(5)采用所设计和组成的电阻式大位移测量实验系统测量实验对象的大位移变化量，并进行数据处理和分析；

(6)分析比较几种位移传感器测量大位移方法各自的特点与应用范围。

10.3　实验仪器设备

距离(大位移)测量实验台，包括：电阻式直线位移传感器、光栅尺、超声波位移传感器、红外距离传感器，信号采集分析系统，计算机等。

10.4 实验原理及方法

10.4.1 超声波测距原理及方法

声波频率高于20 kHz的机械波称为超声波。超声波传感器的测距原理:超声波发射器向某一方向发射超声波,在发射时刻开始计时,超声波在空气中传播,途中遇到障碍物就立即返回来,超声波接收器收到发射波就立即停止计时。超声波传感器测量物体距离原理示意图如图10-1所示。

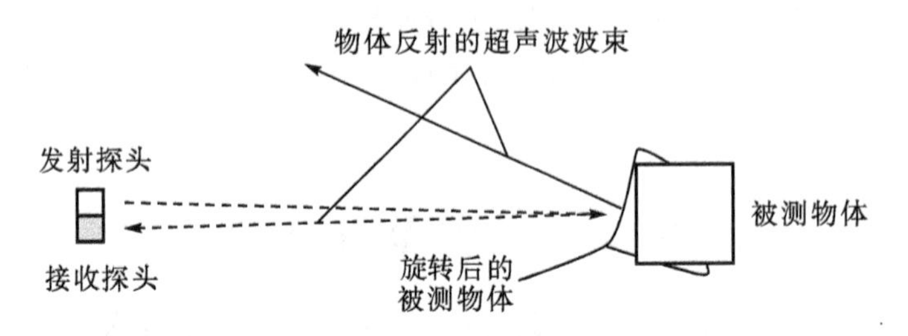

图10-1 超声波传感器测量物体距离原理示意图

设超声波在空气中的传播速度为340m/s,根据计时器记录的时间 t,就可以计算出发射点距障碍物的距离 S,即:$S = 340t/2$ 。

10.4.2 直线电阻式传感器测位移原理及方法

直线滑变电阻式传感器(又称电子尺,电阻尺)实际上就是一个滑变电阻器。随着压力滑块的运动,输出的电阻也随之变化,电阻阻值与滑块距零点的位置成正比。传感器的原理图如10-2所示。

利用滑变电阻器的滑块引出抽头对输入电压进行分解,假设出电压为0~+5V之间的模拟电压信号,传感器的输出特性为 $Y = KX$,如图10-3所示,其中 Y 为传感器的输出电压,X 为滑变电阻器中间抽头距零点的距离。

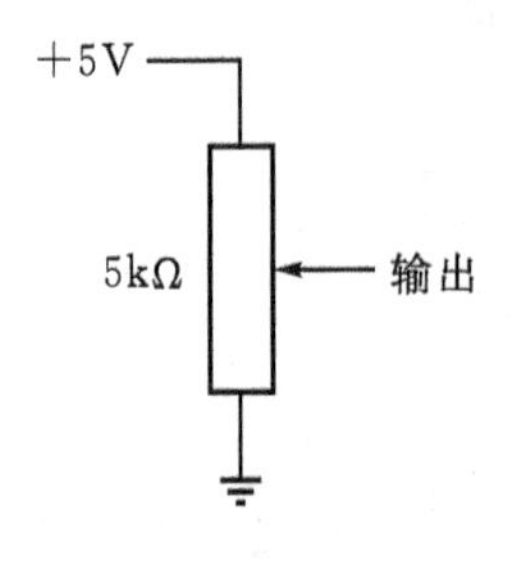

图10-2 直线滑变电阻式传感器

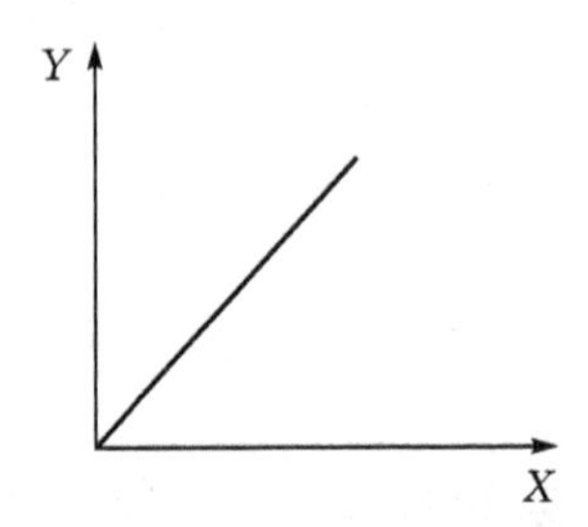

图10-3 电阻式传感器输出特性

10.4.3 红外光电式测距传感器原理及测距方法

红外光电式测距传感器是一种利用“三角原理”来进行测量距离的传感器。它的探头由一个红外发光二极管和一个 PSD(Position Sensing Device)所组成。如下图 10－4 所示。

图 10－4 红外光电式测距传感器

传感器使用”三角原理”来进行距离的探测。在红外发光二极管旁的 PSD 实际上是一个线性的 CCD 阵列,距离红外发光二极管 3/4 英寸(19mm)。利用 CCD 阵列接收到障碍物反射回来的红外线光来进行距离的测量。

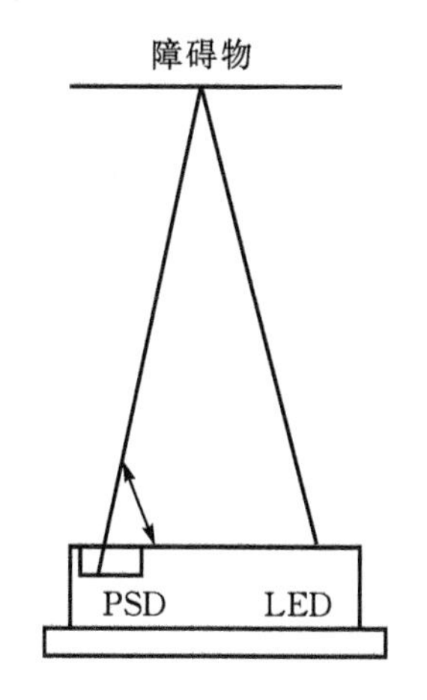

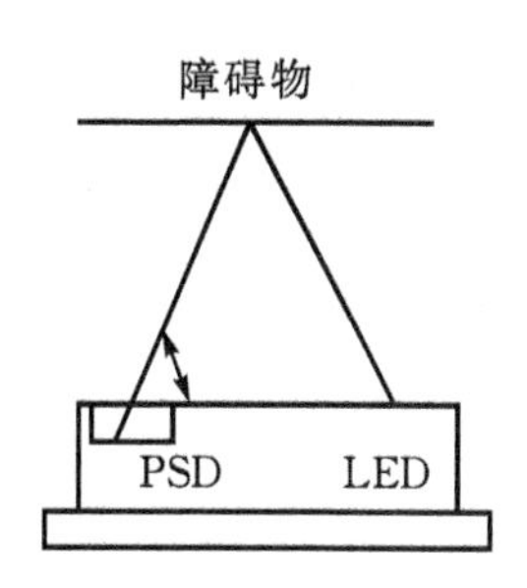

图 10－5 红外光电式测距传感器原理

如图 10－5 所示,随着障碍物距离的变化,LED 发射的红外线光被障碍物反射回到 PSD 的角度不同,根据 PSD 传感器探测到的红外线角度,就可以计算出障碍物到距传感器之间的距离。PSD 传感器判断入射角是使用 CCD 阵列来实现的。在 PSD 中排有一线性 CCD 阵列,障碍物的距离变化造成 PSD 传感器入射角度的不同,根据 PSD 中 CCD 阵列中接收到红外线光的 CCD 的位置,就可以计算出入射角。由于受到 PSD 传感器中 CCD 大小和 LED 距 PSD 之间的距离限制,红外光电传感器的探测距离受到限制,DRMNGD－A 传感器的探测距离为 10～80cm。此传感器输出为一模拟量,传感器输出和距离之间不是线性关系。

10.5 测试方案设计要求和目标

根据实验目的和测试基本要求,以及所提供的实验仪器设备,基于距离(大位移)测量实验台,具体设计出切实可行的直线距离(大位移)测试及分析实验方案,包括超声波测距方案、红外光电传感器测位移方案、电阻式位移传感器测量方案、光栅尺测位移方案等,画出实验系统框图。

10.6 测试系统搭建要求和目标

在距离(大位移)测量实验台上安装好超声波测距传感器、红外光电直线位移传感器、光栅尺、电阻式直线位移传感器,调整好距离移动装置,连接好信号调理变送及数据采集端口,并对整个距离(大位移)测试系统进行调试。

10.7 数据采集要求和目标

将几种测量距离(大位移)传感器测量的信号正确接入数据采集器的对应通道后,正确选择数据采集软件系统的通道参数和采样参数,实施几种传感器测量信号的同步采样,并保存所采集的数据,以供进一步的数据处理和分析。

10.8 信号处理与分析要求和目标

经过对几种距离(大位移)测量传感器所测量的信号进行数据处理,得到各自的位移测量结果,并对测量结果进行分析,比较几种传感器测量距离(大位移)的误差及应用范围。

第 11 章　模拟自动生产线检测综合实验

11.1　实验目的

通过本实验让学生掌握自动生产线上常用传感器的检测原理和应用方法，具体掌握自动生产线上物料检测、传动速度检测、物料分类检测和工位定位检测等综合测试系统设计、系统搭建、实现检测与分析的方法和技术；掌握计算机测试技术。

11.2　实验基本要求

(1)要求学生熟悉自动生产线上物料检测、传动速度检测、物料分类检测和工位定位检测常用传感器的检测原理和应用方法。

(2)通过自主设计并组成红外反射式传感器检测自动输送线上物料的测试系统，完成模拟自动输送线上物料的检测和数据采集分析实验；通过自主设计并组成电涡流接近式传感器检测金属物料的测试系统，完成模拟自动输送线上金属物料的检测和数据采集分析实验；比较红外反射式传感器与电涡流接近式传感器检测物料的各自特点及应用范围。

(3)通过自主设计并组成红外对射传感器检测自动输送线传送速度的测试系统，完成模拟自动输送线传送速度的检测和数据采集分析实验；分析红外对射传感器检测自动输送线传送速度的特点及应用范围。

(4)通过自主设计并组成运用红外反射式色差传感器检测和识别物体表面颜色的测试系统，完成模拟自动输送线上不同颜色物体检测与分类、及其数据采集分析实验；分析红外反射式色差传感器检测自动输送线上不同物体颜色特点及应用范围。

(5)通过自主设计并组成运用霍尔传感器进行定位检测的测试系统，完成模拟自动输送线上运动物体的传送工位检测与数据采集分析实验；分析霍尔传感器检测自动输送线上运动物体传送工位检测的特点及其应用范围。

11.3　实验仪器设备

DRCSX－12－B 型环形输送线实验台，它可以模拟自动生产线上物料的输送、检测工作。图 11－1 是该实验台的结构图。

实验台由外壳、链板(测试物品的载板)、链条、链轮、直流减速电机、传感器支架、链条张紧装置、传动装置、6 个测试样品(金属、塑料各三个，三种颜色)和传感器组成。其运行线速度为：4～5cm/s(12V)；1.6～2.2cm/s(5V)，外形尺寸：650mm×370mm×110mm；重量：5.5kg。图 11－2 是实物照片。

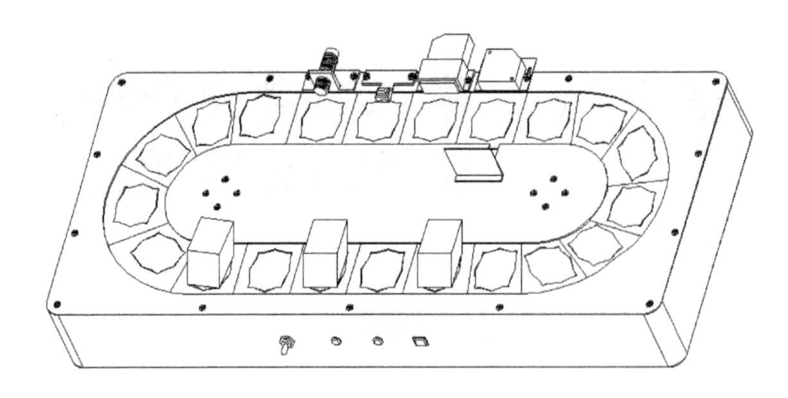

图 11-1 DRCSX-12-B型环形输送线试验台结构图

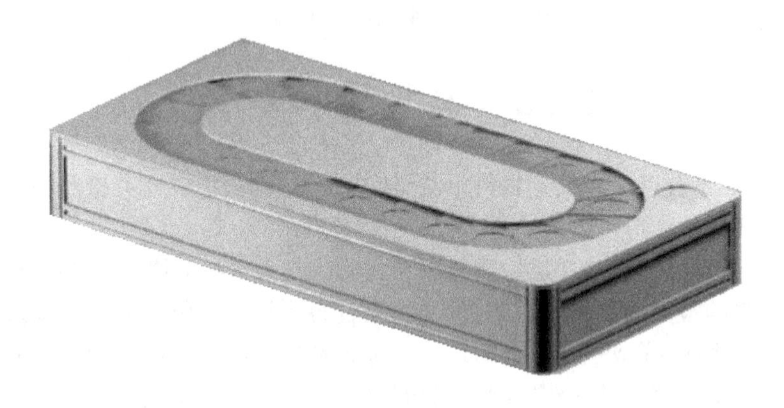

图 11-2 DRCSX—12—B型环形输送线试验台外观

在上述实验台上安装有:光电对射式传感器、红外反射式传感器、电涡流传感器、超声波传感器、色差传感器、应变力传感器、霍尔传感器等。

11.4 测试方案设计要求和目标

根据实验目的和测试基本要求、以及所提供的实验仪器设备,基于环形输送线实验台,具体设计出切实可行的采用红外反射式传感器进行物体检测的实验方案、采用电涡流接近开关测量的金属物体计数检测方案、采用红外对射式传感器测量输送线运行速度的方案、采用颜色识别传感器检测不同颜色的物体的方案,并画出实验系统框图。

11.5 测试系统搭建要求和目标

在环形输送线实验台上安装好光电对射传感器、红外传感器、电涡流传感器、超声波传感器、色差传感器、应变力传感器、霍尔传感器等,调整好环形输送线实验装置,连接好信号调理变送及数据采集端口,并对整个环形输送线测试系统进行调试。

11.6 数据采集要求和目标

将光电对射传感器、红外传感器、电涡流传感器、超声波传感器、色差传感器、应变力传感器、霍尔传感器等测量的信号正确接入数据采集器的对应通道后，正确选择数据采集软件系统的通道参数和采样参数，实时采样各个传感器测量数据，并保存所采集的数据，以供进一步的数据处理和分析。

11.7 信号处理与分析要求和目标

经过对光电对射传感器、红外传感器、电涡流传感器、超声波传感器、色差传感器、应变力传感器、霍尔传感器所测量的信号进行数据处理，得到各自的测量结果，并对测量结果进行分析，比较几种传感器测量的误差及应用范围。

第12章 多传感器转速测量综合实验

12.1 实验目的

熟悉不同转速测量传感器的工作原理,分析比较各种不同转速测量传感器的测量误差及优缺点,掌握分析比较方法,对不同传感器选配不同信号调理模块;根据测试要求掌握构建测试系统的基本方法,通过信号采集的实践,掌握模拟信号数字化基本方法。

12.2 实验基本要求

该实验为比较性综合实验,实验基本要求包括:

(1)要求学生掌握各种转速传感器的工作原理,根据原理独立安装各种传感器(磁电式传感器、光电传感器、霍尔测速传感器、电涡流传感器);

(2)针对不同传感器搭建信号调理电路(包括放大电路、滤波电路、整形电路等模块);

(3)连接数据采集模块,设计信号采集软件界面,完成整个信号采集系统的搭建;

(4)完成信号采集及处理软件设计,实现对信号有效存储和分析;

(5)通过四种传感器进行转速信号测量、分析,对比不同传感器测量转速的区别。

12.3 实验仪器设备

机械转子试验台及其调速控制系统,几种典型转速传感器:磁电式传感器、光电式传感器、霍尔传感器、电涡流传感器、转速编码器,NI ELVIS II 数据采集模块,信号放大模块、信号滤波模块、信号整形模块,计算机,labVIEW 软件。

12.4 实验原理

12.4.1 磁电式转速传感器

磁电式转速传感器是以磁电感应为基本原理来实现转速测量。磁电式转速传感器由铁芯、磁钢、感应线圈等部件组成的,测量对象转动时转速传感器的线圈会产生磁力线,齿轮转动会切割磁力线,磁路由于磁阻变化在感应线圈内产生电动势。磁电式转速传感器的感应电势产生的电压大小,和被测对象转速有关,被测物体的转速越快输出的电压也就越大,也就是说输出电压和转速成正比。

使用磁电式转速传感器(SZMB-5)测量转速需要在转轴上安装齿轮(带磁性)以实现传感器信号的输出,磁电式传感器输出波形近似为正弦波,60 r/min 时大于等于 300 mV,不需要供电。

12.4.2 光电式转速传感器

光电式传感器基本原理是以光电效应为基础，把被测量的变化转换成光信号的变化，然后借助光电元件进一步将非电信号转换成电信号。光电效应是指用光照射某一物体，可以看作是一连串带有一定能量的光子轰击在这个物体上，此时光子能量就传递给电子，并且是一个光子的全部能量一次性地被一个电子所吸收，电子得到光子传递的能量后其状态就会发生变化，从而使受光照射的物体产生相应的电效应。光电检测方法具有精度高、反应快、非接触等优点，而且可测参数多，传感器的结构简单，形式灵活多样，因此，光电式传感器在检测和控制中应用非常广泛。

使用光电式传感器(SZGB－8)测量转速需要在轴上面贴反光纸以实现传感器信号的输出，光电式式传感器输出波形高电平 5V，低电平 0V，供电 DC 12V。

12.4.3 霍尔式传感器

霍尔式转速传感器属于霍尔式传感器，是利用霍尔效应的原理制成的，利用霍尔效应使位移带动霍尔元件在磁场中运动产生霍尔电热，即把位移信号转换成电热变化信号的传感器。

霍尔效应是磁电效应的一种，霍尔效应的本质是固体材料中的载流子在外加磁场中运动时，因为受到洛仑兹力的作用而使轨迹发生偏移，并在材料两侧产生电荷积累，形成垂直于电流方向的电场，最终使载流子受到的洛仑兹力与电场斥力相平衡，从而在两侧建立起一个稳定的电势差即霍尔电压。

使用霍尔式传感器(HAL－506)测量转速需要在转轴(材料铁)上粘一块小磁钢，传感器固定在离磁钢一定距离内，对准磁钢 S 极即可进行测量，霍尔式传感器输出波形为矩形波，低电平有效，高电平接近供电电源，低电平≤0.5V，供电 DC 15V。

12.4.4 电涡流传感器

电涡流式传感器是根据电涡流效应制成的传感器。根据法拉第电磁感应原理，块状金属导体置于变化的磁场中或在磁场中作切割磁力线运动时(与金属是否块状无关，且切割不变化的磁场时无涡流)，导体内将产生呈涡旋状的感应电流，此电流叫电涡流，以上现象称为电涡流效应。

使用电涡流传感器(OD－Y911801)测量转速需要在转轴开槽实现信号输出，电涡流式传感器输出波形近似为正弦波，电压输出 1～5V，供电 DC 15V。

12.5 测试方案设计要求和目标

根据实验目的和测试基本要求，以及所提供的实验仪器设备，具体设计出切实可行的不同传感器转速测量方案，画出实验系统框图，包括不同传感器安装要求及信号采集及信号处理系统方案，转速精度对比计算方案，并能够利用 LABVIEW 软件对测试数据进行处理和分析，得出不同传感器转速测量结果，能够对不同转速传感器的精度和适用范围进行评价。

12.6 测试系统搭建要求和目标

(1)调试转子试验台,保证试验台正常运转,正常增速和减速,并能在某一转速下稳定运转;

(2)根据实验要求,选择合适位置正确安装磁电式转速传感器、光电转速传感器、霍尔传感器、电涡流传感器,保证信号正常输出;

(3)根据实验要求,正确搭建信号采集及信号调理硬件系统;

(4)根据实验要求,在 labVIEW 正确编写信号处理程序,正确处理数据,得出传感器转速测量结果。

12.7 数据采集要求和目标

将各传感器的信号正确接入数据采集器对应通道,正确选择数据采集系统的通道参数和采样参数,实施各传感器信号的正确采集和保存,以供进一步的数据处理和分析。

12.8 信号处理与分析要求和目标

经过对各传感器的信号进行滤波、时域分析、频域分析、计数运算等得到各传感器在不同转速下的测量结果,与编码器的真实转速进行对比,得出各传感器转速测量误差,根据传感器本身原理特性,分析误差原因,得出各传感器适用工况和参数特性。

第三层次：测试技术创新实验

本层次的实验是为学有余力的学生提供的测试技术创新性实验指导内容，测试技术创新实验项目主要是以开放实验的形式完成。首先是结合工程实际问题或者科研训练项目，提出具有探索性的测试问题，明确实验的目标，介绍现有的解决该测试问题的测试方法，并介绍现有的实验条件，明确实验创新的思路和要求，并对测试创新实验预期结果报告的撰写提出要求。学生通过本层次的实验学习和实践，能够大大提高创造性地分析和解决测试技术问题的能力。

第13章 气缸摩擦力测试与自动补偿实验

（测试创新实验案例一）

13.1 测试问题

气缸作为气动系统中最常见的执行机构，以其结构简单、容易维护、控制方便、成本相对较低、响应较快等优点，广泛地应用于工业自动化生产线、气动机器人和机械手等各种场合，但是这些场合往往需要提供的是低速驱动，此时气缸的低速性能显得尤为重要，而气缸的摩擦力特性往往是影响气缸的低速运动平稳性、运动定位精度、以及非线性的最主要因素之一。测量气缸运动的摩擦力，进而有针对性地采取摩擦力的补偿措施，改善气缸的摩擦力特性，避免气缸的爬行现象出现，是实现气缸运动的精确定位和伺服控制需要解决的工程实际问题。

13.2 实验目标

以无杆双作用气缸为实验对象，结合传感器技术、气动技术、虚拟仪器技术以及伺服控制技术，设计气缸运动摩擦力测试与补偿系统方案，搭建气缸摩擦力测试、补偿及其精确伺服控制实验系统，开发气缸摩擦力补偿与伺服控制软件，通过检测气缸运动过程中位移和气压的变化量，实现气缸运动过程中摩擦力的补偿和精确伺服控制。

13.3 气缸摩擦力测试方法

13.3.1 影响气缸运动稳定性的主要因素

影响气缸运动定位精度的因素很多，比如气体的可压缩性、系统的润滑状况、摩擦力、气体泄漏、温度的影响;如果再考虑到气缸运动伺服控制系统,还包括各传感器的误差、控制算法的好坏等等。下面对气缸运动过程定位精度影响最明显的因素加以分析。

气缸在低速运动或微位移运动时会出现运动速度不均匀现象,这种现象就是气缸出现了爬行。爬行对气缸运动定位精度影响很大,国内外对低速爬行的研究较多,爬行机理的实验和理论研究表明:爬行是一个多因素综合决定的动力现象,而摩擦力是一个最为关键的影响因素,综合考虑产生爬行的因素如图 13-1 所示,可见摩擦力是影响气缸运动稳定性的主要因素。

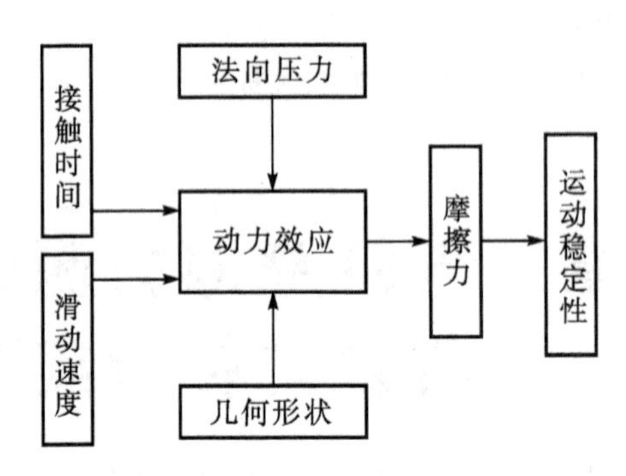

图 13-1　综合考虑产生爬行的因素示意图

13.3.2　气缸摩擦力测量方法选择

气缸摩擦力测量方法可分为两种:①采用气压驱动，实时测量活塞两端进气腔和排气腔的压力,根据摩擦力和活塞上气压力的平衡方程来间接计算出静、动摩擦力，可称为气缸摩擦力的间接测量法，简称间测法;②采用外部牵引驱动，外部驱动元件与气缸之间通过力传感器连接，采集力传感器的输出，结合运动方程获得气缸的静、动摩擦力，可将该方法称为直测法。由于采用气压驱动的间测法驱动方式比较简单，目前较多地采用间测法进行气缸摩擦力测量。因此,本案例中选择间接测量方法实现气缸摩擦力的测量。

13.4　气缸运动摩擦力测试原理

气缸运动时,气缸活塞的运动方程为:

$$M\frac{\mathrm{d}^2 x}{\mathrm{d}^2 t} = A_1 p_1 - A_2 p_2 - F_f \tag{13-1}$$

式中：　M —— 活塞、活塞杆及驱动部件的质量(kg);

x —— 活塞位移(m),p_1、p_2 两腔内压力(Pa);

A_1、A_2 —— 缸腔两侧活塞作用面积(m^2)。

其中,气缸摩擦力 F_f 是非线性的,当活塞运动速度为零时,摩擦力表现为静摩擦力,当气缸开始运动时,静摩擦力快速下降而变为动摩擦力,此后的摩擦力变化可表示为速度的函数。

由于影响气缸摩擦力的因素很多,所以直接测定气缸内的摩擦力比较困难,该创新实验是采用上述间接测量方法,即由计算机通过 D/A 给电-气比例伺服控制阀一定的信号,改变气缸的运动状态,压力传感器将气缸两腔的压力变化通过 A/D 传输入到计算机,同时通过位移传感器测试气缸的位置变化,并通过将位移曲线对时间求导得出气缸的运动速度及加速度,根据公式(13－1)通过计算可得出气缸的摩擦力大小。气缸摩擦力测量与实时补偿系统实验原理图如图 13－2 所示。

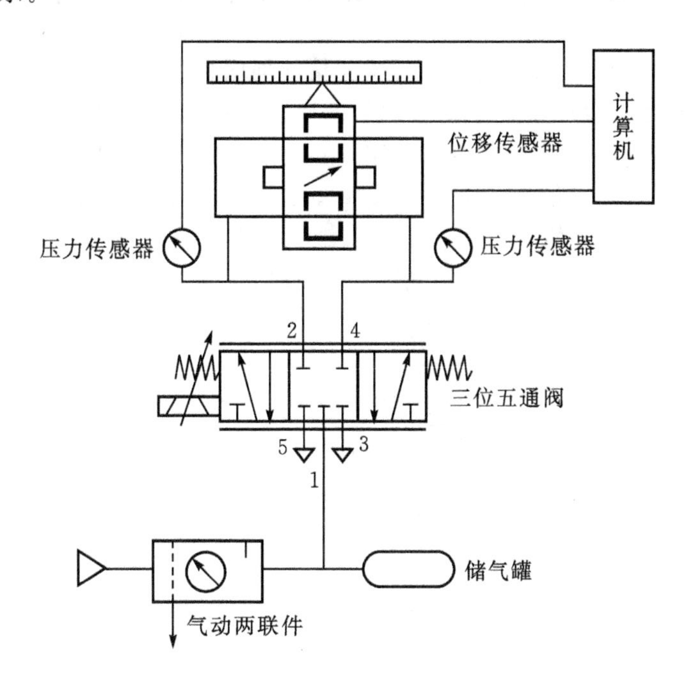

图 13－2　气缸摩擦力测量实验原理图

根据以上所测得的曲线理论上应采用静摩擦、库仑摩擦、粘滞摩擦模型，在实验中将其简化为采用以下模型：

$$F_f=\begin{cases}F_c(v>0,\ e_{ss}>0)\\-F_c(v>0,\ e_{ss}<0)\\F_s(v\leqslant 0,\ e_{ss}>0)\\-F_s(v\geqslant 0,\ e_{ss}<0)\end{cases}\tag{13-2}$$

由于测量过程中正反向摩擦力不太一样根据实际情况改为：

$$F_f=\begin{cases}F_{c1}(v>0,\ e_{ss}>0)\\-F_{c2}(v<0,\ e_{ss}<0)\\F_{s1}(v\leqslant 0,\ e_{ss}>0)\\-F_{s2}(v\geqslant 0,\ e_{ss}<0)\end{cases}\tag{13-3}$$

式中：F_{c1} —— 前进时的库仑摩擦力(N)；

F_{c2} —— 回程时的库仑摩擦力(N)；

F_{s1} —— 前进时的静摩擦力(N)；

F_{s2} —— 回程时的静摩擦力(N)；

V —— 速度(m/s)；

e_{ss} —— 期望位移与实际位移之差。

由此可见，通过测量气压 P、位移量 x，并且计算出位移偏差 e_{ss}，就可以确定气缸运动摩擦力 F 的大小和方向。

13.5　摩擦力测试与补偿实验系统创新设计思路

为了解决气缸运动摩擦力测量与实时补偿及精确伺服控制的问题，首先对摩擦力测试与补偿的实验系统进行创新设计，构思在无杆气缸运动伺服控制系统中，增加摩擦力补偿项，实现气缸运动摩擦力测量与实时补偿及精确伺服控制。本实验尝试采用气缸摩擦力动态实时补偿，其基本思路是以系统的定位精度$|e_{ss}|<e_{min}$（e_{min}为定位误差阈值）为目标，根据误差 e_{ss}、误差变化阈值 e_{min}，通过神经网络对权值进行在线修正，调整摩擦力补偿修正量，从而实现摩擦力的实时补偿。图13－3是气动比例阀控气缸系统的控制原理框图。

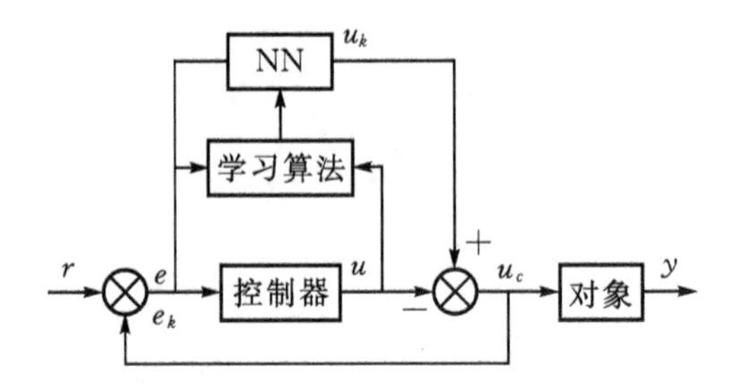

图 13－3　气动比例阀控气缸系统的控制原理框图

其中控制器为 PID 控制器，u 为控制器输出，u_0 为通过神经网络自身学习计算得到的值，u_c 为补偿后的控制量。表达式为：

$$u_c = u + u_0\,\mathrm{sign}(u)$$

u_0 应选定一初始值。关系式如下：

$$u_0(k) = u_0(k-1) + \Delta u_0(k)$$

$$\Delta u_0(k) = A[e(k) - e(k-1)] + Be(k) + C[e(k) - 2e(k-1) + e(k-2)] \quad (13-4)$$

其中，A、B、C 的值由神经网络权值确定。$e(k) = r(k) - y(k)$ 为系统的执行机构对控制信号的跟踪误差；控制的目的就是通过在线调节网络权值，使得性能指标函数 $E(k) = [r(k) - y(k)]2/2$ 极小化。其中，$r(k)$ 为系统输入，$y(k)$ 为系统输出。

根据确定的摩擦力间接法测量原理，以及摩擦力实时补偿与控制思路，气缸运动伺服控制采用改进的 PID 算法。通过搭建气缸摩擦力测试与补偿控制实验装置，开发摩擦力动态实时补偿与控制软件，即可实现气缸运动摩擦力测试与实时补偿。

13.6　实验系统软件创新设计与系统搭建

设计的实验系统中包括实验装置的硬件部分和软件部分，其中实验装置的硬件部分通过合理选择传感器、控制阀和数据采集器等进行系统集成，而实验系统的软件部分是通过开拓性的自主设计实现，根据要求软件部分需要包括数据采集模块、伺服控制模块、摩擦力补偿模块以及数据处理模块等。

13.6.1 气缸摩擦力测试与补偿伺服控制软件系统框图

气缸摩擦力测试与补偿伺服控制软件系统框图如图 13-4 所示，下面按照模块方式设计每一部分的软件程序。

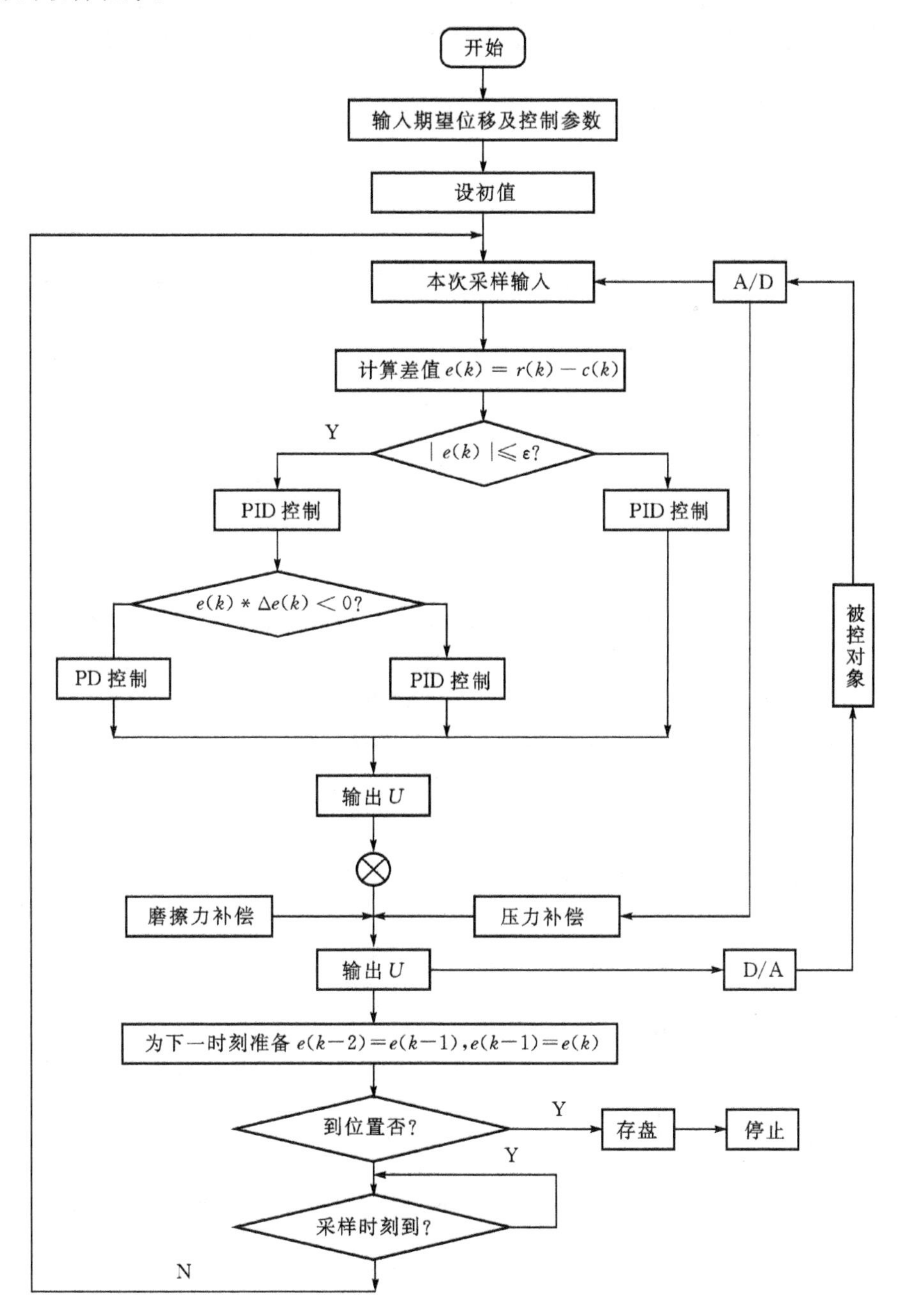

图 13-4　气缸摩擦力测试与补偿伺服控制系统软件框图

13.6.2 数据采集输入输出软件设计

数据采集输入和输出模块采用 PCI9111DG 软件包中自带的 PCI－LabVIEW 采集函数库中的 NUDAQ 模块，简单易用，能执行基本的模拟量输入、模拟量输出、数字 I/O，以及计数器/定时器操作以及出错处理等。采用 LabVIEW 图形化程序设计软件开发实验应用软件。单通道数据采集部分程序编写如图 13－5。

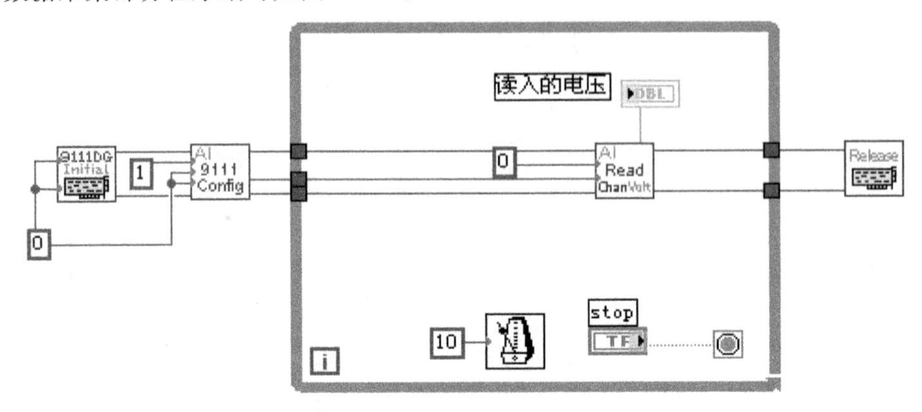

图 13－5　数据采集程序

说明：在以上程序中 10 为设置采样周期为 10ms，通过 while 循环来实现，分辨率取为 12 位的，根据实验情况和卡的型号选取的电压输入范围为－10～10V。根据 PCI－9111 卡模块功能说明书输入各个子程序参数，模拟量输入程序中，9111DG Initial 用来对卡的初始化且默认为 12 位的分辨率，输入两个 0 分别表示卡内编号和初始化数据采集错误参数。AI 9111 Config 用来设置 A/D 触发来源，AI Read Channel Volt 用来设置输入通道号为 0，输入范围为－10～10V。

数据输出部分如图 13－6 所示，在模拟量输出程序中，AO Write Channel Volt 设置输出通道为 0。

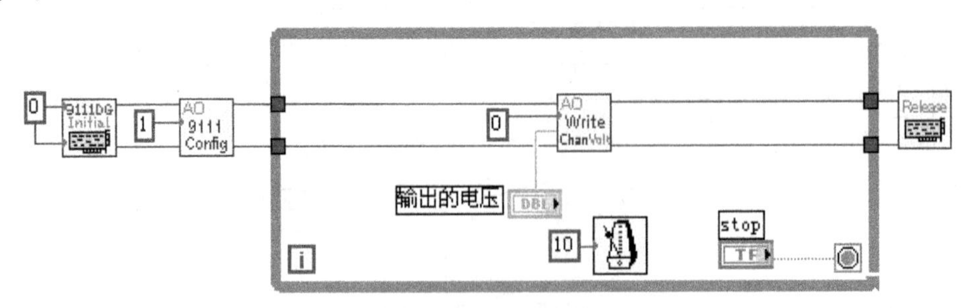

图 13－6　数据输出程序

多通道数据采集软件设计：

由于本实验中要用到的不止位移反馈，还要用到压力。故要进行多通道采集，多通道采集同单通道相似但多了几个 AI Read Channel Volt 模块，以采集位移及三位五通阀两工作口气压为例，程序如图 13－7 所示。

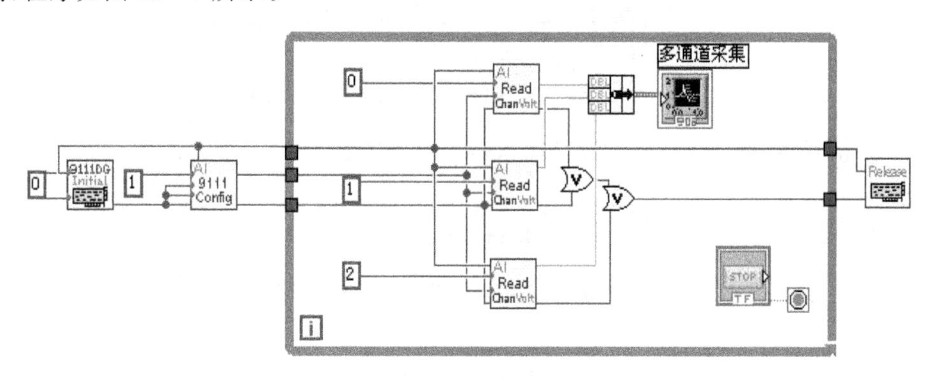

图 13－7　多通道数据采集程序

其中有三个 AI Read Channel Volt 模块通道分别设为 0，1 和 2，对应的将位移及两工作口气压压力传感器输出端分别接在端子板的 C1，C2 和 C3 上，工作过程为首先 9111DG 和 AI9111Config 初始化板卡，接着由一个 While 循环实现数据连续模入并将采集结果显示在波形显示器上，在其他程序中还可以直接对数据进行相应的处理，最后通过 stop 停止采集并释放板卡资源。

至此数据采集部分完成，下面主要是控制程序也是实验的核心部分的编写。

13.6.3　气缸伺服控制与摩擦力补偿软件设计

根据前述气缸摩擦力的补偿原理、改进的 PID 控制方法，采用 LabVIEW 图形化程序设计软件开发气缸伺服控制与摩擦力补偿软件，其中改进的 PID 控制部分程序如图 13－8。摩擦力补偿的部分软件如图 13－9 所示。

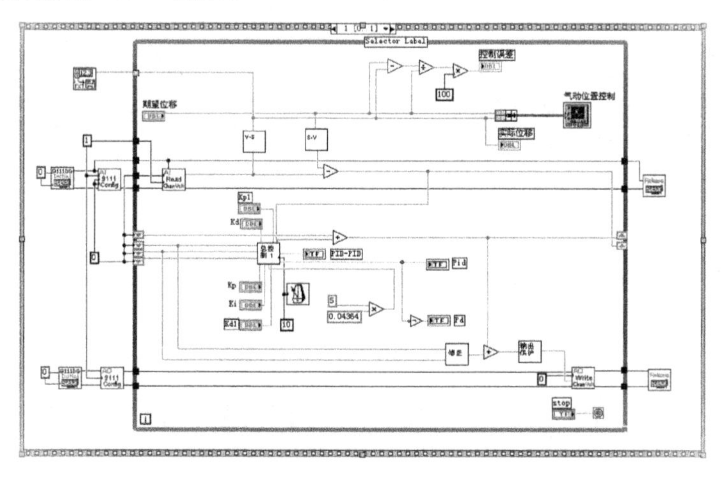

图 13－8　改进 PID 控制程序

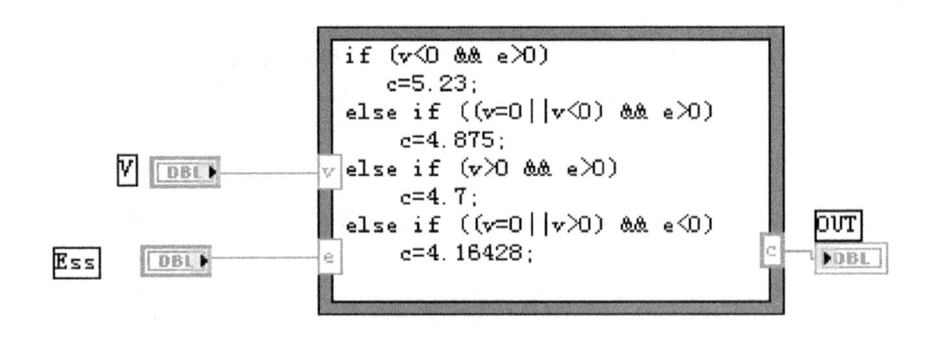

图 13－9　摩擦力补偿的部分软件

13.6.4　气缸摩擦力测试和补偿及伺服控制实验系统搭建

设计和搭建的实验系统如图 13－10 所示。三位五通阀控制气缸两侧气压变化,气压值由两个压力传感器测出输入计算机,位移由位移传感器测出。

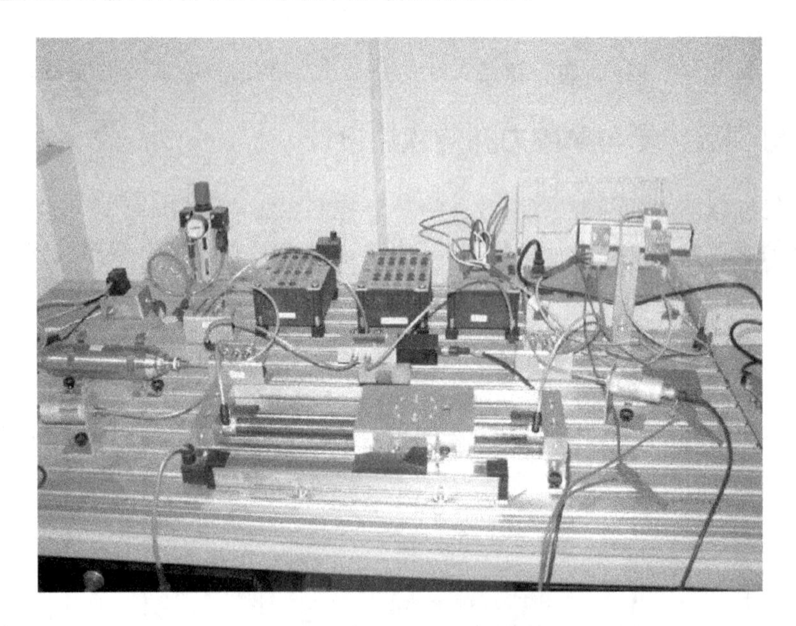

图 13－10　气缸摩擦力测量与补偿及伺服控制实验系统图

13.7　气缸摩擦力测试与自动补偿伺服控制

13.7.1　气缸摩擦力的测试结果

实验中利用编制好的程序控制滑块由静止滑动到指定位置(比如从 50～150mm),运行完毕后程序将记录下来各个时刻所对应的位移和活塞两侧的压力值并且存入数据文件之中,再调用摩擦力数据处理程序,得到图 13－11 所示实验曲线,它表征了气缸摩擦力随速度变化的关系。这与理论上的“静摩擦、库仑摩擦、粘滞摩擦模型”很相似，开始的时候为最大静摩擦力，当气压克服静摩擦力以后滑块开始运动，由静摩擦降至库仑摩擦，之后随速度增大摩擦力不断上升，处于粘滞摩擦状态，在这过程中由于传感器误差、活塞气缸接触表面摩擦系数的不均等曲线有些波动，最后滑块停止回到静摩擦力状态。

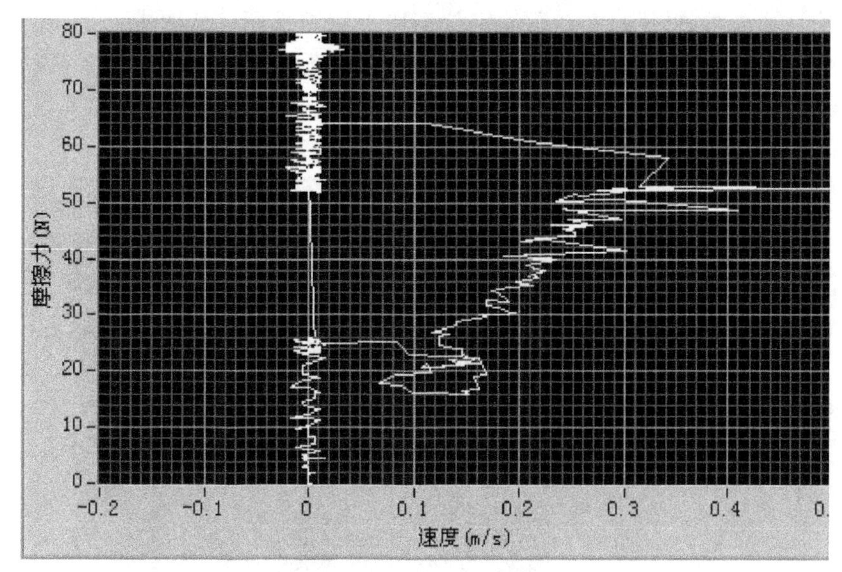

图 13-11　气缸摩擦力随速度变化关系实验曲线

利用摩擦力数据处理程序还可以得到摩擦力与位移之间的关系如图 13-12 所示，利用它可以测算出静动摩擦力的大小。

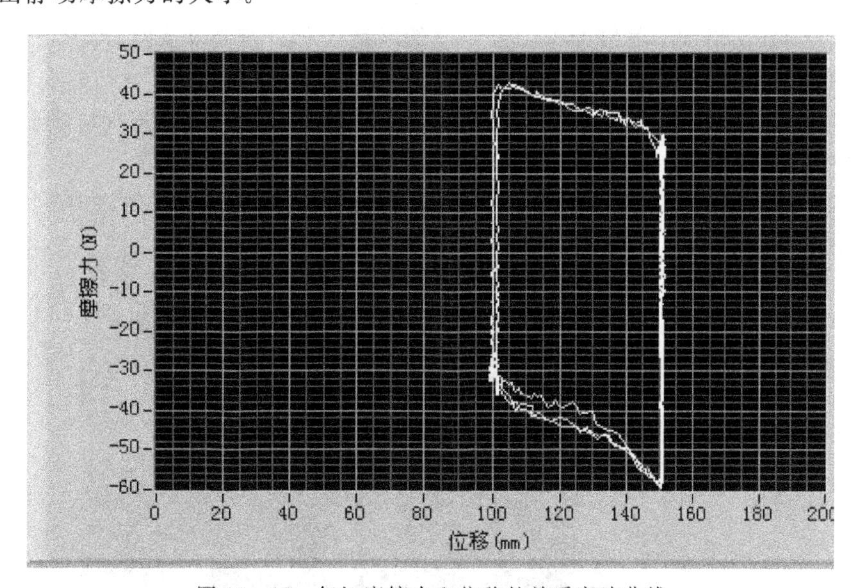

图 13-12　气缸摩擦力和位移的关系实验曲线

13.7.2 气缸摩擦力补偿实验结果分析

为了验证气缸摩擦力补偿效果,在无杆气缸运动伺服控制系统中,增加了摩擦力补偿项,气缸运动伺服控制采用了改进的 PID 算法。图 13-13 为采用没有增加气缸摩擦力修正项的增量式 PID 控制算法时,得到的气缸运动定位伺服控制结果图。从图中可见,在气缸从零位开始运动到目标位置(100mm)时,由于摩擦力的作用出现了明显的爬行现象,特别是接近目标位置的一段时间气缸的爬行现更为明显,甚至出现了气缸暂短停止运动现象,气缸运动伺服控制的定位精度为 1.2%。

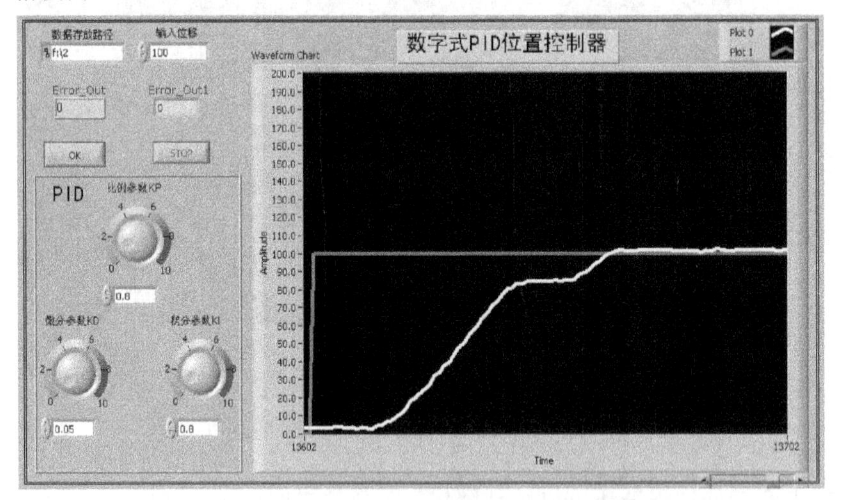

图 13-13 无摩擦力补偿时气缸运动控制效果

图 13-14 为采用增加了气缸摩擦力修正项的增量式 PID 控制算法时,得到的气缸运动定位伺服控制效果图。从图中可见,在气缸从零位开始运动到目标位置时,由于进行了摩擦力补偿,气缸运动位置控制曲线没有出现停顿现象,气缸运动平稳,既没有出现气缸爬行现象,气缸运动定位精度控制在 0.41%。

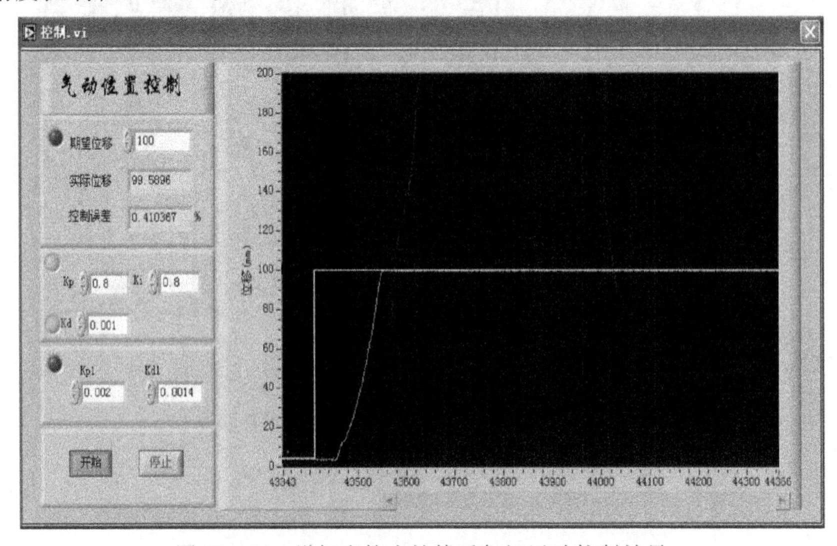

图 13-14 增加摩擦力补偿后气缸运动控制效果

由上述实验结果可见，在气缸运动伺服控制算法中增加了气缸运动摩擦力补偿项后，气缸运动平稳，没有出现爬行现行，气缸运动伺服控制的定位精度提高二倍以上。

13.8 实验预期结果

气缸摩擦力测量的方法有直接法和间接法，由于间接法采用气压驱动的方式比较简单，测量气缸两端的气压和活塞的位移信号也比较容易，具有较好的实际可操作性及工程适用性，所以本案例旨在选择间接测量方法作为实现气缸摩擦力测量的方案。根据测试问题和需要达到的实验目标，确定实验系统创新设计思路，进而创新设计气缸摩擦力测试与补偿及伺服控制系统软件，集成搭建了实验系统装置。采用所设计的实验系统，实现气缸摩擦力的测量和实时补偿及伺服控制，大大提高气缸运动定位精度，达到了预期的测试目标。

第14章　基于光纤位移传感器的滑动轴承油膜厚度测量实验

(测试创新实验案例二)

14.1　测试问题

大型旋转机械从本体结构上来看，是一个典型的多轴承支承、多跨距的复杂转子-轴承动力学系统。这种系统广泛地应用于我国的航空、石化、电力、冶金机械、机械制造等领域，成为国防事业乃至国民经济发展中举足轻重的关键机电设备。目前，这些设备正朝着大容量、重载化方向发展，如某核电机组，采用直径850mm的轴承，轴承载荷达148吨；某轧机的轴承直径达1000mm，载荷达1000吨。其中，滑动轴承因其具有结构简单、承载能力大、良好的耐冲击性、良好的吸振性、运转平稳、旋转精度高、使用寿命长等优点，作为一种非常重要的支承系统广泛应用于这些设备中。在这些设备工作过程中，高速转子与静子(轴承)组成的利用流体动压效应所生成微米级的动态油膜，不仅要承担百吨甚至千吨的转子系统重量，还要抵御各种外界激励和干扰力，因此在相关行业和领域将油膜厚度作为表征滑动轴承承载能力和动力稳定性的最重要物理量之一，国内外已形成设计准则，要求最小油膜厚度必须在许用膜厚之上以满足设计要求。

众所周知，滑动轴承主要有轴承座、轴瓦组成，起支承作用的是轴瓦与转子轴颈之间的润滑膜。在轴承-转子系统的工作过程中，润滑膜起润滑、支承、散热、吸振、防锈等作用。根据动压润滑的工作原理，动压润滑膜的分布形状、润滑剂的特性、转子的转速、轴承与转子轴颈间的间隙大小对转子轴承系统的工作有着直接的影响。滑动轴承的润滑性能和动力学性能对膜厚变化最为敏感，轴承加工、制造误差以及运行工况变化引起的膜厚变化会使轴承的设计性能与服役性能存在偏差，单依靠理论计算获得的膜厚值并不能完备表征轴承的服役性能，膜厚数据的在线识别以及识别精度的提高对于评价这些设备设计参数的正确性及工作状态具有重大的工程意义。同时，对润滑膜状态进行实时监测，可以丰富设备运行的监测诊断信息，提高设备的状态监测与故障诊断能力。因此对润滑膜厚度进行实时监测，掌握润滑膜的运动状态对于设备的监测及设备的故障诊断具有重要的科学价值和重大的工程现实意义，而且还会产生显著的经济效益和社会效益。

14.2　实验目标

本实验的目标是基于滑动轴承支撑转子试验台，采用先进的光电检测技术实现对滑动轴承润滑膜厚度变化的动态测量，形成一套滑动轴承润滑膜状态光纤动态监测技术，服务于滑动轴承的在线性能检测和旋转机械状态监测与故障诊断。

14.3 润滑膜厚度测量方法

从上世纪四五十年代开始，国外就有了润滑膜厚度的监测方法的报道，主要方法有：电阻法、电容法、激光诱导荧光法、多光束干涉测量法、超声波法、电容层析成像法、光纤测量法。

14.3.1 电阻法

1947 年，英国的 Brix 在研究边界润滑时首先提出采用电阻法测量润滑膜厚度，其原理是测量接触处的电压和电流，得出润滑膜厚度与接触处电阻变化之间的关系，从而获得润滑膜厚度值。之后，Lane 和 Hughes 利用该方法测量了齿轮啮合时的润滑膜厚度，Lewicki 研究了外加电压与油膜厚度之间的对应关系。然而，随着润滑膜厚度的变化和润滑介质类型的变化，由油膜所产生的电阻以一种非常复杂的方式变化，特别是在瞬态大载荷下。因此这种方法仅用来监测润滑膜是否破裂或者定性地测量有无油膜。

14.3.2 电容法

1958 年，Crook 提出一种通过测量接触体之间的电容来得到润滑膜厚度的方法，称之为电容法，如图 14-1 所示。这种方法的原理是接触体及其之间的油膜共同构成一个电容器，当接触体之间的油膜厚度发生变化时，电容的大小也跟着发生变化，通过测量电容的大小，可知

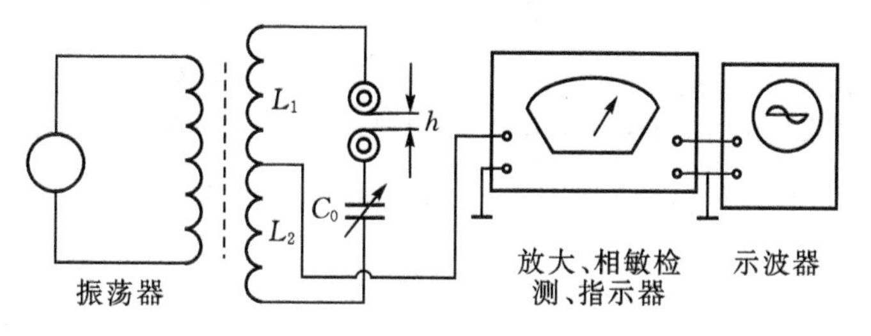

图 14-1 电容法测量润滑膜厚度原理图

道润滑膜的厚度。这种方法在润滑膜厚度测量中发挥了重大的作用。国外 Dyson 等人应用该方法实现了弹流接触中的润滑膜厚度的测量，Hamilton 实现了发动机活塞环油膜厚度测量。国内，张鹏顺等人用该方法实现了弹流油膜厚度的测量；王海山等人则用非接触电容法对内燃机活塞环最小油膜厚度进行定量测试，避免了直接电容法测量时在油膜厚度过小时的电击穿；俞海清等人用电容法对内燃机凸轮－挺柱副动态弹流润滑油膜进行了厚度的测试。该方法所测得的电容值与润滑膜的介电常数、润滑膜厚度、接触体的表面形状及面积有关。在其他参数确定的情况下，通过检测电容值可知润滑膜的厚度值。但是，该方法所测得的厚度值为润滑膜的平均厚度。同时，该方法润滑油的温度和压力变化对其介电常数的影响可以忽略，但是要求润滑油为非极性，而且磨损的金属颗粒会改变润滑油的介电常数。此外，当油膜两边的金属面接触时，会发生电击穿现象，影响测量结果。

14.3.3 激光诱导荧光法

激光诱导荧光(LIF)技术是一种先进的流动测量和流动显示方法。利用激光诱导荧光(LIF)技术测量油膜厚度来研究内燃机的燃油附壁现象是该技术的一种典型应用,其工作原理是在燃油中加入适当的荧光剂,在紫外线的照射和确定荧光剂浓度条件下,利用 Lambert-Beer 定量,可知荧光信号和油膜厚度的标定关系,从而实现油膜厚度的测量,如图 14-2 所示。该方法的优点是测量结果与组成摩擦副的物体无关,只与油膜本身有关。为了改善该测量方法元件摆放位置对测量结果的影响,于旭东将光纤传导技术与此方法结合,提出一种新的光纤式油膜厚度探测系统,减小了设备的体积,提高了设备的可拆性和移动性。但该方法的应用需添加荧光剂,同时荧光剂在大功率的脉冲激光照射下会发生变质现象,还受到入射光功率波动的影响,不适合实时监测和工程应用。

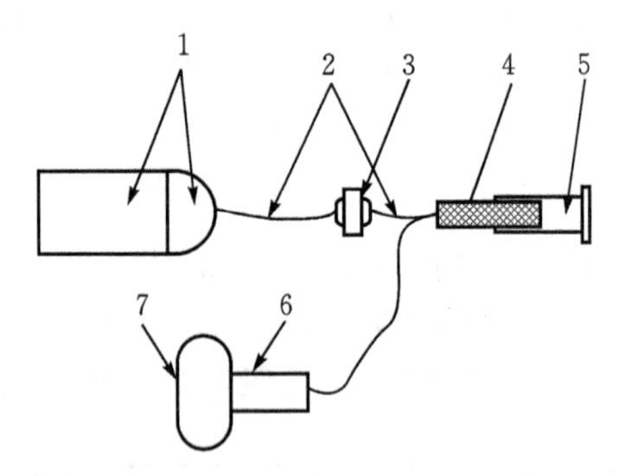

1—激光光源及微聚集系统;2—入射光纤;3—FC/PC 光纤活动连接器;
4—集束光纤;5—光纤探针;6—接收探针;7—光电倍增管。

图 14-2 新型光纤式激光荧光法测油膜厚度系统原理图

14.3.4 光干涉测量法

上世纪 50 年代,Gohar 等将光干涉测量法应用于弹流润滑研究中,形成了光弹流研究领域。根据所使用的光源,光干涉测量法可分为单色光干涉、白光干涉和双色干涉。光干涉测量法的工作原理是将光源的发射光射向油膜,在油膜上下界面处反射回来的两相干涉光产生干涉现象,随着油膜厚度的变化会产生不断变化的明暗相间的干涉条纹,通过干涉条纹级数来确定油膜厚度,如图 14-3 所示。这种方法的分辨率非常高,可以达到 nm 级。但测量范围有

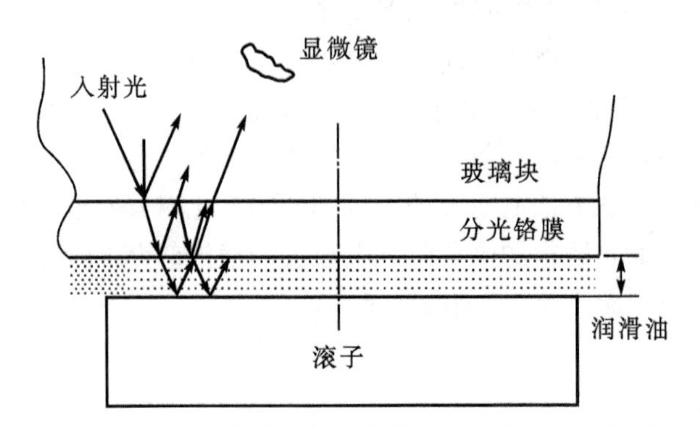

图 14-3 纯自旋弹流润滑油膜的光干涉测量示意图

限，即使采用单色光作为光源，其测量范围只有 5μm。同时，测量设备也很复杂，需要专门显微镜、图像采集处理系统等。

14.3.5 超声波测量法

作为一种无损检测技术的超声波测量方法在机械设备的状态监测与诊断中有着广泛的应用。超声波测厚是利用超声波在不同介质的界面产生的反射和折射特点进行的，通过超声波在材料中的的传播速度和传播往返时间可得出待测物体的厚度，如图 14-4 所示。国外，Dwyer-Joyce、Zhang J 等人利用此方法分别测量了滚动轴承和滑动轴承的润滑膜厚度。国内金长善、卢黎明等利用脉冲反射法实现了滑动轴承的润滑膜厚度测量。这种方法的优势体现在：属于无损测量，可在摩擦副外面发射和接收超声波，不会破坏摩擦副；直线传播特性较好。缺点是遇到空气层或者阻抗很大时，穿透性差；超声波在不同工作条件下的反射和透射规律非常复杂，标定比较困难。

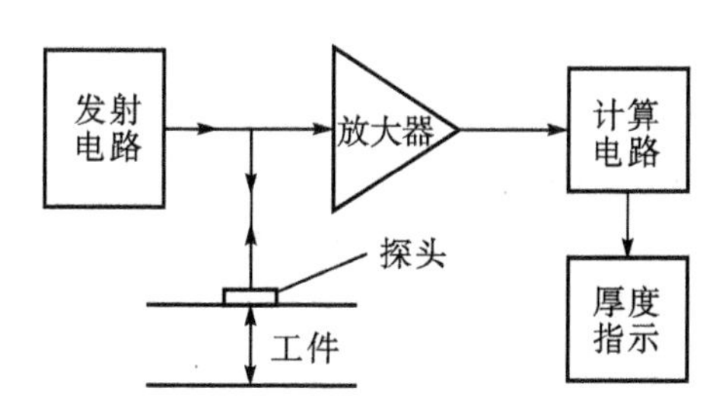

图 14-4 超声波测润滑膜厚度

14.3.6 光纤测量法

近年来，光电技术的发展为润滑油膜厚度测量开辟了一条新的途径。目前，用于润滑膜厚度检测的光纤传感器为反射式光纤位移传感器，其具有灵敏度高、体积小、结构简单、稳定性好、可以实现非接触测量、抗电磁干扰、耐腐蚀、耐高压、频带宽等优点，是一种具有前途的润滑油膜测量方法。反射式光纤位移传感器由入射光纤和接收光纤组成，光源发出的光经耦合器进入入射光纤，并通过入射光纤照射到反射面，反射面反射光再由接收光纤接收。在光源发出的光功率确定、不考虑光纤弯曲损失等因素的情况下，接收光纤接收到的光功率大小随着光纤探头距反射面的距离变化，通过测量接收光纤接受的光功率大小即可得知待测距离的大小。图 14-5 是将反射式光纤位移传感器用于柴油机缸套-活塞环油膜厚度测量的原理图，首先在柴油发动机的机缸套主推力面一侧的上止点处加工一个用于安装光纤传感器探头的小孔，为了隔离传感器与燃油接触，采用高压玻璃将小孔密封，并经修磨后基本与气缸壁平滑过渡。传感器的光源选用性能较好的半导体激光光源，并采用性能较好的稳压电源为光源供电以确保激光光源的光功率稳定。光源发出的光通过入射光纤透过密封玻璃射到活塞环表面上，经活塞环表面反射回来的光再次透过密封玻璃进入接收光纤，之后由光电信号采集板转化成相应的电信号并输出，完成油膜厚度的测量。然而，目前用于润滑膜厚度测量的光纤无补偿作用，测量结果会随着光源功率的波动、反射面粗糙度、反射面形状等因素变化而变化。同时，缺乏相应的理论分析，特别是润滑油液对光纤传感器输出特性的影响分析。

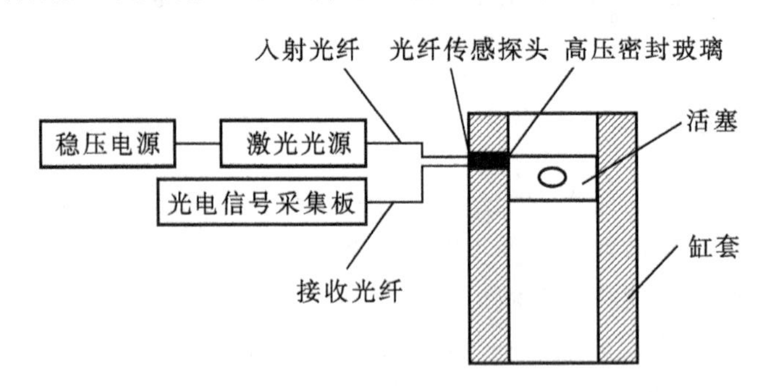

图 14－5　柴油机缸套-活塞环油膜厚度系统原理图

除此之外，王俊强等人还提出一种遮光式的光纤位移传感器用于大型涡轮机轴承润滑膜厚度分布情况的检测。这种系统采用间接测量法，根据轴心轨迹判定油膜厚度的变化。传感器系统由三个遮光式光纤传感器布置在轴承的圆周上，当转子运行时，其组成示意图如图14－6所示。由于轴承一转子系统运动过程中，转子的运行状态会发生变化，因此三个传感器的接收光纤接收到的光会跟随转子的位置而发生变化，再通过几何方法就可以得知转子的轴心轨迹，从而可计算油膜厚度。为计算方便，三个传感头光束中心线的法线两两互成120°。该方法需复杂的光路系统，而且其测量为间接测量，而且系统的标定也非常困难。

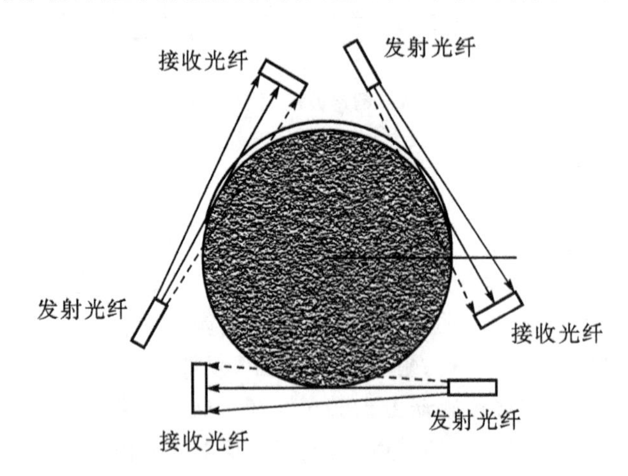

图 14－6　遮光式光纤位移传感器测量润滑膜厚度原理图

滑动轴承的润滑膜形状为内圈和外圈不同心的环形，根据转子直径大小以及负载大小，油膜厚度的单位为微米级。滑动轴承的最小油膜厚度值是其最重要的参数，而通过电阻法和电容法并不能准确得到这个值。采用激光荧光诱导法，因为要在润滑油中添加荧光剂，因此其不适合对润滑膜进行实时测量。而光干涉法目前测量范围较小，而且设备复杂，也不适合对滑动轴承的润滑膜进行实时测量。超声波法，主要是其标定比较困难，标定装置的材质及几何尺寸要与实际情况一致，才能获得比较准确的测量结果。反射式光纤位移传感器体积小、标定容易、测量精度高、满足不同的测量范围要求、抗电磁干扰、耐腐蚀、频带宽，因此，将反射式光纤位移传感器用于润滑油膜的厚度检测是一种可行的方案。然而，目前所查到的文献中，还无研究者就反射式光纤传感器用于润滑膜厚度测量时的影响因素做详细分析，未研究传播介质对传感器输出特性的影响和润滑膜厚度动态信号的处理方法。

14.4 润滑膜厚度光纤动态测量基本原理

光纤传感器可以探测的物理量很多，已实现的光纤传感器物理量测量达 70 余种。然而，适合本节滑动轴承润滑油膜厚度测量的传感器只有反射式强度调制光纤位移传感器。

14.4.1 反射式强度调制光纤位移传感器的工作原理

反射式强度调制光纤传感器是一种非功能型光纤传感器，其工作原理如图14－7和图14－8所示。在图 14－7 中，距光纤端面 d 的位置放有反光物体——平面反射镜，它垂直于输入和输出光纤轴移动，故在平面反射镜之后相距 d 处形成一个输入光纤的虚像。这里平面反射镜就是一种调制器，确定调制器的响应等效于计算虚光纤与输出光纤之间的耦合。设输出光纤与输入光纤间的间距为 a，芯径为 $2r$，r 是光纤半径，输入与输出光纤端部与反射器的距离为 d ，数值孔径为 $\mathrm{NA}=\sin\theta$，并令 $T=\tan\theta=\tan[\arcsin(\mathrm{NA})]$，$R$ 是输入光纤的像在输出光纤端部位置的光锥底面半径，图 14－8 中 $R=r+dT$。

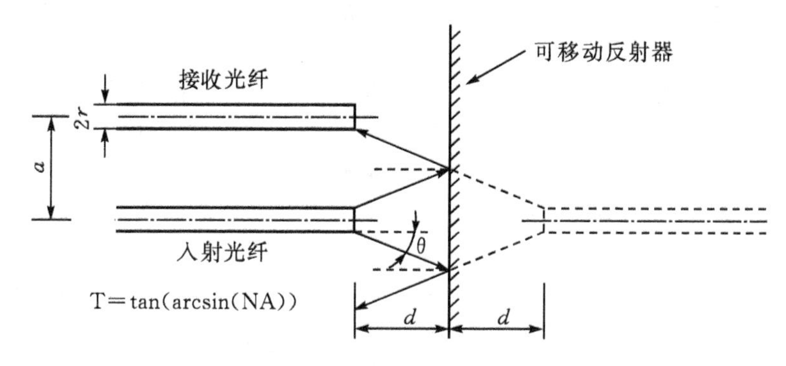

图 14－7　反射式强度调制光纤位移传感器工作原理

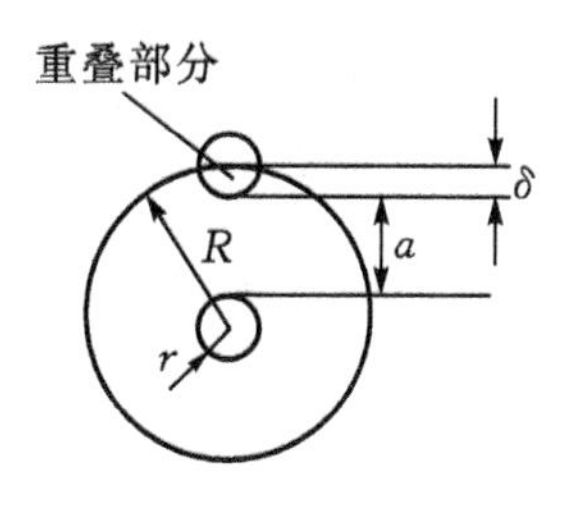

图 14－8　输出光纤光通量计算几何示意图

当 $d<a/(2T)$，即 $a>2dT$ 时，耦合进输出光纤的光功率为零；

当 $d>(a+2r)/(2T)$时，输出光纤与输入光纤的像发出的光锥底端相交，其相交的截面积恒为 πr^2，此光锥的底面积为 $\pi(2dT)^2$，故在此范围内间隙的传光系数(一般定义为相交截面积与光锥底面积之比)是$(r/2dT)^2$；

当 $a/2T\leqslant d\leqslant(a+2r)/2T$ 时，耦合到输出光纤的光通量由输入光纤的像发出的光锥底面与输出光纤相重叠部分的面积所决定,重叠部分如图14-8所示。

利用伽玛函数可精确地计算重叠部分的面积,或利用线性近似法来进行计算,即光锥底面积与出射光纤端面相交的边缘用直线来进行近似。如果δ是光锥边缘与输出光纤重叠的距离,在这种近似的前提下,简单的几何分析即可给出输出光纤端面受光锥照射的表面所占的百分比为

$$\beta=\frac{1}{\pi}\{\arccos(1-\frac{\delta}{r})-(1-\frac{\delta}{r})\sin[\arccos(1-\frac{\delta}{r})]\} \tag{14-1}$$

由图14-8的几何关系可计算出δ/r的值

$$\frac{\delta}{r}=\frac{2dT-\alpha}{r} \tag{14-2}$$

因此,输出光纤接受的光功率P_0与入射光纤传入的光功率P_i之比为

$$\frac{P_0}{P_i}=F=\beta(\frac{\delta}{r})\cdot(\frac{r}{2dT})^2 \tag{14-3}$$

式中,F称为耦合效率。

设光敏二极管输入的光强为E。显然有

$$E\propto F\propto\beta \tag{14-4}$$

14.4.2 润滑油膜厚度测量传感器的安装示意

润滑油膜厚度光纤传感器的安装如图14-9所示。其设计思路是在滑动轴承的轴颈上贴一块反射纸,并在轴瓦上安装两根光纤。两根光纤测量端的端面对齐固定在轴瓦上,输入光纤的另一端对准激光光源,输出光纤的另一端则对准光电二极管。光电二极管(PIN管)输出的信号进入数据采集电路,整个测试系统由计算机、以单片机为核心的数据采集板、激光光源、光电二极管、以及反射式强度调制光纤位移传感器构成。

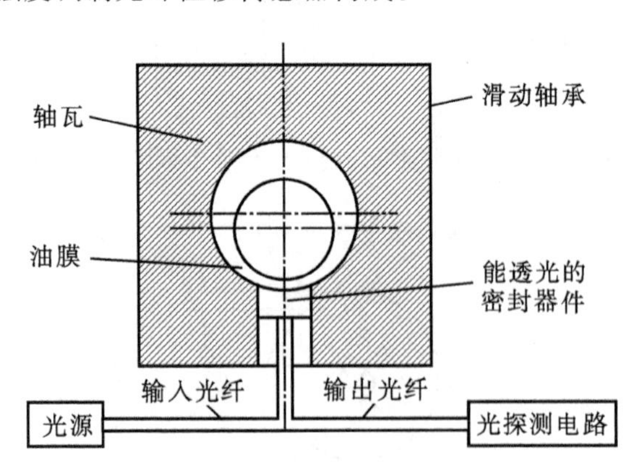

图14-9　润滑油膜厚度光纤位移传感器的安装

14.4.3 润滑油膜厚度测量传感器的性能分析

本装置采用的激光光源为氦氖激光灯,其输出的光功率$P_i=30\mu W$,波长约630nm。考虑这个光纤传感器的耦合效率为F,传输中光的损耗(设比例系数为u_0)以及油膜所吸收的光

功率(设比例系数为 W),则接受光纤输入的光功率 P_0 为

$$P_0 = u_0 w F P_i \tag{14-5}$$

所以光电二极管接受到的光功率为

$$E = u_1 P_0 \tag{14-6}$$

式中,u_1 为从光纤输入到光敏二极管时,由于损耗而产生的耦合效率系数。

则总的耦合系数 u 为

$$u = u_0 u_1 \tag{14-7}$$

本装置所用的光电二极管是一个集成了一个光电二极管(PIN 管)和一个运算放大器的芯片。它直接输出电压,输出电压与芯片接受到的光功率成正比;而且具有很高的灵敏度和线性度,其灵敏度 $S=0.45V/\mu W$。因此,光电二极管输出电压为

$$V = SE = SuwFP_i \tag{14-8}$$

由于有暗电流,所以实际输出

$$V = V_0 + SuwFP_i \tag{14-9}$$

式中,V_0 为暗电压(即没有光输入时光敏二极管所输出的电压)。

根据以上分析可知:

(1)当 $0<d<a/2T$ 时,光敏二极管输出的电压为 $V=V_0$;

(2)当 $a/2T\leqslant d\leqslant(a+2r)/2T$ 时,$V=V_0+Kuw\beta(\delta/r)(r/2dT)^2$,则输出电压 V 随 d 的增大而单调增大;

(3)当 $d>(a+2r)/2T$ 时,$V=V_0+Kuw(r/2dT)^2$,则输出 V 随 d 的增大而单调减小。为此,当 $d=(a+2r)/2T$ 时,输出电压 V 达到最大。

14.5 润滑膜厚度光纤测量与补偿系统创新设计思路

14.5.1 触及的前沿研究领域与技术

反射强度调制式光纤位移传感器最早是由 Frank 和 Kissinger 提出。Frank 提出的结构为两根光纤并排式,即传感器由单根入射光纤和单根接收光纤组成,并提出利用反射式光纤位移传感器间接测量血压的方法,其工作原理是设计了一个前端带有柔性可变的反射薄膜探头,外界血压会使反射薄膜变形,通过位移传感器测量薄膜变形量来确定血压。为了改善传感器的性能,Kissinger 提出了多种光纤排列方式,如多根光纤随机布置型、发射光纤中心布置型等结构。Cook 等提出一种结构最简单的由 1 根入射光纤和 6 根接收光纤组成的同轴型结构,并深入分析了该传感器的测量范围、灵敏度、频宽等特性,并将该传感器用于冲击量的测量。之后,为了满足不同测试精度、测试范围、频宽等要求,根据光纤布置方式的不同,国内外学者先后提出多种结构,如图 14-10 所示,主要包括:单对光纤型、三光纤型、随机型、矩形分布型、双圈型、半圆型、双束型等。不同的光纤排列布置方式,会产生不同的输出特性,如图 14-11 所示为其中几种常见的光纤位移传感器输出特性。

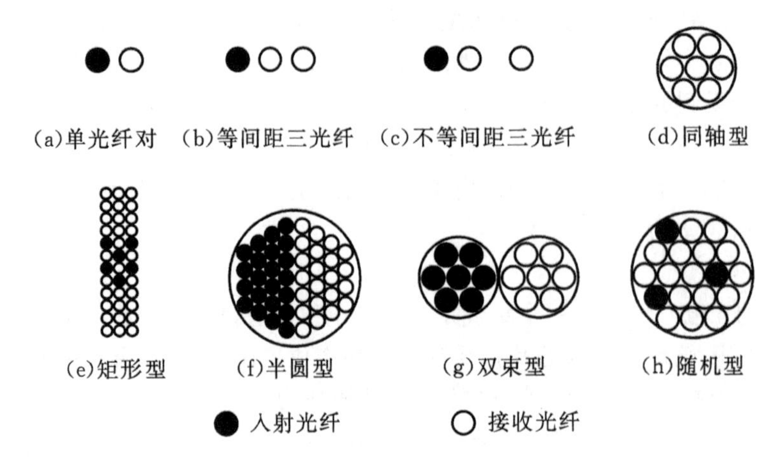

图 14-10 反射式光纤位移传感器的光纤布置方式

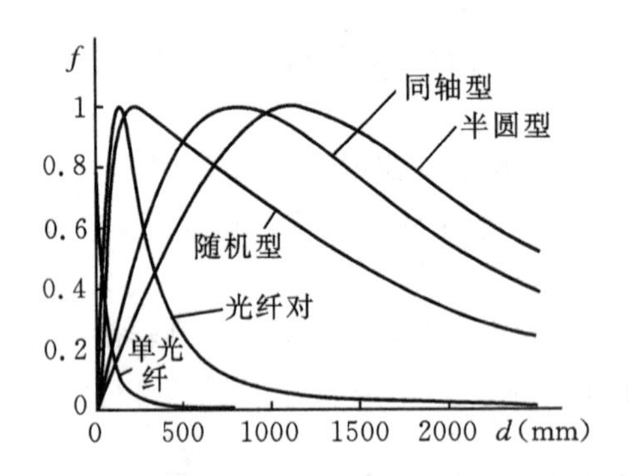

图 14-11 不同光纤布置方式的光纤位移传感器输出特性

前面所述的光纤布置方式为入射光纤和接收光纤平行布置。除此之外，P. B. Buchade 和 A. D. Shaligram 提出将入射光纤和接收光纤成一定角度的布置方式，如图 14-12 所示。经

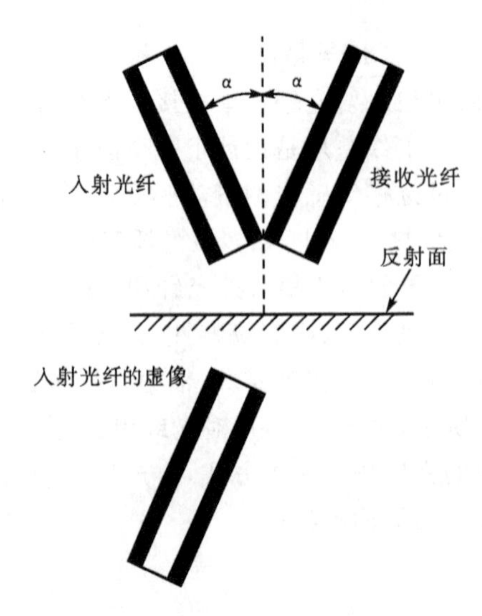

图 14-12 入射光纤和接收光纤倾斜布置时的示意图

过理论分析和实验表明当入射光纤和接收光纤之间的夹角增大时，传感器的灵敏度会增大，线性范围会增大。在此基础上，H. Z. Yang 等人进一步研究了入射光纤和接收光纤对称倾斜布置如图 14－13 所示，且入射光纤和接收光纤纤芯芯径不同时的光纤传感器特性，实验结果表明当入射光纤和接收光纤的纤芯芯径不同时，在同样倾斜角度情况下，传感器的灵敏度比芯径相同时要大。

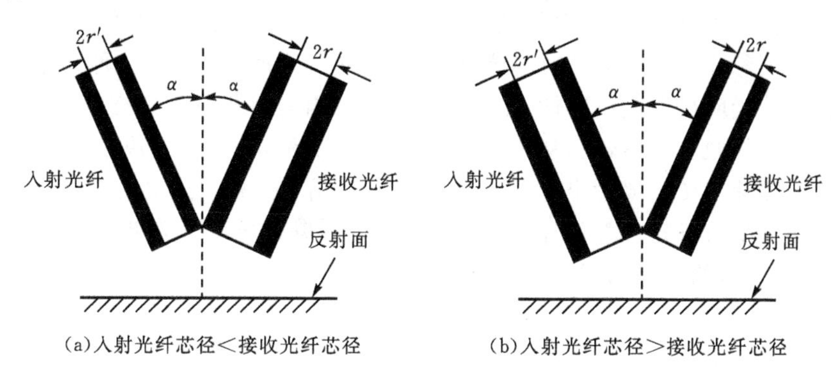

(a)入射光纤芯径＜接收光纤芯径　(b)入射光纤芯径＞接收光纤芯径

图 14－13　入射光纤和接收光纤芯径不同且倾斜布置时的示意图

不同结构形式的强度调制反射式光纤位移传感器的原理分析和调制函数是设计合理的反射式光纤位移传感器的基础。而强度调制反射式光纤位移传感器的调制函数除了与所测的距离有关外，与光纤的参数、反射面的特性、光纤的排列方式、光场分布等有关。因此建立一个统一的强度调制反射式光纤位移传感器的调制函数是非常困难的。尽管如此，国内外学者在光纤排列方式确定的情况下提出了多种调制函数。1979 年，Cook 在入射光光强均匀分布假设的基础上，利用光学几何方法建立了由 7 根光纤组成的光纤位移传感器调制函数的模型。基于光强均匀分布的光学几何方法是建立光纤位移传感器的调制函数最简单和最基本的方法，根据该方法国内外学者建立不同结构型式的光纤位移传感器的调制函数。Gang He 和 Frank W. Cuomo 在 Cook 的研究基础上，进一步建立了面光源照射下的阶跃式多模光纤在反射面后的虚像平面上的光强分布函数，为光纤传感器的参数设计提供了理论依据。为了分析反射面特性对传感器调制函数的影响，Zhiqiang Zhao 从光度学的角度建立了单光纤对在理想镜面和漫散射表面情况下的调制函数，并分析了光纤参数对传感器输出特性的影响。之后，利用该方法 Zhiqiang Zhao 建立了随机分布型的光纤位移传感器的调制函数。Atsushi Shimamoto 和 Kohichi Tanaka 则着重研究了光纤束传感器的特性，并指出传感器的灵敏度反比于光纤的纤芯半径，增加入射光纤和接收光纤的根数可增强接收的光功率。然而，纤端出射光场的光强均匀分布假设与实际的光场分布并不完全相符，因此基于光强均匀分布假设建立的调制函数只能局限于一定条件下的近似应用。Faria 提出一种纤端出射光场的光强高斯分布模型，通过理论分析得出利用该模型所得到的特性曲线与均匀分布模型近似。另外，苑立波、Faria 等提出纤端出射光场的光强准高斯分布模型，而且苑立波等人通过实验验证了该模型所得的理论特性曲线与实际标定曲线重合较好。基于纤端出射光场光强准高斯分布模型，国内外学者建立了单光纤对、三光纤、半圆、随机等不同光纤分布型式的光纤位移传感器及其他应用的强度调制反射式光纤传感器的调制函数。

通过建立强度调制反射式光纤位移传感器的调制函数可知，其输出特性除与光纤本身固有的参数如数值孔径、光纤直径、光纤轴间距等有关外,与反射面的形状、反射面的倾斜角度、反射面的材质、反射面的粗糙度、光源的光功率、光纤的弯折度、光电转换模块的特性漂移等因素有关。因此,如果想要获得高精度和高稳定性测量,需采取一定的措施消除这些因素对测量结果的影响。对此,国内外学者提出多种补偿方法。为了消除光源光功率波动以及外界扰动因素对传感器的影响,采用光源负反馈稳定法。这种方法需要一个稳定的电压并且需要选择对称的放大器和探测器,而且无法消除光纤弯曲损耗、反射面材质和粗糙度等因素对传感器特性的影响。为了消除光源功率波动对传感器测量的影响,吕海宝等提出一种分光参考补偿法,这种方法仍然无法消除反射面的特性、光纤弯曲损耗等因素对传感器输出特性的影响。国内外学者提出的双路接收型比值输出补偿法如图 14-14 所示,较好地解决了光源功率波动、反射面特性等因素变化对传感器输出特性的影响,并且提出了多种双路接收型光纤结构,使得这种方法成为成本最低且补偿性能优异的光纤传感器强度补偿方法。除此之外,补偿方法还有双波长补偿法、光纤网络补偿法、神经网络补偿法等。

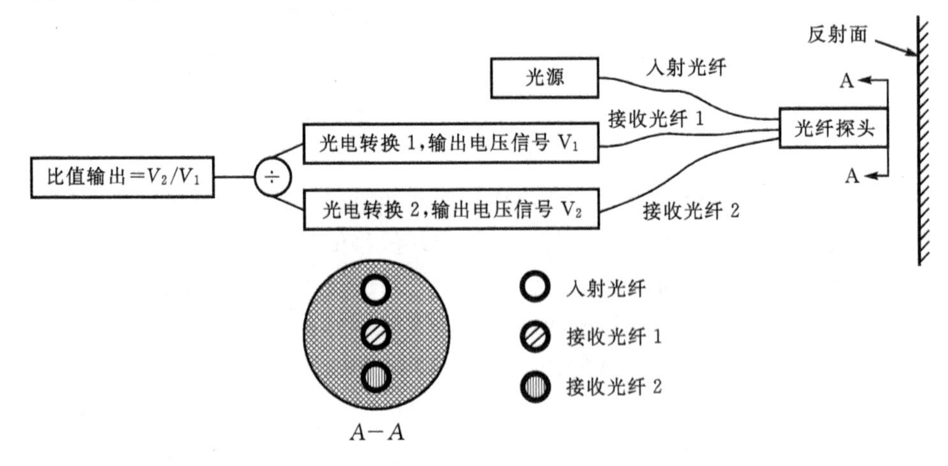

图 14-14　反射式光纤位移传感器比值输出补偿法原理图

14.5.2　亟待解决的科学技术问题

综上所述,润滑膜厚度的光纤测量法是一种有前途的方法,国内外学者在这方面也做了很多研究工作,但目前在理论研究和实际应用方面仍存在许多问题,主要体现在以下几个方面。

(1)还没有合适的在线实时监测滑动轴承最小润滑膜厚度的方法。目前所提出的方法在获得最小润滑膜厚度时,需进行二元二次方程组的求解,因此求解过程复杂,实时性较差。

(2)没有系统地分析光纤位移传感器用于滑动轴承润滑膜厚度监测存在的问题。针对滑动轴承的工作原理,需分析油膜的厚度测量范围,提出合理的测量方法,并分析反射面的变化,特别是反射面的形状以及反射面动态变化对测量的影响都需详细分析。

(3)没有从理论方面去分析传播介质对强度调制式光纤位移传感器特性的影响。测量时,从入射光纤射出的光线和经反射面反射的光线都是在润滑油中传播,则光线在润滑油中的传播规律需进行分析和研究。

(4)还没有从理论角度去设计用于润滑膜厚度动态监测的光纤位移传感器并研究对应的

传感器输出特性。

(5)缺乏对光纤位移传感器的调理电路的理论分析,未建立其调理电路的传递函数,缺乏从理论角度分析调理电路的特性。

(6)还没有合适的润滑膜厚度信号的滤波算法。针对润滑膜厚度信号中的噪声干扰,还缺乏相应的滤波算法。

14.6 创新设计与研究的实验平台

14.6.1 滑动轴承润滑膜厚度检测实验台概况

为了检验光纤位移传感器检测滑动轴承润滑膜厚度的准确性,建立了如图14-15所示的转子实验台。该实验台为单转子单跨转子系统,实验台主要参数见表14-1,实验台的轴承座、光纤位移传感器探头以及圆轴承的装配关系见图14-16和图14-17。为了将光纤位移传感器安装于轴承座上,设计了一个光纤传感器安装套,该安装套除了可以固定光纤位移传感器外,同时可调整光纤探头端距转子表面的距离即调整传感器安装的初始距离(通过调整安装套的前端螺纹旋入深度)。在安装套的末端有外螺纹,通过锁紧螺母可将安装套固定到轴承座上,同时通过光纤传感器探头的螺母可将光纤位移传感器固定到安装套上。除此之外,在安装套的中部设计有安装密封圈的安装槽,起到密封润滑油的作用。光纤位移传感器探头最前端部分的外径为2mm,从而使探头尺寸细小化。

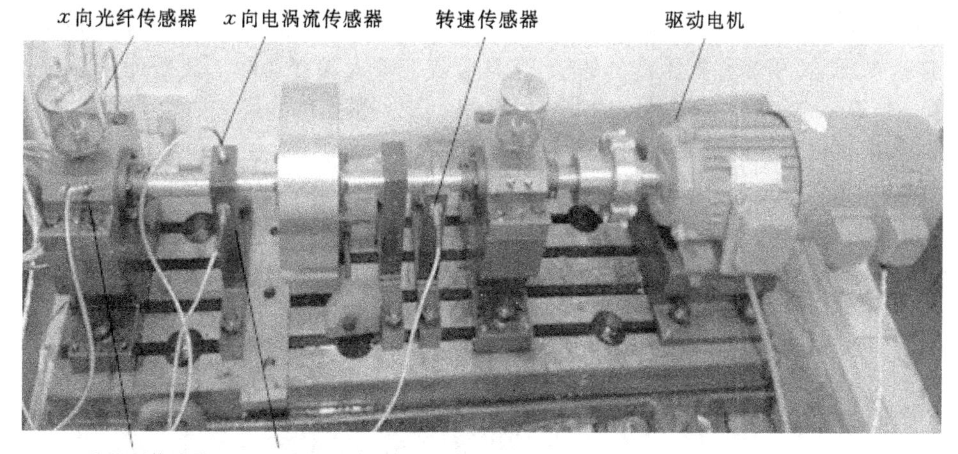

图14-15 轴承转子实验台

表14-1 轴承-转子实验台参数表

名称	参数	名称	参数
转子跨度/L	600mm	轴承宽度/l	45mm
转子直径/d	29.918mm	轴承直径/D	30.011mm
转子圆盘质量/2M	30.11kg	相对间隙/ψ	0.31%

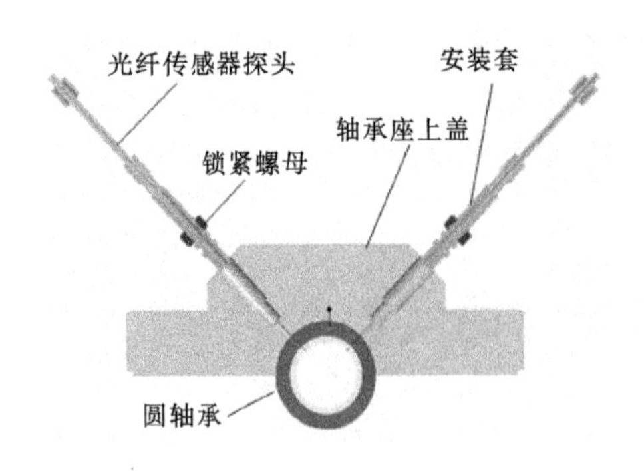

图 14-16　光纤传感器安装分解图

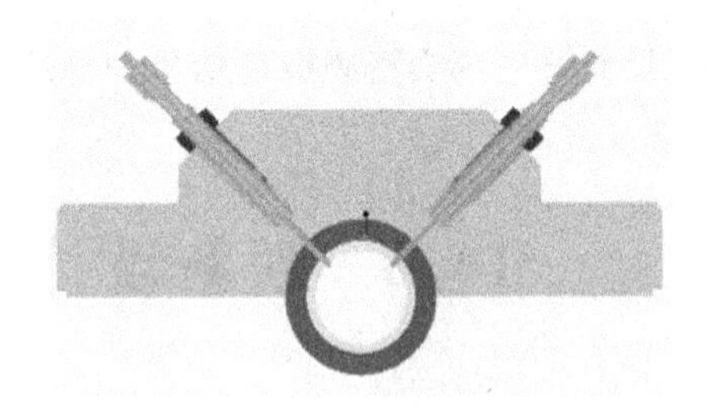

图 14-17　光纤传感器安装示意图

14.6.2　滑动轴承润滑膜厚度检测系统的硬件组成

轴承-转子系统的监测，除了对润滑膜厚度进行监测，还需对转子系统振动进行监测，测试系统组成见图 14-18。硬件系统包括光纤位移传感器(包括传感器探头、光缆、调理电路、光源)、数据采集器、电源、电涡流传感器。润滑膜厚度的监测通过双圈同轴式光纤位移传感器，转子系统的振动监测通过电涡流传感器，转子系统的转速通过电涡流传感器和键相槽进行监测。

数据采集系统采用 CBOOK2000E 数据采集器和 CM3504 信号调理器。CBOOK2000E 数据采集器具有高速采集(最高采样速度 250 kHz)、通讯接口方便(数据通讯采用以太网)、结构紧凑、连接简便、适用多种电压信号的输入(具有程控输入量程功能)、高精度采集(AD 转换位数为 16 位)等特点。CBOOK2000E 采集器采用 ActiveX 控件方式完成与上位机的连接，利用这种方式，用户可以十分方便的进行数据采集和软件开发。

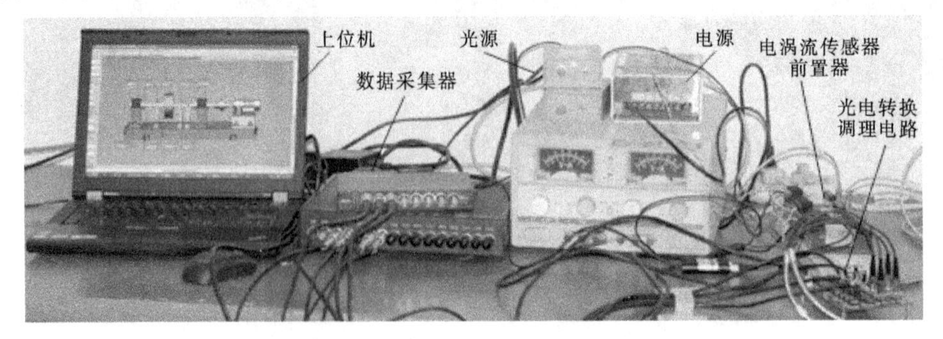

图 14-18　滑动轴承润滑膜厚度动态检测系统

通过设置外置 CM3504 信号调理器的通道信号特性，可将测量转速及转子振动信号的电涡流传感器接到该信号调理器。该信号调理器与 CBOOK2001E 采集器之间通过专用通讯线连接。光纤位移传感器的调理板输出的润滑膜厚度信号通过 CBOOK2001E 采集器采集。

14.6.3 滑动轴承润滑膜厚度检测系统的软件

根据润滑膜厚度测量的需要，软件包括传感器参数设置、实时数据显示、数据的采集及保存、数据处理、润滑膜分析等模块。参数设置模块完成对传感器特性参数的设置以及数据采集参数的设置。实时数据显示模块完成测点的润滑膜厚度、测点振动幅值、转速等信息。数据处理模块完成对采集数据的时域、频域处理。润滑膜分析模块利用图 14-19 所示的流程完成测量截面上两个测点润滑膜厚度信号的合成，得到测量截面润滑膜的最小厚度值及其位置角。

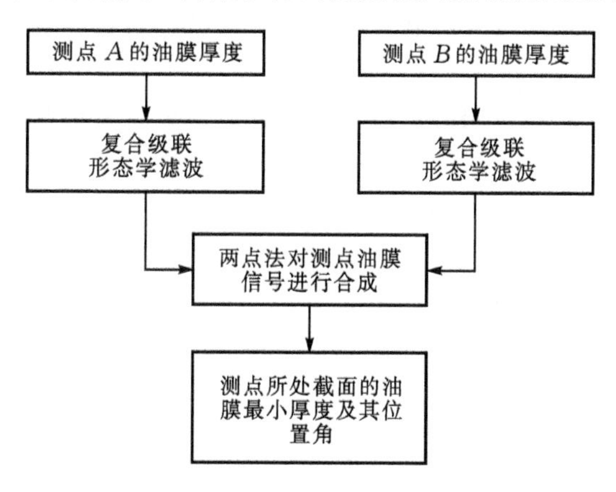

图 14-19 滑动轴承最小油膜厚度检测流程图

上位机数据采集软件是利用 NI 公司的 LabVIEW 进行开发，开发完的系统检测软件截面如图 14-20 所示。

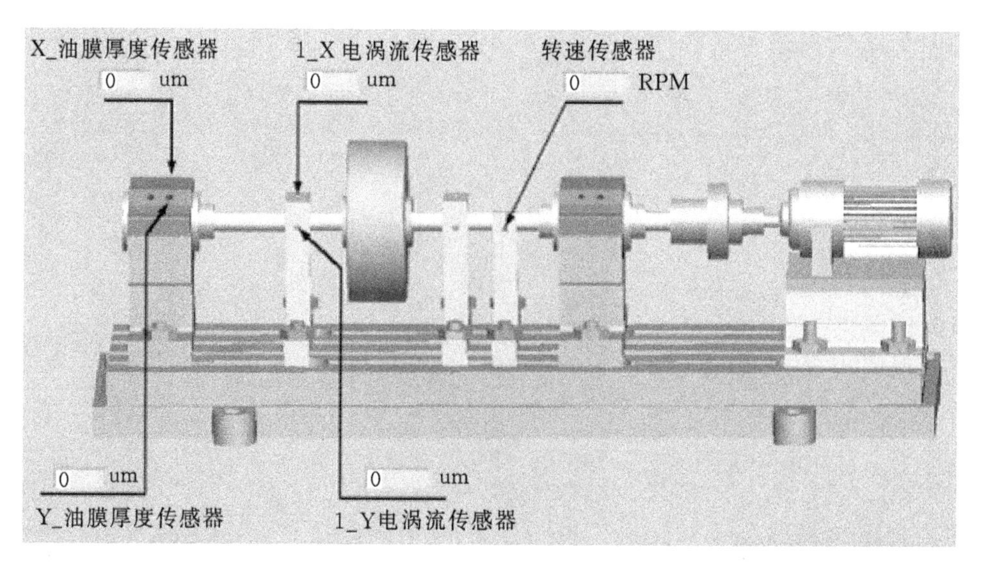

图 14-20 滑动轴承润滑膜膜厚度检测系统界面

14.7 实验预期结果

本实验预期能够针对单跨转子系统建立基于双圈同轴式光纤位移传感器的滑动轴承润滑膜厚度测量系统，分析并完成系统的硬件组成，利用 LabVIEW 设计相应的信号采集和监测软件。进而，利用搭建的测量系统，完成转子转速 1800rpm 和 2100rpm 时的信号采集，并做相应的离线分析。预期结果能够表明，所设计的光纤传感器测量到的润滑膜厚度原始信号中含有脉冲噪声和随机噪声，可以采用复合级联式数学形态滤波器等滤波方法有效滤除润滑膜厚度信号中的脉冲噪声和随机噪声。同时也证明润滑膜厚度信号的频谱特征与转子振动信号的频谱特征相似，说明所设计的光纤传感器可以实现对滑动轴承润滑膜厚度的动态测量。

第15章　脑电信号测量实验

(测试创新实验案例三)

15.1　测试问题

大脑是人体中最复杂的器官，虽然仅重1.4kg左右，却由超过1000亿个神经元通过突触相联络，构成了一个及其复杂的神经网络。脑电是大脑皮层产生的非常微弱的电信号，反映了脑细胞群的自发性、节律性电活动，是大量皮层神经元同时兴奋和静息的结果。将脑细胞电活动的电位作为纵轴，时间作为横轴，把电位的动态变化绘制成曲线，就形成了脑电信号。人类脑电信号由德国神经病学家Berger于1929年发现。从1929到1939年期间，Berger从生理、心理及临床各个方面对脑电活动进行了初步的探讨，奠定了脑电研究的基础。从脑电的产生看，它应该是大脑思维活动的一种直接表现。作为一项重要的临床检测手段，脑电图可以对癫痫等中枢神经系统疾病提供诊断、预后和治疗方面的信息，尤其在对癫痫的诊断中，脑电图可能起到决定性作用；另一方面，基于脑电信号的脑机接口技术作为一种全新的人机交互技术，在大脑和计算机或其他电子设备之间建立一种直接的信息交流和控制通道，是一种不依赖于常规大脑输出通道(外周神经和肌肉组织)的全新的信息交流系统，在中枢神经系统的康复、航空航天等领域有广阔的发展前景。

15.2　实验目标

本实验的目标是基于g.tec采集硬件和BCI2000软件平台，搭建脑电信号采集系统，并以人体精神疲劳检测为目标，编写脑电分析算法，形成一个完整的脑电信号识别分析系统。

15.3　脑电信号测量方法

脑电信号可在多种水平上检测，如利用微电极、硬脑膜下电极、硬脑膜上电极、头皮电极可分别在脑内神经元及突触上、在大脑皮层上、头骨上、皮肤表面进行检测，所得的脑电图根据电极放置方式的不同也分为头皮脑电图(大脑神经电活动产生的电场经皮层、颅骨、脑膜及头皮构成的容积后传导在头皮上的电位分布。)、皮层脑电图(将电极安置于大脑皮层下来记录)及深部脑电图(皮层下各结构电活动记录)。在脑表面的脑电波强度可以达到10mV；而从头皮描记的只有100μV的较小的振幅，一般为10～50μV，其频率范围为0.5～100 Hz。

与皮层脑电图和深部脑电图相比，头皮脑电可以记录电极周围若干厘米范围的神经细胞电活动，属于无创检测，更适合开发具有工程应用价值的脑电测试系统，因此本实验基于头皮脑电采集系统，通过合理布置电极位置，达到人体精神状态相关脑电信号的采集。

15.4 脑电信号测量实验条件

本实验选用在脑机接口领域被广泛采用的奥地利 g. tec 公司生产的脑电放大器 g. USBamp 作为硬件基础,如图 15-1 所示。该放大器拥有 16 个同步采样通道,每组贮存采样频率可达 38.4 kHz,有 4 组独立的 GND 和 REF 电极。将放大器连于电脑的 USB 接口上即可以使用,无需 DAQ 卡支持。放大器有输入范围为±250 mV,可以记录直流信号不饱和度,通过过采样控制以达到很高的信噪比。设备驱动程序基于 MATLAB 数据采集工具包 (MATLAB API),其 API(应用编程接口)是开源的。为减小干扰,降低电极接触电阻,选用金电极。该电极为被动式电极,无干扰,对人体无影响。

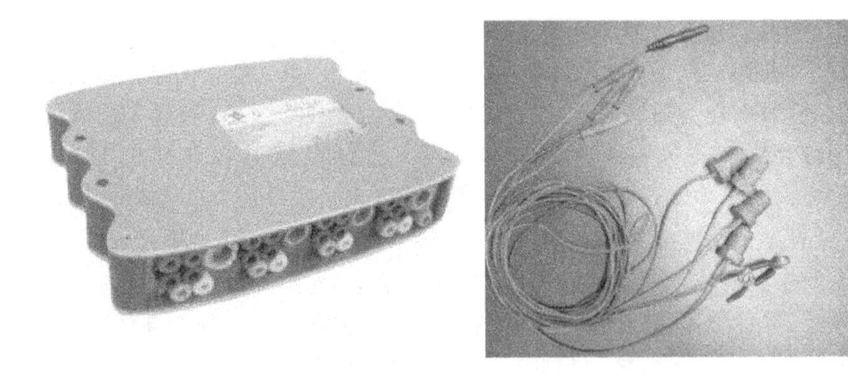

图 15-1 g. USBamp 放大器与电极

电极安置方面,根据国际脑电图学会的建议,在采集头皮脑电信号时,普遍采用国际 10/20 系统电极放置法,如图 15-2 所示。

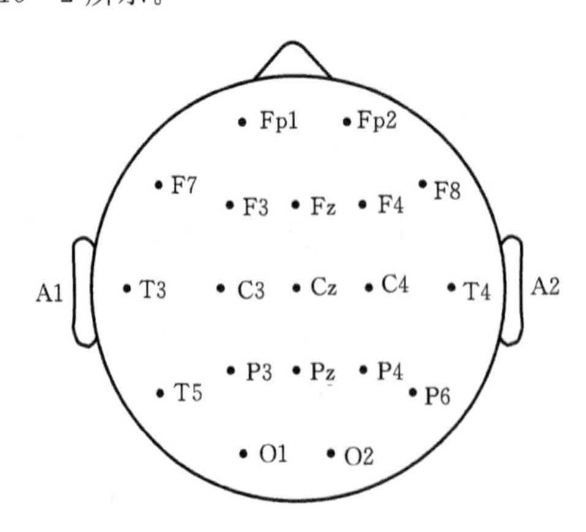

图 15-2 10/20 系统电极放置法

在这种电极放置法中,采用百分数表示电极之间的距离,电极的排列与头颅的形状和大小成正比,电极的名称与脑解剖分区相符。安放电极时,前后方向是从鼻根到枕外隆突的中央连线,在这条线上定出额极(Fp)、额(F)、中央(C)、顶(P)、枕(O)五点,各点之间的距离均为 1/5;

头的两侧是连接左右耳屏前点通过中央点的连线，在这条线上也定出5点，之间的距离也各为1/5，离耳屏前点线上1/10处为颞点(T)，再到中央线上的O点的连线。Fp点在前端离开中线1/10距离的位置上，O点在后端离开中线1/10距离的位置上，其他各点之间的距离均为1/5。这种方法在前后及冠状线上的距离基本相等，各导联编号的含义如下：

Fp1：左额极；Fp2：右额极；F3：左额；F4：右额；C3：左中央；C4：右中央；P3：左顶；P4：右顶；O1：左枕；O2：右枕；F7：左前颞；F8：右前颞；T3：左中颞；T4：右中颞；T5：左后颞；T6：右后颞；Fz：额中线；Cz：中央中线；Pz：顶中线；A1和A2：耳垂(或乳突)，参考电极。

10/20系统电极放置法的优点是：①电极部位与大脑皮层的解剖关系比较明确，如C3和C4在中央沟上，F7和F8在外侧裂附近；②便于发现信号中的相位倒转。

软件方面，本案例采用BCI2000进行数据采集，同时利用MATLAB进行数据分析。

BCI2000是脑机接口领域应用最广泛的数据采集和分析软件，包括能互相通信的四个基本模块：脑电采集模块(数据源模块)，脑电信号处理模块，用户应用模块和操作协议模块。这些模块之间的通信都是基于TCP/IP协议实现的。

(1)数据源模块　数据源模块完成脑电信号数字化并存储，之后完成数据传输的功能。

(2)脑电信号处理模块　脑电信号处理模块是将采集来的脑电信号转化成为可用于控制外部设备的控制信号。这种转化主要有两个阶段：特征提取和特征转换。

(3)用户应用程序模块　用户应用程序模块接受来自脑电信号处理模块的控制信号，使用这个信号驱动应用程序。

(4)操作模块　操作模块也叫做主控制模块，它定义了各项系统参数，开/关/重设操作等，作用是控制系统变量。

15.5　脑电信号测量实验内容

15.5.1　电极位置设计

前期研究结果表明，能够反映人体精神状态的的脑电波主要是α节律(8～13 Hz)和β节律(14～30 Hz)，因此本案例选择α节律和β节律表现最为明显的顶枕区电极作为脑电采集点。根据国际脑电图学会标定的10/20法，选用左耳前点A1作为参考电极，额极中线Fpz为地，选择C3，C4，P3，P4，O1，O2六个电极进行采集。

15.5.2　实验过程

(1)对受试者头皮进行预处理，要求受试者清洗头皮并吹干，然后利用去角质膏清洁头皮，去除死皮，再打上导电膏，带好电极帽，按要求安置电极，保证电极通过导电膏与皮肤接触良好。之后测量接触电阻，保证所有接触电阻在5kΩ以下，从而保证信号质量。

(2)要求被试者保持安静放松状态，在清醒且闭眼的状态下，采集脑电图，设置采样率为1200 Hz，采集时间为三分钟。

(3)要求被试者集中精力，通过显示器做视觉频率刺激实验，实验时间约为2小时，保证受试者能够进入疲劳状态。

(4)同样要求被试者保持安静放松状态,在清醒且闭眼的状态下,采集脑电图,设置采样率为 1200 Hz,采集时间为三分钟。

记录下的这两组数据,可以作为受试者疲劳前后的对比数据。

视觉刺激疲劳实验过程见图 15-3 所示。

图 15-3　视觉刺激疲劳实验过程

15.6　算法设计及结果分析

人体精神疲劳源于大脑,因此脑电信号是人体精神状态检测的"黄金标准"。通过对采集到的脑电信号中的 α 节律(8～13 Hz)和 β 节律 (14～30 Hz)进行分析,就可以有效量化受试者的精神状态。本案例中采用平均功率谱密度的方法实现人体精神疲劳检测。

15.6.1　基于功率谱密度方法的脑电信号分析

(1)功率谱密度方法分析原理　通过研究发现,疲劳状态和清醒状态下的脑电频率有着显著的不同。因此脑电的频谱变化规律也可以作为反映受试者疲劳程度的一个指标。通过对受试者脑电信号进行具体的频谱分析,找出其中的变化规律,作为疲劳检测的指标。

通过对清醒状态和疲劳状态下采集到的脑电信号进行 FFT 变换(快速傅里叶变换),能够得到其相应的频谱图。人体处于疲劳状态时,脑电 α 波中的 10～13 Hz 部分的脑电信号显著增加,而 β 波中 18～22 Hz 部分的脑电信号都相对减少。通过近年来研究人员对于脑电的研究表明,18～22 Hz 及更高频率的脑电波主要反映了大脑思维活动的活跃程度。所以当受试者处于疲劳状态时,大脑的思维活动降低,从而 β 波及更高频脑电波会减少,而 α 脑电波会增多;而当人体处于清醒状态时,大脑的思维活动较为频繁,从而 β 波及更高频率的脑电波会增多,α 脑电波相对减少。

通过以上的分析,我们可以看出,如果使用 10～13 Hz 和 18～22 Hz 两个频带的平均功率谱密度的比值来作为疲劳驾驶脑电的一个指标是可行的。

假设脑电信号在频带 h 的平均功率谱密度 $G(h)$ 为

$$G(h)=\frac{\int_{f_d}^{f_u}p(f)\mathrm{d}f}{f_u-f_d} \tag{15-1}$$

式(15-1)中 f_u 为频带上限，f_d 为频带下限，$p(f)$ 为信号的功率谱密度。

令

$$R=\frac{G(h_1)}{G(h_2)} \tag{15-2}$$

式(15-2)中 h_1 和 h_2 为脑电的不同频带，即 h_1 为反应 α 节律的 10～13 Hz 频带，h_1 为反应 β 节律的 18～22 Hz 频带。R 值为平均功率谱密度的比值，即为疲劳状态的评估标准。

(2)算法实现　在实验开始阶段，由于噪声及受试者的身体摆动等因素，测量到的脑电信号质量较低，所以将采集到的脑电数据的前 1000 个点去除，对剩余脑电信号进行 FFT 变换；然后根据式 15-1 求出 10～13 Hz 和 18～22 Hz 频带的功率谱密度，进而求出两个功率谱密度的比值，即 R 值，作为疲劳状态的评估依据。疲劳状态下的 R 值列于表 15-1，清醒状态下的 R 值列于表 15-2。

表 15-1　疲劳状态下 R 值

导联位置	C3	C4	P3	P4	O1	O2
1	2.9304	2.2814	3.9186	2.6461	5.3629	4.1834
2	2.6279	3.6184	2.3569	3.3413	2.1391	2.5952
3	3.8038	4.1862	3.2575	4.1064	1.2208	5.1132
4	3.7290	2.9453	4.6393	3.0010	4.1911	3.0279
5	4.0405	3.2500	3.9104	2.7808	2.5544	2.1273
平均值	3.4263	3.2562	3.6165	3.1751	3.0936	3.4094
标准偏差	0.5467	0.6392	0.7667	0.5216	1.4875	1.0912

表 15-2　清醒状态下 R 值

导联位置	C3	C4	P3	P4	O1	O2
1	1.3110	3.3221	1.1733	1.6965	1.8284	1.9211
2	1.4780	1.6724	1.4629	1.4629	1.6666	1.3408
3	1.3294	1.1645	1.2886	1.1227	1.7081	1.5154
4	1.5021	2.0673	1.7099	1.9829	3.2659	3.3385
5	2.9441	2.4500	1.9213	1.7919	1.8096	1.7976
平均值	1.7169	2.1352	1.5112	1.6113	2.0557	1.9886
标准偏差	0.6177	0.7306	0.2733	0.2962	0.6081	0.7042

对比表 15-1 和表 15-2 中数据发现：疲劳状态下，脑电 α 和 β 波的 R 值(2.51 ～ 4.00) 比

清醒状态下的 R 值(1.00 ～ 2.50) 要高。说明脑电 α 和 β 波的 R 值能够较好的反映出疲劳时的脑电特性。

对实验数据进行双样本 t 检验。双样本 t 检验的目的是利用来自两个总体的独立样本，推断两个总体的均值是否存在显著性差异，结果如图 15-4 所示，6 个导联的数据具有显著性差异，即受试者在疲劳状态下的 R 值与清醒状态下的 R 值相比有显著升高，进一步将 R 值在 1.00 ～ 2.50 附近认定为清醒状态，将 R 值 在 2.51～4.00 附近认定为疲劳状态。

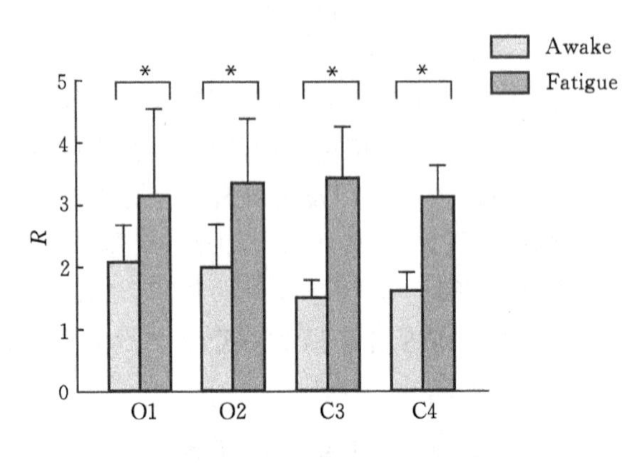

图 15-4　实验数据方差检验

15.7　实验预期结果

本实验以头皮脑电信号采集单元为硬件基础，在 BCI2000 平台上采集、存储脑电信号，并基于平均功率谱密度对脑电信号进行分析，实现人体精神状态的量化评价标准。与传统的主客观检测方法相比，该方法能够最准确、最直接的检测出受试者的精神状态，在疲劳驾驶检测等领域具有广阔的应用前景。后续的改进方案将集中在头皮脑电信号的无线采集及传输方面，从而大大提高本测试系统的实用性。

第16章　基于彩色视觉信息的柴油机状态监测诊断实验

（测试创新实验案例四）

16.1　测试问题

柴油机是生产和生活中常用的动力装备。然而，由于多种原因使得柴油机故障的准确诊断就非常困难。首先由于柴油机工作结构和原理复杂，其工作过程中缸内燃爆压力产生的冲击振动非常大，而柴油机早期异常和早期失效所产生的振动无论在时域还是在频域都非常小，因此这些早期故障特征常常被强大的噪声淹没。另外由于柴油机复杂的结构、工作过程中汽缸内温度高和压力高，工作过程中的压力、温度等运行状态参数难以直接测量。因此柴油机状态的监测和故障诊断常常采用频域分析、时频分析、小波分析等各种手段，对柴油机外面缸体表面振动信号进行处理，提取特征并进行诊断识别。该方法的特征提取、识别计算过程复杂、计算量大、难以实现快速和在线识别。

本实验将针对柴油机状态监测和故障诊断中存在的问题，采用色度学中的彩色视觉信息处理机制和方法，对采集到的柴油机缸体振动信号进行特征提取和识别。减小了振动信号特征提取和状态识别的计算量，达到对柴油机状态的便捷监测和故障的快速识别的目的。因此，本实验在包括了在柴油机缸体振动信号处理同时，重点采用基于色度学中的彩色视觉信息处理原理和方法来处理柴油机故障特征的提取和故障识别问题。

16.2　实验目的和预期目标

实验将针对基于振动信号的柴油机的状态监测和故障识别中，柴油机状态或故障特征计算量大、特征对状态或故障表征能力差的问题，提出了将人眼对彩色视觉信息处理的原理和方法引入到柴油机状态监测与故障特征提取中。通过实验方案设计、实验装置的构建、基于人眼彩色视觉信息处理的柴油机状态监测识别仪开发、不同状态下柴油机振动信号测试和分析，验证所提方法的效果，并最终实现对柴油机缸体振动特征的提取和状态的快速、便捷识别。

16.3　现有的柴油机状态监测和故障诊断方法

尽管柴油机缸体振动信号由于传递路径的影响，往往测试的振动信号信噪比小、信号微弱、失真严重，但由于缸盖表面振动测量相对容易，因此柴油机的监测和诊断往往还是选择缸盖振动作为信息源。例如，国内学者通过对缸盖振动信号波形和频谱的分析来识别活塞和缸体之间由于磨损而产生的间隙大小。再如为了确定信号传递路径对缸盖振动信号的影响，常用到频谱、解调分析以及反滤波方法等来得到或消除传递路径的影响，进而确定缸内的工作压力。例如，通过实验测量某一型号柴油机缸内的燃爆压力与缸盖振动信号之间的关系，由此确定它们之间的传递函数。实际识别中通过测量缸盖的振动,然后反求柴油机工作过程中缸内的压力波形。采用该方法可有效识别柴油机工作过程中缸内的燃烧状态、熄火状态以及进气和排气阀的失效。由于柴油机的种类繁多,不同型号柴油机的传递函数存在较大的差异,因此该方法的通用性差。最后还有就是为了充分利用柴油机工作过程中缸盖振动信号中的时序信息,采用时频联合分析、小波分析等方法对缸盖振动信号进行特征提取和识别。尽管以上方法在实际中取得了一定的效果,然而上述方法计算量大,实时性能差。

16.4 创新实验的思路及方法

为了解决以上对柴油机监测和诊断的计算量大、实时性能差的问题,我们不妨考虑一下人类对外界各种信息的处理方式或机制。人在接收到外界的景象等信息后,尽管视觉信息的量很大,但人眼仍然能以很短时间完成对信号处理并提出有效的特征。这里以人眼对彩色视觉即对颜色的处理为例进行说明。当具有某种具有一定频谱分布的光线进入到人眼后,人眼尽管不能准确得知光线各个波长处光分量的具体能量,但人眼能很准确地识别该光线的颜色,而且人眼对光线颜色的区分能力非常强,对色彩差异很小的光线都能进行有效的识别,同时整个信息处理过程并没有用很长的时间,完全是一种实时的处理过程。基于这一思路,拟将人眼对彩色信息处理的机制和原理用来对不同状态柴油机振动信号的特征提取。

柴油机监测和诊断的核心问题还是对状态特征的提取和识别,即首先要从大量的测试信号中提取对状态具有较强指示行的特征。色度学信息处理方法是基于人类视觉信息处理机制的方法,最早由琼斯和罗素提出。该方法通过模拟人类彩色视觉信息处理机制进行信息的压缩特征提取和识别。最早该方法被用于光学纤维传感器信号的处理,后来该方法被广泛用来处理与光学信号相关的信号特征提取和识别。由于光信号与振动信号在频谱上有着本质的相似性,因此将该方法扩展用于机械振动、机械声音信号的特征提取和识别是完全可行的。

色度学中的视觉信息处理方法是对人类彩色视觉信息处理过程的模拟。图 16-1 给出了人眼的结构,人眼由角膜、房水、虹膜、晶状体、玻璃体、视网膜、视神经等组成。当光线进入人

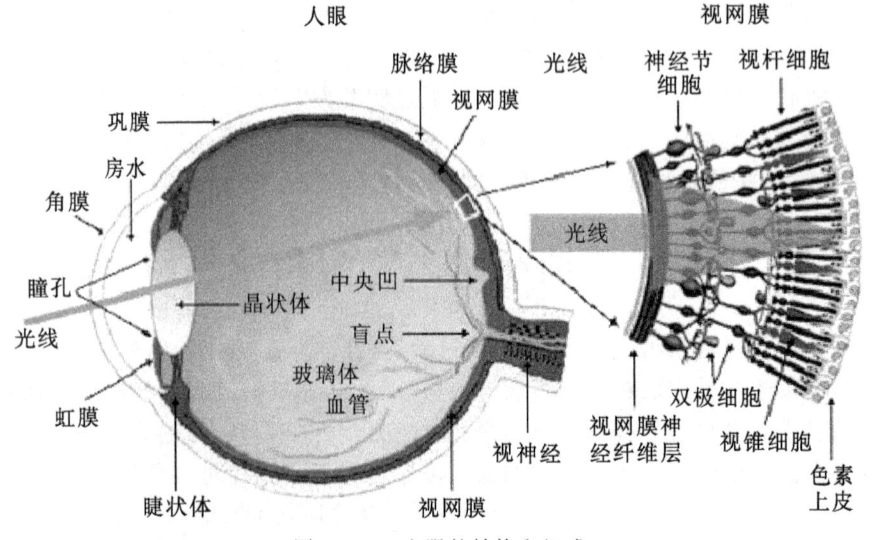

图 16-1　人眼的结构和组成

眼后,依次通过以上各个部分,最后在视网膜上形成了一个清晰的图像。视网膜由感受传来光波的光感受器和视觉神经组成,其中光感受器包括了分别对暗光和亮光敏感的杆状的光感受器和锥状感受器如图 16－2 所示。当光线较暗时,椎状光感受器不工作,视觉信息完全依靠杆状光感受器接收灰度图像信息,这就是我们常说的暗视觉。在白天光线比较强时,更能感受彩色信息的锥状光感受器工作,因此人眼能看到清晰的彩色图像,这就是人眼的明视觉。明视觉主要是依靠视网膜中的能够感知色彩的椎状光感受器实现感知的。因此人眼中实际上有两个并行的光信号感受系统,它们有着相似的内部结构和相似的工作原理,并依据外界的光线强度自动切换,不同的是两个并行的光信号感受系统所用到的光感受器形状存在差异。这就如同我们人类有两套视觉系统,分别用于对白天和晚上的景象进行感知。

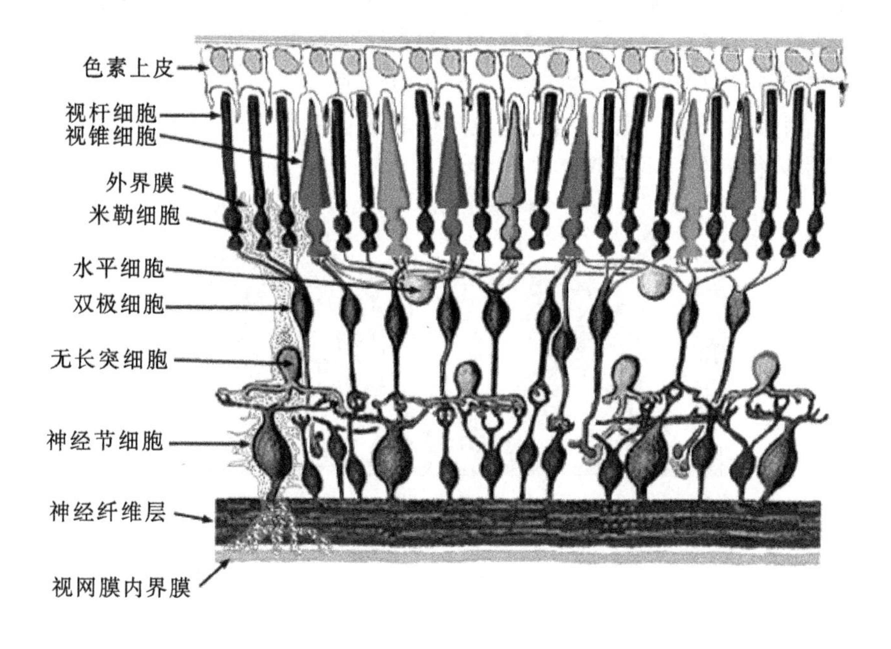

图 16－2　视网膜上的感光细胞

锥状感受器有三类,如图 16－3 所示。三类感受器分别对可见光中的红光、绿光和蓝光敏感。锥状感受器对不同波长光的敏感度随波长的变化曲线也称为刺激值曲线,图 16－4 是 1931 年国际照明委员会(CIE)给出的标准视觉刺激值曲线。人眼网膜上的图像有许多的像素(光感受器)组成。每个像素点随对应的三类光感受器将根据接收到光波的强度在波长上的分布,将其转换为三种基本颜色的强度。假设三类锥状感受器的刺激值曲线为 x_λ,y_λ 和 z_λ,三类感受器输出的三个基本颜色分量值分别为:

$$I_x = \int S(\lambda) x_\lambda \mathrm{d}\lambda$$

$$I_y = \int S(\lambda) y_\lambda \mathrm{d}\lambda$$

$$I_z = \int S(\lambda) z_\lambda \mathrm{d}\lambda$$

其中,$S(\lambda)$ 是所研究的像素点的光谱。I_x 、I_y 、I_z 分别是三原色的强度值。通常三原色的强度值可用下面的方法进行标准化,得到三个色度学坐标分量 x , y 和 z 。

$$x = \frac{I_x}{I_x + I_y + I_z}$$

$$y = \frac{I_y}{I_x + I_y + I_z}$$

$$z = \frac{I_z}{I_x + I_y + I_z}$$

进一步通过色度学的处理和变换三个坐标分量可被表示成为色调、亮度和饱和度三个参数。该三个参数分别用来表征该像素点接收光线的主导波长、亮度和纯度。这样,一个像素点接收到的光波按照其光谱结构或分布,就可用三个色度学参数来表征。从信息压缩的角度看,相当于对接收到的光谱信息进行了压缩和提取,得到了三个特征参量。机械状态监测和诊断中振动信号也有着同样的波形和频谱,完全可利用以上的思路,对测量的振动信号进行特征提取或信息浓缩。例如,对测试的振动信号的波形或频谱也采用三个非正交的刺激值曲线进行特征提取,最后也可得到相应的色度学特征参量。

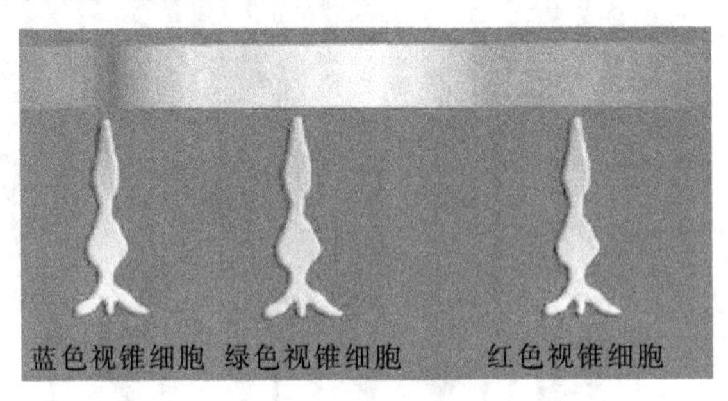

图 16-3　三类锥状感光细胞

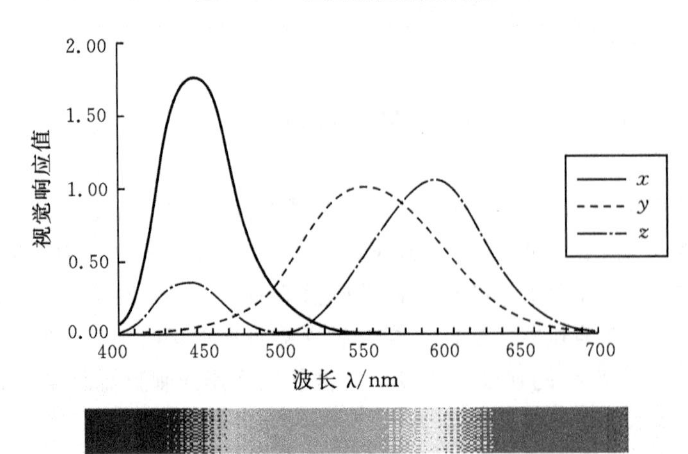

1931 年国际照明委员会(CIE)制定的
人类视觉标准三色刺激值曲线

图 16-4　国际标准视觉刺激值曲线

16.5 实验用仪器设备

针对柴油机振动测量，现有的实验装置、仪器等有四缸四冲程柴油机发电系统实验台，振动测量传感器、压力传感器、键相传感器、光栅编码器、信号放大和处理系统、计算机、信号采集器、负载系统等。这些均可用来构建实验对象和实验测试系统。其中柴油机的型号为 ISUZUC240。振动传感器的型号为 B&K 4393，电荷放大器型号为 B&K 2635。电涡流传感器和光栅编码器均可用作键相传感器，用来识别发动机工作中活塞运动的上至点。

16.6 测试系统设计与构建

根据以上的思路，为了实现对不同状态柴油机振动信号的采集、色度学特征的提取和状态的识别，首先需要测量不同状态下柴油机的振动信号，然后通过计算得到各个状态或故障下缸体振动信号的色度学特征。最后对待识别的状态进行振动测量，并对色度学特征提取和识别进行效果检验。

实验装置的构建结构图如图 16－5 所示。其中柴油机直接带动发电机发电，发电机负载通过电阻器加载。传感器安装在故障模拟缸盖上，信号通过电荷放大器进行放大，最后进入到数据采集器和计算系统中进行采集和存储。

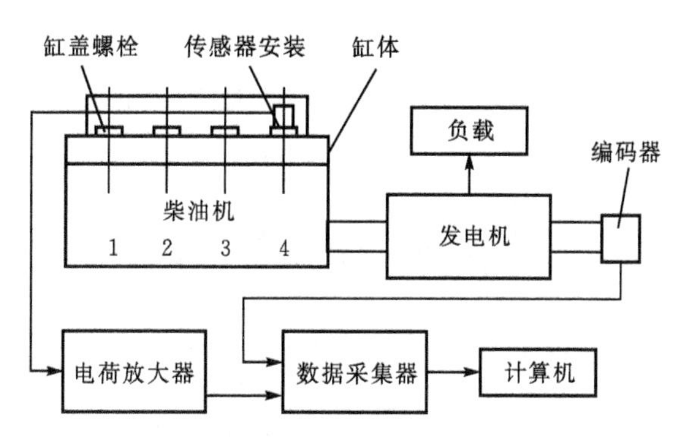

图 16－5　实验系统结构框图

实验中可选择一个缸进行状态或故障模拟，这里选择了第 4 缸进行故障模拟。故障模拟可采用人工调节供油压力，使供油压力偏离正常状态，由此得到喷油压力高、喷油压力低两种异常状态。另外还可用磨损的活塞环模拟汽缸磨损后漏气的故障。最后正常状态也作为一种状态进行振动测量。根据柴油机的说明，实验中喷油压力分别设定如下：模拟喷射阀堵塞时的高喷油压力设定为 160kg/cm^2；模拟喷射阀磨损状态时的低喷油压力设定为 80kg/cm^2；正常状态下的喷油压力为 120kg/cm^2。实验中载荷设定为柴油机最大额定功率的 40％。

实验中柴油机的转速为 1800 转/分。信号采集时采样频率设定为 20 kHz，采样长度为 2048，保证信号能够覆盖一个完整的工作循环。采样过程采用编码器信号进行触发采样。在设定的四种不同状态下分别进行柴油机缸体振动信号的采集。每种状态下振动信号采集 25 组。图 16－6 给出了一组振动测试信号的波形。

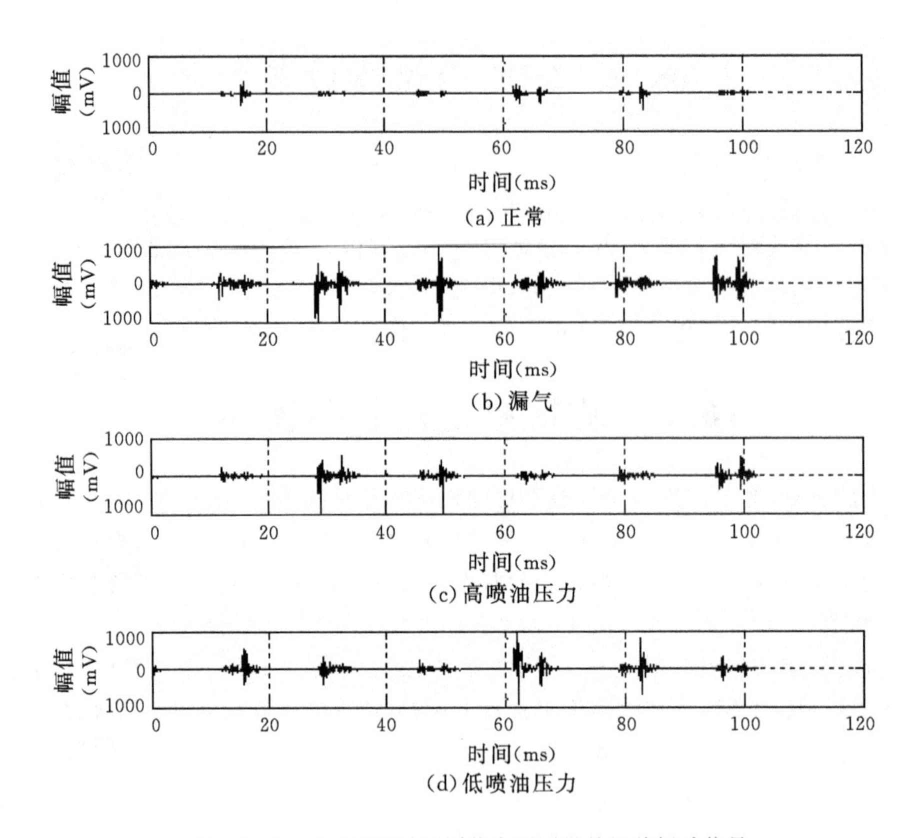

图 16-6　柴油机四种不同状态下测量的缸盖振动信号

16.7　振动信号处理软件设计

为了实现对测试振动数据的分析和处理,以 LabVIEW 为平台开发了基于彩色视觉信息处理的柴油机监测诊断仪。柴油机监测诊断仪的界面和处理流程如图 16-7 所示,其主要的功能有振动信号采集、振动信号读取、基于彩色视觉信号处理、结果显示和特征数据保存几个部分,其详细功能如下:

(1)振动信号采集部分　主要实现对振动信号的测量和采集的振动数据保存;

(2)振动信号读取部分　主要实现从计算机中选读要进行处理的振动信号文件;

(3)信号处理部分　对读取的振动数据文件,按照选定的方法进行处理得到振动信号的色度学特征;

(4)结果显示部分　将计算的色度学特征显示在屏幕上,显示背景为不同状态或故障时色度学特征的分布区域。为了清楚表示计算结果,不同状态采用不同的颜色进行标识。当前处理数据的色度学特征用粉红色显示在屏幕上,根据粉红色点所处的位置进行状态的识别。

(5)数据保存部分　可实现对原始数据和色度学特征的存盘。

对振动信号的彩色视觉处理分别采用了 A、B 两种方法。其中方法 A 的处理步骤如下:

①对振动数据进行 Hilbert 变换,计算振动信号的包络曲线;

②对信号进行截取得到内燃机一个完整工作周期长度的振动信号包络曲线;

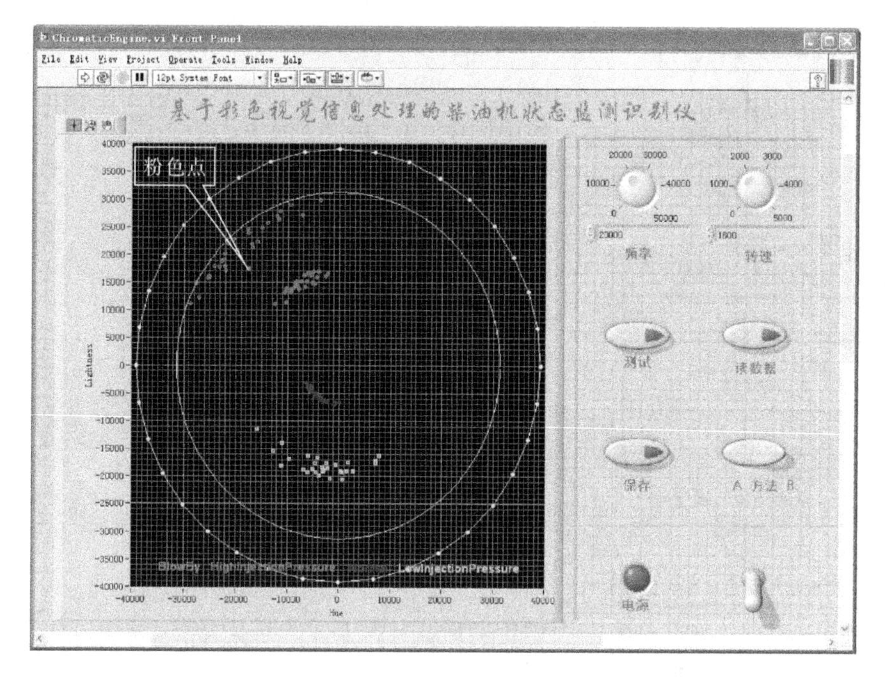

图 16-7　基于彩色视觉信息处理的柴油机监测诊断仪界面和后面板

③将振动信号包络曲线划分为 8 个相等的时段，计算各个时段的能量作为提取的特征；

④进行彩色视觉信息处理得到三原色的强度值以及色度学特征：强度值和色调值；

⑤在屏幕上显示计算的结果。

方法 B 的的处理步骤如下：

①对振动数据进行平方，得到振动信号的能量曲线；

②对信号进行截取得到内燃机一个完整工作周期长度的振动信号能量的变化曲线；

③直接对振动信号能量的变化曲线进行彩色视觉信息处理，得到三原色的强度值以及色度学特征：强度值和色调值；

④在屏幕上显示计算的结果。

图 16-8 给出方法 A 的信息处理过程框图。测量到的振动信号通过 Hilbert 变换以及分段能量结算后，得到如图 16-9 所示的特征序列。该特征序列以时间的顺序排列，最后采用的截断三角波形状的刺激值曲线进行特征提取，得到色度学亮度信息和色调信息。

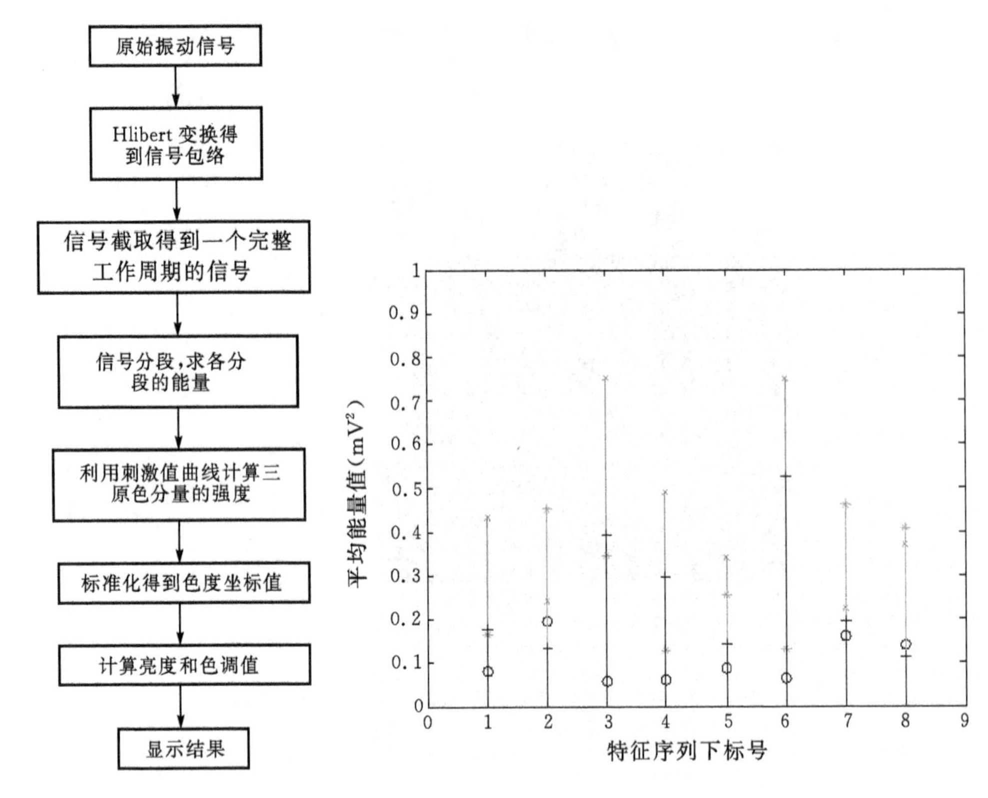

图 16-8　方法 A 的信息处理过程框图

图 16-9　方法 A 提取的特征序列

16.8　发动机振动信号处理

首先将四种不同状态下柴油机缸盖的振动信号分别用方法 A 和方法 B 进行处理,并将同一状态的处理结果(色度学特征:强度值和色调值)用相同颜色的点在极坐标图上显示出来。处理后喷油嘴堵塞(喷油压力高)、喷油嘴磨损(喷油压力低)、活塞汽缸磨损以及正常状态下的数据特征分别分布在四个不同的区域,图16-10中分别用四个椭圆表示分布的范围,四种状态可清楚分离开来。这也说明了采用基于色彩信息处理原理的振动信息压缩是有效的。

假如需要对某一未知状态的柴油机进行识别,可先进行相应的振动信号测量,然后采用基于彩色视觉信息处理的柴油机监测诊断仪对测试振动信号进行处理,处理结果将以粉色点显示出来。最后根据粉色点的位置,可实现柴油机状态的便捷识别。

16.9　实验预期结果

本实验旨在通过对基于彩色视觉信号处理原理的研究和分析,将该方法扩展应用到对柴油机振动特征的提取和状态的识别上。在对基于彩色视觉信号处理算法研究的基础上,基于LabVIEW 平台开发柴油机状态识别仪,为柴油机状态的识别提供手段。另外,本次实验通过

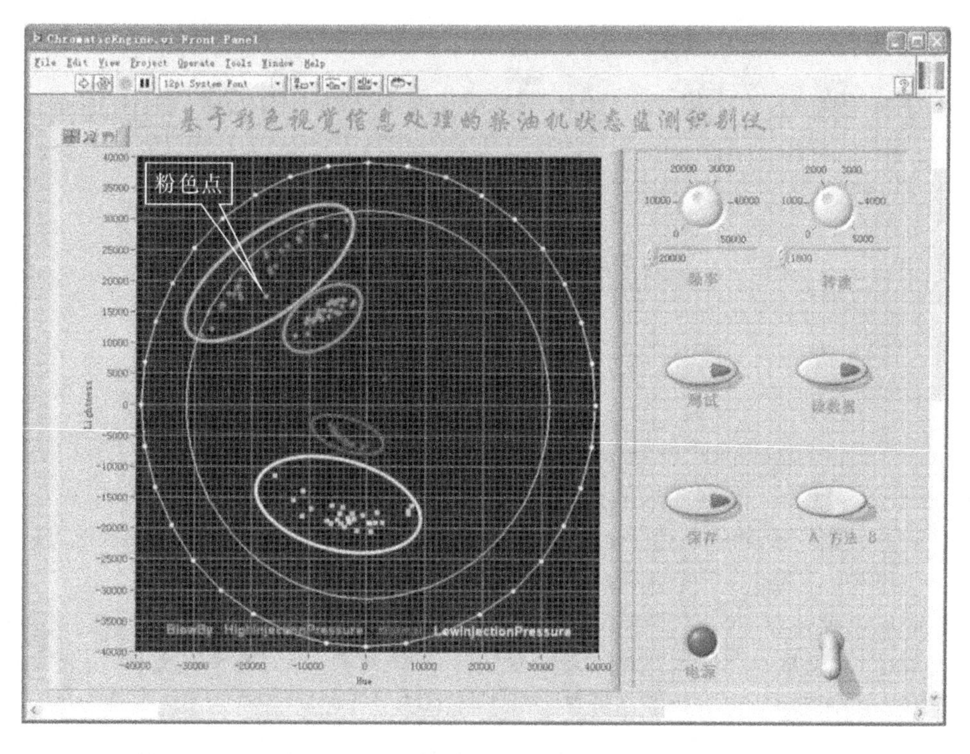

图 16-10 用方法 A 对不同状态下测试的振动信号进行处理的结果

实验方案设计、实验装置、实验系统构建以及柴油机振动信号的测试和分析，较好地区分和识别柴油机的四种不同状态。因此预期的实验结果能够表明基于彩色视觉信号处理方法在对机械振动信号进行特征提取和识别方面有着好的性能和效果。尽管实验仅仅是将基于彩色视觉信号处理方法用于机械监测和诊断的一次尝试，但实验结果能够表明该方法在机械监测和诊断中有着广阔的应用前景。

另外，由于各方面条件的限制，本次实验仅仅能够模拟三种简单的柴油机故障。作为一个使用的柴油机状态监测和诊断仪，还需要针对柴油机进行其他故障的实验。通过不断积累数据和经验，以及对该方法进行改进和优化，最后才能得到实用化的监测诊断虚拟仪器。

第17章 基于LXI的网络化远程测控实验

(测试创新实验案例五)

17.1 测试问题

LXI (LAN eXtensions for Instrumentation)是一种基于LAN的模块化测试平台标准,其目的是充分利用当今测量技术的最新成果和PC机标准I/O能力,组建灵活、可靠、高效、模块化的测试平台。LXI不受带宽、软件或计算机背板结构的限制,利用以太网日益增长的吞吐量,为构建下一代自动测试系统提供了理想的解决方案。

在实际的测控任务中,某些测试对象分散范围大,测量项目众多,例如大型流程工业的主辅机设备群监控、卫星地面遥测遥控以及武器试验场测试等。面对数量庞大、种类繁多和分散分布的测量与控制需要,集中式的测控系统显然无法胜任,如果采用GPIB总线、VXI总线或者PXI总线的分布式程控仪器结构,则要在每个监测点建立一套独立的测试系统,中心服务器难以实现远程控制,导致系统结构复杂且资源浪费。因此,需要以LXI总线仪器作为硬件平台,实现更加灵活的分布式数据采集与远距离传输,满足量大面广的综合测控需要。

17.2 实验目标

以LXI总线架构为基础,结合先进测试/控制系统软、硬件平台,并利用无线网桥传输技术,实现多通道数据同步采集及远距离无线传输。设计并构建网络化远程测控系统,包括数据采集、数据无线传输与数据处理功能。数据采集使用LXI总线仪器,为外部传感器提供工作电源,利用GPS同步时钟完成各测试仪器之间的同步;采用无线点对点网桥实现测试数据的无线传输;开发数据分析程序,完成数据处理。

17.3 基于LXI的网络化远程测控方法

系统组成如图17-1所示,在空间上可以分为现场测试和监控中心两部分。测试部分包含数据采集设备、恒流源模块、信号转接模块、保温机箱、无线网桥等;监控中心包括控制计算机、无线网桥等。

系统工作过程如下:数据采集设备内部的激励源向ICP传感器提供电源,通过测试电缆与传感器的输出端口相连接;数据采集仪器将采集到数据先存放在板载存储器内,然后通过无线网桥将数据传送至接收端,接收端的所有网桥通过交换机与控制计算机通讯,由控制计算机完成信号接收及现场数据采集仪器设备的远程控制;考虑到现场环境情况,测试机箱具有保温功能,内部温度可以远程监控,自动加温和冷却,保证所有测试仪器正常工作。

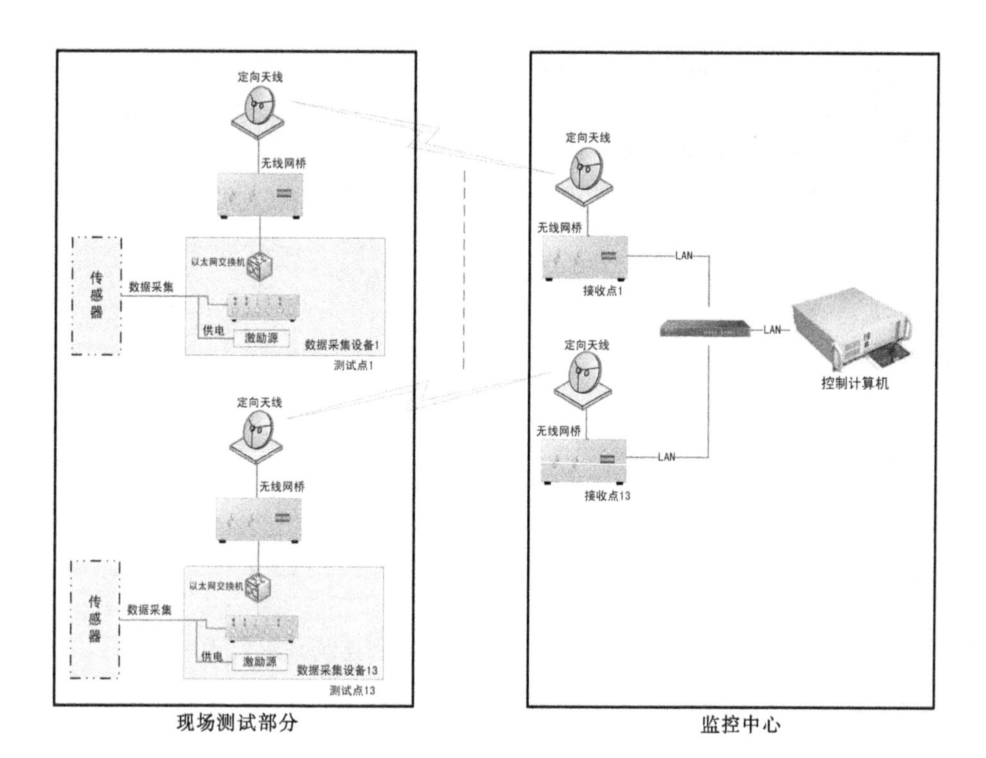

图 17-1　系统组成

17.4　基于 LXI 的网络化远程测控实验条件

实验硬件包括陕西海泰电子有限责任公司生产的两种 LXI 总线仪器：HTLX4484B 和 HTLX4442B 同步数据采集仪，技术参数如下：

(1) HTLX4484B

①最高采样率 2M，可向下分频，提供 10 kHz、20 kHz、50 kHz、100 kHz、200 kHz、500 kHz、1 MHz、2 MHz 采样频率；

②分辨率：16 位；

③直流准确度≤2‰；

④8 单端或 4 差分独立并行的采集通道，接口形式 SMB；

⑤1 路外部数字触发端口，接口形式 SMB，5V TTL 电平输入；

⑥单端、差分信号输入方式；

⑦输入信号耦合方式：直流和交流；

⑧输入量程可选，包括±10V、±5V、±2V、±1V、±0.5V、±0.1V、±0.05V；

⑨输入信号带宽：DC～900 kHz(直流耦合)，1.4～900 kHz(交流耦合)；

⑩通道间隔离度≤－80dB；

⑪通道间相位差：1.5°(f_{in}≤200 kHz)；

⑫采集方式：支持单次采集和连续采集；

⑬触发方式：软件触发、外部数字触发、通道触发等触发方式，同时具备正常触发、超前触

发、滞后触发以及设置上升、下降沿触发功能;

⑭触发响应时间:小于 0.5μs;

⑮具有外部 10 MHz 时钟输入端口;

⑯存储深度:8 通道共享 512MB 的 SDRAM 数据存储器。

(2)HTLX4442B

①通道数:4;

②分辨率:16 位;

③采样速率:10Msps(最大);

④输入方式:差分/单端;

⑤耦合方式:直流/交流(软件方式设置);

⑥输入量程:±42V、±20V、±10V、±5V、±2V、±1V、±0.5V、±0.2V 共八种;

⑦数据传输方式:DMA 传输;

⑧触发源:软件触发、外部数字触发、模拟输入通道门限电平触发;

⑨触发响应时间:小于 0.1μs;

⑩数据采集方式:滞后触发采集、超前触发采集模式和连续采集模式;

⑪直流精度:<2‰FSR　输入量程≤±10V;

<4‰FSR　输入量程>±10V;

⑫通道间同步精度:任意通道间相位差 <21ns(f_{in}≤200 kHz);

⑬输入信号带宽:输入信号带宽:DC～4 MHz(直流耦合),1.4～4 MHz(交流耦合);

⑭具有外部 10 MHz 时钟输入端口;

⑮存储深度:4 通道共享 256MB 的 SDRAM 数据存储器。

实验软件平台为 NI 公司的 LabVIEW,以及数据采集仪生产商提供的 HT-DAQ 仪器功能接口和 HT-ResExplorer 资源浏览器。

17.5 基于 LXI 的网络化远程测控实验内容

实验内容包括硬件设计与软件设计两个部分。其中,硬件设计涉及激励电源模块、无线传输系统、供电系统、控制计算机、网络交换机等环节。

17.5.1 激励电源模块

激励电源为 ICP 型传感器提供恒流供电,恒流激励电源电压范围是 25～27V,电流范围 0～20mA 可设置,精度±2%,每台采集仪器的每个通道都配备有恒流源模块。不同通道之间的激励电源相互隔离,恒流源电路的输入先经过低纹波噪声的稳压电路,并采用低失调电压的运算放大器实现良好的电流稳定性能。恒流源采用 MCU+D/A 的方式实现,通过 LAN 接口进行设置。原理框图如图 17-2 所示:

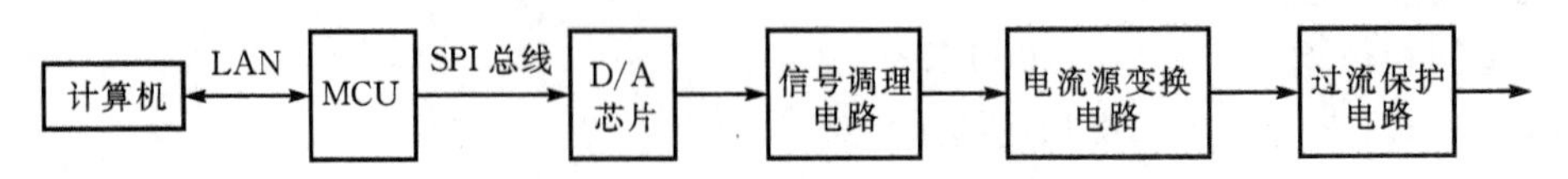

图 17-2　恒流源模块原理框图

17.5.2 无线传输系统

采用在工业上已有成熟使用的 IEEE802.11b/g 标准无线网桥搭建移动通讯系统。点对点型无线网桥用来连接两个分别位于不同地点的网络，一般由一对桥接器和一对天线组成，如图 17-3 所示。优点是传输距离远、稳定性好、可靠性高。为了确保数据的安全传输，无线网桥具有 IP 和 MAC 地址绑定功能，在安装过程中，通过 MAC 和 IP 地址，将每条链路的两端相互绑定。只有相互绑定的两台设备之间才能通讯，从而避免了其他的攻击。每对匹配的设备之间通过一个内置于系统中、复杂的专有扰码机制给予数据传输额外的安全保障。

在系统启动的过程中，监测所有的可用频率，并选择一个最佳的无干扰或干扰较小的工作信道。在系统启动的过程中，射频单元以每秒 500 次的频率持续扫描监测的所有信道，一旦遇到干扰，系统会自动切换到更干净的信道。为了支持强噪声环境，并扩展覆盖范围，IEEE802.11b/g 采用了动态速率漂移技术，可以根据设备种类、冲突情况和信号质量对传输速率进行自动调整。

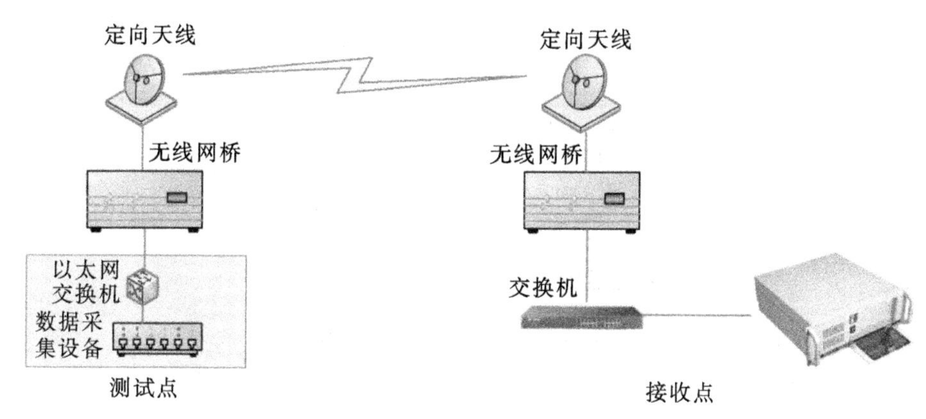

图 17-3 无线传输系统

根据系统点对点无线传输的要求，选用 linncom 无线网桥，具体参数如下：

①频率范围：5.725～5.850GHz；

②调制方式：OFDM：BPSK，QPSK，16－QAM，64－QAM；

③信道间隔：5 MHz，10 MHz，20 MHz，40 MHz；

④发射功率：23dBm；

⑤数据速率：54Mbps；

⑥遵循标准 IEEE802.11g，IEEE802.11b；

⑦传输距离：可视距离大于 10 公里；

⑧天线接口 N－K；

⑨以太网接口 1 个 10M/100M 自适应网口，RJ45；

⑩供电方式 24VDCPOE；

⑪功耗：小于 10W；

⑫温度范围 工作：－40～65℃；

⑬湿度范围 工作:5%～95%(非凝结);

⑭重量 2.2kg。

17.5.3 控制计算机

系统选用研华4U高的标准工控机IPC 610H。其配置如下：CPU I7 860,内存4GB,硬盘500GB,128M显存,4个USB通用串口,1个以太网口:10/100M/1000M base－T,2个RS－232串口,1个485口。该工控机机箱采用钢结构,有较高的防磁、防尘、防冲击的能力,机箱内有专门电源,具备较强的抗干扰和连续长时间工作能力。

17.5.4 网络交换机

根据数据采集仪器通道的数量选配相应的交换机,一般配备8口和16口两种网络交换机。

17.5.5 软件设计

软件结构采用模块化分层设计思想,上层的计算机软部件可以调用下层的计算机软部件或计算机软件单元,同层之间的软部件可以进行消息通讯,但下层的计算机软部件或软件单元尽量避免调用上层的软部件。软件结构划分为三层,中间层共有五个软部件组成,结构如图17-4所示。

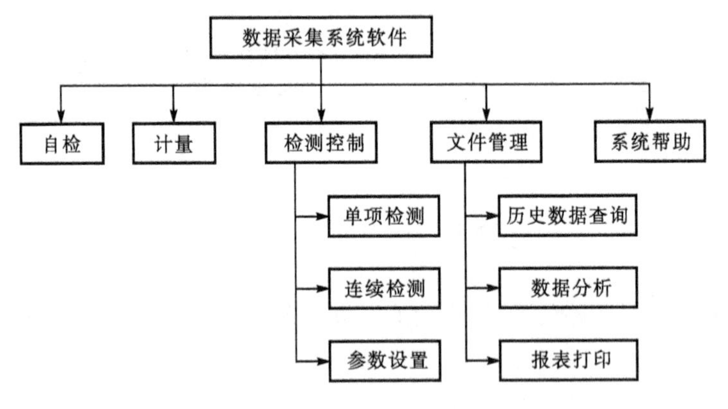

图17-4 软件结构框图

软件功能如下:

(1)系统自检 显示各模块的状态,并提示故障。

(2)系统计量 利用外接计量设备对接口和信号通道进行定期计量。

(3)检测控制 实现对各项功能的检测与流程控制,具有单项和连续两种测量模式。可以按照测试的需要进行传感器比例因子及量纲等参数的设置,也可以根据测试需要对采集通道、采样长度、采样率、触发方式、低通滤波器频率等进行设置。

(4)文件管理 实现所有测试结果的历史记录查询;对采集到的数据进行处理与显示,进行微分、积分和相关运算,对振动信号进行频谱、功率谱分析,对冲击波信号进行等效连续声压级、峰压级、持续时间、倍频程、1/3倍频程分析;数据可以显示波形、存储、局部放大、回放;文件采用二进制、TXT 格式保存;具有报表自动生成和打印功能。

(5)系统帮助　帮助操作人员方便地使用系统。

软件流程可划分为主流程和分流程,主流程负责检测全过程的流向,而分流程决定每个软件模块的流向。其中主流程参见图 17-5 所示,分流程包括:自检和校验程序、数据检测程序、数据处理程序、参数设置程序、数据显示和存储打印程序等。

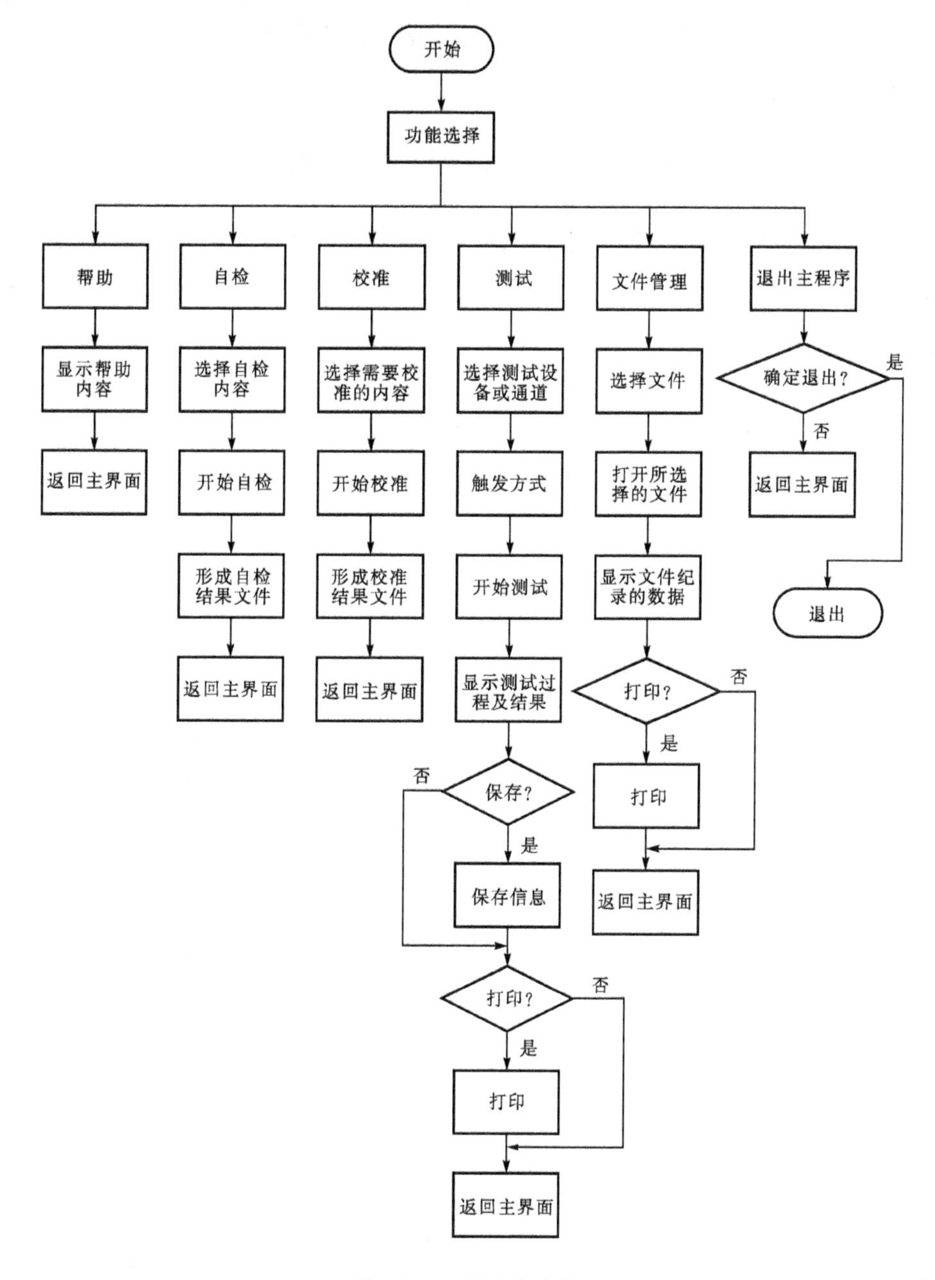

图 17-5　软件主流程

17.6 基于LXI的网络化远程测控实验创新点

本实验旨在利用LXI总线仪器,突破传统模拟信号远距离传输的局限性,实现数字信号的无线网络传输。在打破空间限制的基础上,利用GPS时钟完成各测试仪器之间的准确同步,消除远距离测控的时间障碍。通过本实验,为构建更先进适应范围更广的自动测控系统提供参考。

17.7 实验预期结果

本实验构建的网络化远程测控系统预期能够应用于某大型试验场的测试工作中,满足了现场使用要求。

附　录

附件Ⅰ:测试综合实验报告及成绩考评要求

综合设计性实验的开设大纲参考 CDIO 教育的模式,采用基于“项目”理念,在学生完成课堂教学及基本实验的前提下根据课程的内容及实验室的条件给出本教材里的 4 个备选项目选题,学生自行组织团队然后选择其中 2 个项目,项目定下来后根据项目情况自行查阅资料,设计出实验方案,方案经过教师评审通过后约定时间开始实施,在实施方案的过程中教师处于一个监督和引导的角色,学生遇到问题后要求他们自己分析问题,查阅相关资料找出解决方案,通过这个过程促使学生养成主动学习、主动发现问题解决问题的学习习惯以及团队配合的做事方法。实验结束后要求学生撰写实验报告并准备 PPT 进行公开答辩。综合设计性实验整体实验设置流程图见图一。

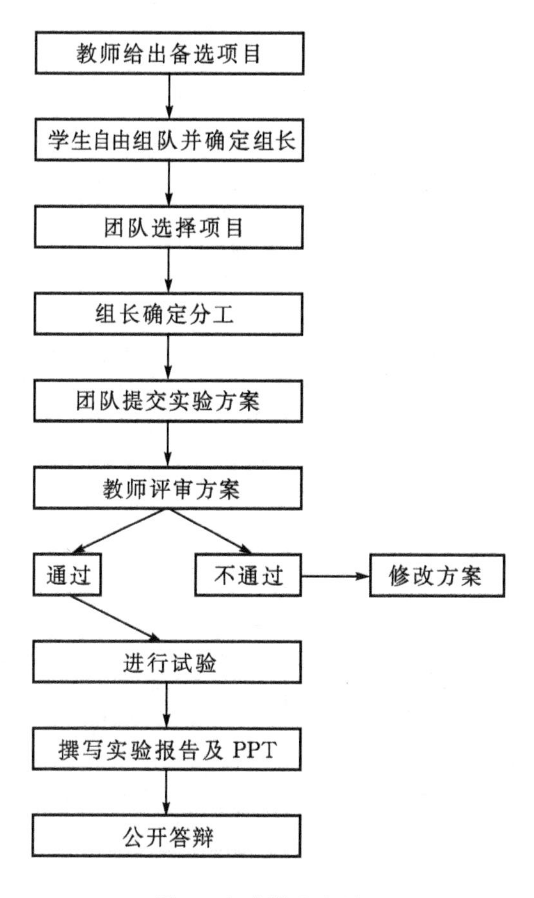

图 1　实验设置流程

综合性设计实验评价体系的构建遵循了5个原则:①一致性原则,提出的评价体系在内容和过程上与实验教学目标要具有一致性。②重点性原则,要针对学生的主要方面进行重点评价,以起到激励和引导作用。③清晰性原则,评价原则和标准要清晰。④透明性原则,评价体系具有公开性和透明性。⑤发展性原则,评价体系要根据现有评价结果、学生反馈意见、教学内容的调整以及教学方法的改变不断完善和发展,有证据表明学生对评价原则和标准的完善起到了一定作用,最终要使学生评价体系为教学设计和教学目标服务,成为培养学生动手能力、创新能力、团队协作的制度保证。表1是机械工程测试技术综合设计性实验评价体系量规表。

表1 实验评价体系量规表

序号	评价要点	优	良	中	及格	不及格	权重	评价人
1	理论基础	小组成员对实验所需的测试技术方面理论知识非常清楚	小组成员对实验所需的测试技术方面理论知识基本清楚	小组成员对实验所需的测试技术方面理论有部分不清楚	小组成员对实验所需的测试技术方面理论知识有较多不清楚的地方	小组成员对实验所需的测试技术方面理论知识不清楚	10%	教师
2	设计方案	总体测试方案完全符合科学性,有完整的系统性,方案非常合理性,可以直接实施	总体测试方案符合科学性,有较完整的系统性,方案合理,简单修改后可以实施	总体测试方案有一定科学性,系统性有欠缺,方案较为合理,较大修改后可以实施	总体测试方案系统性有较大欠缺,方案不合理,需要进行非常大的修改后可以实施	总体测试方案系统性欠缺,方案不合理,需要进行重新的方案设计	15%	教师
3	实践能力及团队协作	实验和测试能力非常强,仪器、传感器熟练使用,团队协作高效运转	实验和测试能力较强,仪器、传感器较为熟练使用,团队协作有效运转	实验和测试能力一般,仪器、传感器使用不熟练,团队协作运转不畅	实验和测试能力非常弱,仪器、传感器使用不熟练,团队协作很差	实验和测试能力非常弱,仪器、传感器不会使用,没有团队协作,各干各的	20%	教师
4	创新能力	测试方案有明显创新内容,实验过程中、数据处理和分析中能有明显创新活动和结论	测试方案有创新内容,实验过程中、数据处理和分析中有较为明显的创新活动和结论	测试方案有部分创新内容,实验过程中、数据处理和分析中有部分创新活动和结论	测试方案基本没有创新内容,实验过程中、数据处理和分析中基本没有创新活动和结论	测试方案没有创新内容,实验过程中、数据处理和分析中没有创新活动和结论	10%	教师

序号	评价要点	优	良	中	及格	不及格	权重	评价人
5	问题解决	小组实验过程中发现问题，主动查阅资料解决问题	小组实验过程中发现问题，在教师指导下查阅资料解决问题	小组实验过程中发现问题，没有积极查阅资料解决问题	小组实验过程中发现问题，需要教师深入指导才能解决问题	小组实验过程中发现问题，没有解决	10%	教师
6	分析总结	测试数据、实验结果及实验过程的分析和总结完整和准确	测试数据、实验结果及实验过程的分析和总结基本完整和准确	测试数据、实验结果及实验过程的分析和总结较为完整和准确	测试数据、实验结果及实验过程的分析和总结有不完整和不准确的地方	测试数据、实验结果及实验过程的分析和总结错误	10%	教师
7	实验报告	实验报告规范和正确	实验报告基本规范和正确	实验报告有不规范和不正确的地方	实验报告有较多不规范和不正确的地方	实验报告不规范和不正确	5%	教师
8	现场答辩	PPT制作精细以及现场报告清晰生动	PPT制作较为精细以及现场报告清晰	PPT制作不太精细以及现场报告不太清晰	PPT制作不精细以及现场报告不清晰	PPT制作粗糙以及现场报告非常不清晰	10%	评委
9	贡献程度	个人对团队的贡献非常大	个人对团队的贡献比较大	个人对团队贡献较小	个人对团队有少量贡献	个人对团队无贡献	10%	组长

在该综合设计性实验评价体系中，教师评价的对象主要是项目小组，评价小组各项细则上的情况，每一项执行过程中准确地给出评价结果并通报小组。对于好的方面现场给予肯定，对于有待改进的地方提出改进意见，所有的评价结果要有理有据，一定要得到学生的信服，这样学生才会自觉地按照评价细则上的要求来要求自己。在整个实验答辩完成后汇总各项成绩，给出该小组的平均成绩，而各个组员的最终成绩由组长负责给出，要求按照按劳分配的原则，不能小组成员成绩一样，按照个人对小组贡献程度在平均分的前提下给出差异化的成绩。

附件Ⅱ：测试创新实验报告要求

完成测试创新实验后要求撰写实验报告。实验报告应包括：实验问题描述、实验目的和预期目标、目前所用方法分析、创新实验思路和方法、实验方案、实验用仪器设备、实验装置和测量系统创新设计、实验系统构建及实验数据采集、实验数据处理和分析、结论等几个部分。创新实验报告各个部分的具体要求如下：

(1)创新实验问题的描述要清楚，说明所提出实验问题的背景和实验的重要性，实验创新的科学技术意义及工程实际价值等。

(2)实验目的和预期目标部分要求阐述创新实验目的和预期目标。

(3)实验方法及原理部分需要在分析国内外当前在解决该问题时所用方法的优缺点基础上,阐述拟开展实验在解决问题或改进现有方法方面的创新思路、方法和独到之处。

(4)创新实验思路部分要求对创新测试方法、原理、算法等进行较详细说明,必要时可附上计算的公式和图形等。

(5)实验仪器设备部分给出完成该实验所用仪器设备。

(6)实验装置和测量系统设计构建部分要求清楚阐述所构建的实验装置和实验系统,提供实验装置或实验系统的原理框图及照片。对实验装置、仪器性能和作用的说明,实验条件的说明,测量数据、文件的说明等。

(7)实验数据处理软件部分要求对实验测试数据处理软件的原理和数据处理过程、界面、各部分的功能等进行详细的说明。

(8)数据分析处理部分要求给出对测试数据处理、测试信号处理和分析的结果,并对结果进行分析。

(9)结论部分对整个实验进行总结,并给出通过实验所得出的结论。

参考文献

[1] 刘吉轩、张小栋等. 测试技术层次化实验教学改革与实践[J]. 实验室研究与探索，2013(1)，125－131.

[2] 陈花玲、徐光华等. 机械工程测试技术[M]. 北京：机械工业出版社，2010.

[3] 张小栋，苗晓燕，王光铨. 我校测试技术类课程教学体系研究[J]. 西安交通大学学报(社科版)，2000，20(10)：98－100 .

[4] 封士彩，丁继斌. 测试技术实验教程[M]. 北京：北京大学出版社，2008.

[5] 傅攀，曹伟青. 工程测试实验教程[M]. 成都：西南交通大学出版社，2007.

[6] 修吉平，毛有武. 检测与控制技术综合实验[M]. 北京：机械工业出版社，2011.

[7] 李宝仁，许耀铭. 气动位置伺服系统的高精度控制研究[J] ，机床与液压，1996.

[8] 刘吉轩，陈花玲等. 气动检测与伺服控制技术在机械工程实验中的应用研究[J]. 振动、测试与诊断，2006(s)，121－125.

[9] 陈显勇. 机床爬行激励及防止措施综述[J]. 测试与实验技术，1993(5).

[10] 黄俊，李小宁. 气缸低速运动摩擦力模型的研究[J]. 液压与气动 2004(6).

[11] 陶永华. 新型 PID 控制及其应用[M]. 北京：机械工业出版社，1998.

[12] 罗浩. 基于摩擦力补偿的气动位置伺服系统的控制研究[J]. 液压与气动，2006(3).

[13] 候国屏等. LabVIEW7. 1 编程与虚拟仪器设计[M]. 北京：清华大学出版社，2005.

[14] Sakurai S，Miyata H，et al. Failure Analysis and Assessment of Low Pressure Turbine Blades[C]. ASME/IEEE Power Generation Conference，New York，1988.

[15] 刘占生，赵广，龙鑫. 转子系统联轴器不对中研究综述[J]. 汽轮机技术，2007，49(5)：321－325.

[16] 韩捷，张瑞林. 旋转机械故障机理与诊断技术[M]. 北京：机械工业出版社，1997.

[17] 陈宏等. 旋转机械不对中形式的新分类及其故障诊断研究[J]. 机床与液压，2010，38(7)：130－133.

[18] 吴茜. 不对中检测及系统开发[D]. 西安：西安交通大学，2012.

[19] 于旭东，王政，王成焘等. 新型光纤式油膜厚度探测系统的研究[J]. 内燃机学报，1999，17 (04)：379－382.

[20] 陈玉平，张小栋等. 应用光纤位移传感器的润滑油膜厚度检测方法的研究[J]. 润滑与密封，2004(06).

[21] 王俊强，何晓青，王伟等. 用于检测油膜厚度的光纤传感器系统[J]. 光子学报，1999，28(12)：1086 - 1090.

[22] 杨亮，张小栋. 双圈同轴光纤束位移传感器研究[J]. 振动、测试与诊断，2009，29 (02)：192 - 196.

[23] 陈幼平，曹汇敏，张冈等. 反射式光纤束位移传感器的建模与仿真[J]. 光电子·激光，2005，16 (06).

[24] 张直明，张言羊，谢友柏. 滑动轴承的流体动力润滑理论[M]. 北京：高等教育出版

社，1986.
[25] Guanghua Xu，Jing Wang，Qing Zhang，Sicong Zhang，Junming Zhu. A Spike Detection Method in EEG Based on Improved Morphological Filter，Computers in Biology and Medicine [J] ，2007，37(11)：1647 - 1652.
[26] Adrian ED，Matthews BHC. The Berger rhythm：Potential changes from the occipital lobes in man. Brain，1934,57:355—385.
[27] 吴镝.基于脑电图信息分析的脑疲劳研究[D]. 大连:大连交通大学,2008.
[28] 欧阳铁.基于多参数脑电特征的生理性精神疲劳研究[D]. 西安:西安交通大学,2008.
[29] 彭军强,吴平东,殷罡. 疲劳驾驶的脑电特性探索. 北京理工大学学报. 2007,27(7)：585—589.
[30] Fitzqibbon S P. Cognitive tasks augment gamms EEG power [J]. Clinical Neurophysiology，2004,115:1802 - 1809.
[31] ZHANG Xining,GUO Jinliang，LI Bing. Chromatometry Based Diagnosis Method and It's Application in Condition Recognition of Diesel Engine. The 3rd International Conference on Mechanic Automation and Control Engineering，Baotou，2012:729 - 732.
[32] 寇小明,郭恩全,高天德. LXI模块化测试平台技术及其应用[J]. 电子测量与仪器学报，2005,19(4):101 - 104.
[33] 吴又美,鄢小清. 基于LXI仪器总线的分布式测试系统[J]. 计算机测量与控制,2007,15(12):1685 - 1687.
[34] Agilent Technologies，10 good reasons to switch to LXI. http://cp.literature.agilent.com/litweb/pdf/5989 - 4372EN.pdf.
[35] 陕西海泰电子有限责任公司,LXI类产品用户手册. http://www.haitai.com.cn/cn_zh/product/product_svi.jsp? sortid=02.